数据中国"百校工程"项目系列教材

数据科学与大数据技术专业系列规划教材

商务智能
方法与应用

张小梅 许桂秋 ◎ 主编

郜丹 张晴 温远远 秦朝阳 陈婷婷 ◎ 副主编

BIG DATA
Technology

人民邮电出版社

北 京

图书在版编目（CIP）数据

商务智能方法与应用 / 张小梅，许桂秋主编. -- 北京：人民邮电出版社，2019.5
数据科学与大数据技术专业系列规划教材
ISBN 978-7-115-50348-0

Ⅰ. ①商… Ⅱ. ①张… ②许… Ⅲ. ①数据处理－教材 Ⅳ. ①TP274

中国版本图书馆CIP数据核字(2019)第046743号

内 容 提 要

本书从实用的角度出发，采用理论与实践相结合的方式，介绍商务智能的基础知识、技术与方法，力求培养读者使用商务智能技术解决企业实际问题的能力。全书内容包括商务智能的基本概念，商务智能的架构，商务智能涉及的数据处理关键技术，数据仓库，维度建模，联机分析处理，以及商务智能在零售、客户关系管理、电子商务等领域的应用。

本书作为商务智能的入门教材，目的不在于覆盖商务智能技术的所有知识点，而是介绍商务智能的主要应用，使读者了解商务智能的基本构成以及如何根据行业的特点构建商务智能系统。为了增强实践效果，本书引入了 4 个基础实验，帮助读者了解商务智能涉及的基本技术知识和技能；在此基础上又引入了 3 个综合实践案例，帮助读者掌握如何在不同行业场景下构建商务智能系统。

本书可以作为高校商务智能基础与应用课程的教材，也可供对商务智能感兴趣的读者阅读。

◆ 主　编　张小梅　许桂秋
　　副主编　郜　丹　张　晴　温远远　秦朝阳　陈婷婷
　　责任编辑　张　斌
　　责任印制　陈　犇
◆ 人民邮电出版社出版发行　北京市丰台区成寿寺路 11 号
　　邮编　100164　电子邮件　315@ptpress.com.cn
　　网址　http://www.ptpress.com.cn
　　固安县铭成印刷有限公司印刷
◆ 开本：787×1092　1/16
　　印张：14.5　　　　　　　　2019 年 5 月第 1 版
　　字数：335 千字　　　　　　2025 年 1 月河北第 8 次印刷

定价：59.80 元

读者服务热线：(010)81055256　印装质量热线：(010)81055316
反盗版热线：(010)81055315
广告经营许可证：京东市监广登字20170147号

前言

随着信息时代的发展，尤其是大数据时代的到来，数据已经成为企业重要的信息化资产。各种企业管理系统积累的数据正以惊人的速度增长，这些数据具有重要的商业价值，基于数据的决策已经得到了企业的全面关注，但是目前大多数企业对数据的利用率还很低。如何将数据转换为信息，将信息转换为知识，并将知识有效地运用到企业的决策当中，是各个企业亟待解决的问题，商务智能概念便应运而生。企业的长足发展需要灵敏的嗅觉以及快速的反应能力。提高企业的反应速度和决策的准确性，快速抢占市场，这些都离不开商务智能。

根据商务智能课程实践性较强的特点，本书采用理论与实践相结合的方式，在介绍商务智能的基础知识、核心技术，以及商务智能在零售、客户关系管理、电子商务等领域的应用的同时，力求培养读者使用商务智能技术解决企业实际问题的能力。

通过学习本书，读者能够提升对商务智能的认识；通过练习本书相关的实践案例，读者能够初步具备设计商务智能系统的能力。

全书共 7 章，主要内容如下。

第 1 章概述商务智能的基本知识与常用技术，并设置了一个帮助读者掌握商务智能基本技术的实验。

第 2 章介绍了商务智能的重要技术手段——数据仓库，并设置了一个搭建数据仓库的实验。

第 3 章介绍了商务智能的重要技术手段——维度建模，并设置了一个构建数据立方体的实验。

第 4 章介绍了商务智能的重要技术手段——联机分析处理，并设置了一个对数据立方体进行切片、切块、旋转等数据分析操作的实验。

第 5 章从目前零售业商务智能的现状、客户关系管理、日常经营分析以及零售业案例等几个方面讲解商务智能在零售业中的应用，并提供了一个综合性较强的实践案例——购物清单关联性分析。该案例利用 Weka 智能分析软件，对销售数据进行关联性分析，研究超市如何摆放产品将有利于提高销售额度。

第 6 章从客户关系管理概述、客户细分、客户识别和客户洽谈、客户维度与属性以及复杂的客户行为等几个方面，讲解商务智能在客户关系管理中的应用，并提供了一个综合性较强的实践案例——航空客运信息挖掘。该案例从航空客运信息源数据中挖掘处理数据，建立数据模型，根据数据模型预测潜在客户。通过对本章内容的学习，读者可以初步掌握商务智能在客户关系管理中的应用方法。

　　第 7 章从智能搜索、电子商务情感分析、智能推荐技术等几个方面讲解商务智能在电子商务领域的应用，并提供了一个综合性较强的实践案例——消费者评论数据情感分析。通过对本章内容的学习，读者可以初步掌握商务智能在电子商务领域的应用方法。

　　本书可以作为高等院校计算机和信息管理等相关专业的商务智能课程的教材。建议安排课时为 64 课时，教师可根据学生的接受能力以及高校的培养方案选择相应的教学内容。

　　由于编者水平有限，编写时间仓促，书中难免存在疏漏和不足之处，恳请广大读者批评指正。

编者

2019 年 1 月

目　录

第1章　商务智能概述……………………1

1.1　商务智能产生的背景………………………1
　1.1.1　商务智能产生的原因……………………1
　1.1.2　商业决策需要商务智能…………………3
　1.1.3　企业智能化管理需要商务
　　　　 智能……………………………………4
1.2　商务智能简介………………………………4
　1.2.1　商务智能的概念…………………………5
　1.2.2　商务智能的发展…………………………7
　1.2.3　商务智能的要求…………………………8
　1.2.4　商务智能的价值…………………………9
1.3　商务智能基础………………………………10
　1.3.1　商务智能的基本架构……………………10
　1.3.2　商务智能的功能…………………………11
1.4　商务智能的关键技术………………………12
　1.4.1　数据预处理………………………………12
　1.4.2　数据仓库…………………………………13
　1.4.3　数据挖掘…………………………………13
　1.4.4　联机分析处理……………………………15
　1.4.5　数据可视化………………………………15
1.5　商务智能的相关应用………………………16
　1.5.1　商务智能在金融业的应用………………16
　1.5.2　商务智能在保险业的应用………………16
　1.5.3　商务智能在教育领域的应用……………16
　1.5.4　商务智能在客户关系管理的
　　　　 应用……………………………………17
　1.5.5　商务智能在零售业的应用………………17
　1.5.6　商务智能在电子商务领域的
　　　　 应用……………………………………18
　1.5.7　商务智能在制造业的应用………………18
实验1　销售数据预处理………………………19

第2章　数据仓库……………………………40

2.1　数据仓库概述………………………………40
　2.1.1　数据仓库的概念…………………………40
　2.1.2　数据仓库的特点…………………………41
　2.1.3　数据仓库的结构…………………………41
　2.1.4　数据仓库与数据库………………………42
　2.1.5　数据仓库和商务智能的关系……………43
2.2　ETL过程……………………………………43
　2.2.1　数据抽取…………………………………43
　2.2.2　数据转换…………………………………44
　2.2.3　数据清洗…………………………………44
　2.2.4　数据加载…………………………………45
2.3　数据仓库工具Hive…………………………45
　2.3.1　Hive的数据类型与存储格式……45
　2.3.2　Hive的数据模型…………………………50
　2.3.3　查询数据…………………………………52
　2.3.4　用户定义函数……………………………53
实验2　数据仓库的建立………………………54

第3章　维度建模……………………………68

3.1　维度建模简介………………………………68
　3.1.1　维度建模的概念…………………………69
　3.1.2　维度建模的基本原则……………………69
3.2　维度表技术基础……………………………71
　3.2.1　维度表的结构……………………………71
　3.2.2　维度代理键………………………………71
　3.2.3　多维体系架构……………………………72
　3.2.4　缓慢变化维度……………………………75
3.3　事实表技术基础……………………………76
　3.3.1　事实表的结构……………………………76
　3.3.2　可加、半可加、不可加性
　　　　 事实…………………………………77

3.3.3 事实表中的空值·············77
3.3.4 事实表的基本类型·········77
3.4 维度建模的主要流程···········78
3.4.1 选择业务流程·············79
3.4.2 声明粒度·················79
3.4.3 确认维度·················80
3.4.4 确认事实·················80
3.5 对维度建模的误解···········80
3.5.1 误解1: 维度模型仅用于汇总
数据·················80
3.5.2 误解2: 维度模型是部门级的
而不是企业级的·········81
3.5.3 误解3: 维度模型是不可
扩展的·················81
3.5.4 误解4: 维度模型仅可用于
预测·················81
3.5.5 误解5: 维度模型不能集成···81
实验3 使用Schema Workbench
创建Cube·············82

第4章 联机分析处理···········96
4.1 OLAP简介·················96
4.1.1 维度模型的基本概念·······97
4.1.2 OLAP的多维数据结构·····100
4.1.3 OLAP的应用·············103
4.2 OLAP多维数据分析·········104
4.2.1 切片和切块·············105
4.2.2 钻取·················106
4.2.3 旋转/转轴·············106
4.3 OLAP分类·················107
4.3.1 ROLAP、MOLAP
与HOLAP·············107
4.3.2 多维数据模式·············109
4.3.3 OLAP体系结构·········111
4.3.4 OLAP与OLTP的区别·····112
4.4 从OLAP到数据挖掘·········113
4.4.1 数据仓库应用·············113
4.4.2 OLAP和数据挖掘的关系·····113
4.4.3 多维数据挖掘·············114

4.5 OLAP操作语言···········115
4.5.1 MDX·················115
4.5.2 MDX查询语句·········117
4.5.3 SQL和MDX的区别·····118
4.5.4 MDX表示·············119
4.5.5 成员属性和单元属性·····120
4.5.6 MDX查询结构·········122
4.6 主流的OLAP工具···········124
4.6.1 OLAP产品·············124
4.6.2 OLAP的实现过程·······125
实验4 联机分析·················127

第5章 商务智能在零售业
的应用·················134
5.1 零售业商务智能现状·········134
5.2 客户关系管理·············135
5.3 零售管理业务优化·········136
5.4 日常经营分析·············136
5.4.1 商品分析·············136
5.4.2 销售分析·············137
5.4.3 会员卡分析·············138
5.4.4 财务分析·············138
5.5 零售业案例·············140
5.5.1 数据仓库的搭建·········141
5.5.2 粒度设计·············141
5.5.3 星形模型设计·········142
5.5.4 ETL设计·············146
5.5.5 OLAP的实现·········148
5.5.6 数据挖掘·············151
实验5 购物清单关联性分析·······156

第6章 商务智能在客户关系
管理中的应用·············162
6.1 客户关系管理概述·········162
6.1.1 客户智能·············162
6.1.2 数据挖掘在客户关系管理中
的应用·················164
6.2 客户细分·················166
6.3 客户识别和客户流失·······168

6.3.1　数据挖掘应用于客户识别……168

6.3.2　通过当前客户了解潜在客户……169

6.3.3　客户流失……170

6.4　客户维度与属性……171

6.4.1　姓名和地址的语法分析……171

6.4.2　国际姓名和地址的考虑……173

6.4.3　以客户为中心的日期……174

6.4.4　基于事实表汇聚的维度属性……174

6.4.5　分段属性与记分……175

6.4.6　客户维度变化的计算……177

6.4.7　低粒度属性集合的维度表……177

6.4.8　客户层次的考虑……178

6.5　复杂的客户行为……179

6.5.1　行为类型分析……179

6.5.2　连续行为分析……180

6.5.3　行为分析模型……181

6.5.4　时间范围事实表……183

6.5.5　使用满意度指标标记事实表……185

6.5.6　使用异常情景指标标记
事实表……185

实验 6　航空客运信息挖掘……186

第 7 章　商务智能在电子商务
领域的应用……199

7.1　智能搜索……199

7.1.1　网络机器人……200

7.1.2　文本分析……201

7.1.3　搜索条件的获取和分析……203

7.1.4　信息的搜索和排序……204

7.2　电子商务情感分析……206

7.2.1　评论数据收集及处理……207

7.2.2　扩展特征向量构造……207

7.2.3　情感词库构建……207

7.2.4　情感分析模型……208

7.2.5　情感倾向值计算……208

7.3　智能推荐……209

7.3.1　智能推荐产生背景及定义……209

7.3.2　智能推荐主要算法……211

7.3.3　智能推荐在电子商务中
的应用……213

实验 7　消费者评论数据情感分析……215

参考文献……224

第1章
商务智能概述

本章采取理论和实践相结合的方式介绍商务智能的基础知识。首先介绍商务智能产生的背景，然后引出商务智能的概念、发展、基本架构、关键技术及其相关应用等。

本章介绍的是商务智能的基本原理和基础知识，对商务智能已有一定理论基础的读者可有选择地学习本章内容。

本章重点内容如下。

（1）商务智能的概念。

（2）商务智能的基本架构。

（3）商务智能的关键技术。

1.1　商务智能产生的背景

随着信息时代的发展，尤其是大数据时代的到来，企业的数据总量正在以惊人的速度增长。数据是企业最重要的资源。据统计，目前我国国内企业对数据的有效利用率不足 7%，很多企业还是依靠传统观念进行商业决策，并没有充分有效地利用信息。正确、有效地利用企业信息化资产，将数据转化为对企业有利的信息和知识，使商务智能（Business Intelligence，BI）有效地应用到企业的决策中，提高企业管理水平，已经成为智能企业与传统企业的主要区别。商务智能的兴起并非偶然，它将会为企业带来新的生命力。

1.1.1　商务智能产生的原因

随着信息时代的发展，特别是大数据时代的到来，企业面临前所未有的机遇和挑战。如何正确、及时地响应市场需求，快速占领市场，是每个企业都急需解决的问题。

将企业收集的海量数据正确、及时、有效地转化为信息，再转化为知识，最终支持企业决策，这是商务智能发展的驱动力。商务智能产生的原因可概括为如下几点。

1. 急切的分析型需求

20 世纪 90 年代以来，我国经济快速发展，涌现出了一大批有财力、有活力的公司，特别是改制后的大型国有企业、知名民营企业等，其整体建设都逐步向国际领先企业靠拢，陆续建设了核心业务系统。例如，电信行业的计费系统、生产制造行业的制造企业生产过程执行系统（Manufacturing Execution System，MES）、零售分销行业的 ERP 系统等，基本都在这一时期建成，这些系统大大提高了操作人员的工作流程规范化水平，资金流也得到了严格控制和监管。

随着这些系统的完善，特别是业务系统数据的积累，公司业务分析及决策人员发现基于业务系统基础数据的各种分析对其决策非常有帮助，于是在工作过程中越来越依赖系统数据，这一时期的分析工作普遍采取如下流程。

（1）先从业务系统导出数据到 Excel 软件，然后通过 Excel 进行加工，最后生成报表。

（2）生成的报表除了支持自己工作之外，还可以传递给相关部门和领导。

在这个分析过程中，普遍存在如下突出的问题。

（1）业务系统压力大：业务系统的数据量越来越大，从业务系统查数据、导数据越来越慢，并且频繁地导入、导出数据也会严重影响业务系统的工作效率。

（2）制作手工报表耗时长：一般情况下，导数据的时间加上数据处理加工的时间，再加上撰写周报、月报的时间，至少需要 1～2 天，耗时太长。

（3）数据不统一：每个部门都有分析人员，也各自都在出报表和做分析，数据和分析结果很难共享，汇总给领导的数据容易"打架"，数据不统一。

（4）决策难于深化：员工花费大量时间做数据处理，没有时间对数据进行细致分析，发现问题之后难以做深入的相关分析，最终出现"员工很忙，领导很急"的状况。

（5）电子商务行业的核心数据是日志，如点击日志、搜索日志等。这些数据一开始就非常庞大，传统行业常用的 Excel 软件对系统日志的数据支撑是无能为力的。

上述问题在业务系统运营之后一直存在，而且随着时间的推移越发严重，特别是发展迅速的公司数据量激增，这些问题更加明显。

2. 企业精细化管理需要商务智能的支撑

企业精细化管理的核心思想是"快、精、准"，这些都需要商务智能的强力支持。

（1）快：要求自上而下的实时把控，第一时间发现问题需要商务智能支持，特别是高层领导对全公司的问题都能及时发现，需要迅速调出各种流程控制系统的数据进行分析，发现异常。

（2）精：能对问题追根溯源，需要商务智能的向下钻取、向上钻取、交叉分析、关联分析等基本技术支撑，否则看到问题也不知道原因在哪里。

（3）准：就是要求问题落实到人。例如，问题出在谁身上，谁该受到惩罚，谁该进行工作改进等。

3. 数据中蕴含的知识可以帮助企业进行优化升级

数据—知识—操作—数据这样一个信息闭环其实就是实践—总结—再实践的一个螺旋式上升过程，如果这个过程中缺少数据到知识的一步，那就是简单重复的操作；而加入知识总结这样一个分析之后的实践，则是有提升的实践，其结果能促使员工的工作不断得到修正和优化，企业管理不断升级。因此，BI 系统对数据进行知识化是企业优化升级的必然需求。

4. 知识产品化

在电子商务行业，不论是企业与企业间（Business to Business，B2B），还是企业与消费者间（Business to Customer，B2C），商务智能产生的知识都可以协助电子商务网站的设计者提升网站的友好性，让网站设计者了解用户的习惯和行为，设计出符合用户操作的流程和功能；能根据买家的行为提供个性化的商品推荐，帮助用户提升工作效率和采购效果，提升他们对网站的认可度。另外，企业将产品放在电子商务网站进行推广之后，也迫切希望知道推广有没有效果，以及可对哪些方面进行改进，这也正是商务智能可以提供给企业的。

企业为了更迅速、更准确地把握自身的问题和市场的状况，都需要将数据转换为知识，合理地运用知识来获得利润，帮助企业快速崛起，这就是商务智能产生的原因。

1.1.2　商业决策需要商务智能

在信息时代，智能化已经成为企业生存之本，企业资源计划（ERP）、客户关系管理（Customer Relationship Management，CRM）和供应链管理（Supply Chain Management，SCM）等提高企业管理效率的平台积累了大量的业务数据，但到目前为止，很多企业的这些数据还没有被有效地利用起来。如何将企业的信息化资产转变为企业需要的信息和知识，为管理者的决策提供有效的数据支持，是商务智能首要关心的问题。商务智能从业务上可以划分为以下 5 个层次。

（1）第一个层次是告诉企业发生了什么。商务智能可以提供事先预制好的报告、企业平衡记分卡或综合管理"仪表盘"，利用集中管理的关键绩效指标（Key Performance Indicator，KPI）解决企业运营绩效问题，监控企业的发展，将复杂的报告用简单的方式表达出来。

（2）第二个层次是让企业探索为何会出现问题，也叫例外分析。业务部门可以从固定的报表、报告和一些关键的 KPI 中，得到很多相关的信息，但是当发现问题时，他们需要了解为何发生了这些问题。这时，就需要用到联机分析处理（Online Analytical Processing，OLAP）。业务分析员经常需要根据发现的问题完成自己的分析和报告。在很多情况下，业务分析员和决策制定者需要一套商务智能的工具，通过访问集成好的数据仓库（Data Warehouse），获得需要的信息。

（3）第三个层次是让用户实时看到现在发生了什么，这个层次是实时的信息分析。为了实现该层次的分析，企业决策层要制定实时情况下的业务战略和决策，获得实时的数据，查询并解决当时发生的问题。因此，运营模式和业务流程会发生较大的变化。例如，当客户因某种原因对服务不满，要退出服务或者退货时，相关客户服务人员发现这个客户是企业的大客户，他应该迅速将情况反馈给大客户经理，大客户经理可以很快查找到该客户的消费记录，并马上和客户联系，争取挽留客户，而不是等到客户流失后才急迫地与客户联系。

（4）第四个层次是帮企业预见即将发生什么。企业的决策者仅仅了解现在还远远不够，了解将来会发生什么以及对风险的预测和评估也都是非常重要的。企业还需要统计分析的功能，帮助企业对客户进行细分、预测客户的行为、预测客户业务的趋势、辨认欺诈行为等。若要满足以上的需求，要有复杂的算法、统计模型和大量的数据，因此需要具有支持大数据量的处理能力。

（5）第五个层次是希望发生什么。决策依据是由系统提供的，而系统的数据是由运营系统得到的，例如，由 Web 页获得，或者以基于市场条件和用户需求进行的特价、促销活动得到。商务智能可以建立清楚的决策和业务政策，让事物沿着正确的轨迹、朝着预定的方向行进，达到预期的目标。

商务智能的技术基础是数据仓库、联机分析处理、数据挖掘等。其中，数据仓库用来存储和管理数据，其数据从运营层获取；联机分析处理把这些数据转化成信息，支持各级决策人员进行复杂查询和联机分析处理，并用直观易懂的图表把结果展现出来；数据挖掘（Data Mining）指从海量的数据中提取出隐含在数据中的有用知识，以便各级决策人员做出更有效的决策，提高企业决策能力，如图 1-1 所示。

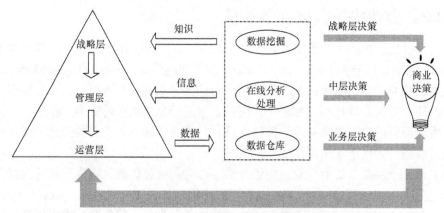

图 1-1　商务智能运行示意图

一个好的商务智能解决方案，可以帮助企业从大量的数据中获取有价值的信息和知识，并提供分析和统计预测的工具。例如，民生银行采用商务智能后，使用 Hyperion Intelligence（Oracle 公司的产品）帮助民生银行的各级人员实现数据查询、报表展示和决策分析等；业务人员可在基于 Web 的客户端进行数据查询、分析，直接生成灵活多样的图表报告；管理人员可通过使用 Hyperion Intelligence 对业务现状和发展趋势进行交互式分析，跟踪业务发展动态，及时解决经营过程中出现的问题。

1.1.3　企业智能化管理需要商务智能

企业智能化指企业如果想在瞬息万变的市场中生存，必须根据企业内部数据和相关市场数据，快速有效地处理企业内部问题、调整企业发展方向，以便适应客户需求的变化，采取正确的客户解决方案。领导者制定的决策决定企业的发展方向。因此，如何使企业管理策略得到科学的数据评价分析是企业决策者们最关心的问题。一个企业是否具有有效地利用在各种业务系统、数据集或数据仓库中的信息的能力决定了企业的发展。企业可以通过一个联系信息生产者和信息使用者的完整的信息供应链，实现企业商务智能化所带来的价值。要实现企业智能化管理必须借助商务智能技术。

1.2　商务智能简介

提到"商务智能（Business Intelligence）"这个词，人们普遍认为是加特纳集团（Gartner

Group）在 1996 年首次提出来的，但事实上 IBM 公司的研究员汉斯·彼得·卢恩（Hans Peter Luhn）早在 1958 年就用到了这一概念。他将"智能"定义为"对事物相互关系的一种理解能力，并依靠这种能力去指导决策，以达到预期的目标"。"商务智能"通常被理解为将企业中现有的数据转化为知识，帮助企业做出明智的业务经营决策的工具。这里所说的"数据"包括：来自企业业务系统的订单、库存、交易账目等的数据；来自客户和供应商等的数据；来自企业所处行业和竞争对手的数据；来自企业所处的其他外部环境中的各种数据等。而商务智能能够辅助的业务经营决策，既可以是操作层的决策，也可以是战术层和战略层的决策。为了将数据转化为知识，需要利用数据仓库、联机分析处理（OLAP）工具和数据挖掘等技术。因此，商务智能从技术层面上来讲不是新技术，它是将数据仓库、数据挖掘、联机分析处理等技术进行整合，最终形成一个完整的解决方案，帮助企业进行决策。它可以根据大量的企业内、外数据发现隐匿在其中的商机或威胁，了解企业和市场的现状、把握趋势、识别风险、理解企业业务状况，从而提高企业核心竞争力，为企业带来更多价值。

1.2.1　商务智能的概念

现代意义上的商务智能的概念是 1996 年由加特纳集团（Gartner Group）提出的，加特纳集团将其定义为：商务智能描述了一系列的概念和方法，通过应用基于事实的支持系统来辅助商业决策的制定。商务智能技术提供使企业迅速分析数据的技术和方法，包括收集、管理和分析数据，将这些数据转化为有用的信息，然后分发到企业各处。

商务智能自产生以来发展非常迅速，但是目前尚不成熟，不同企业基于自己的出发点对商务智能的概念或多或少都有着不同理解，如表 1-1 所示。

表 1-1　　　　　　　　　　　　　不同企业对商务智能的定义

企　业	商　务　智　能　的　定　义
Business Objects（SAP）	商务智能是一种基于大量数据的信息提炼的过程。这个过程与知识共享和知识创造密切结合，完成了从信息到知识的转变，最终为商家创造更多的利润
IBM	商务智能是一系列技术支持的简化信息收集、分析的策略集合
Microsoft	商务智能是任何尝试获取、分析企业数据，以更清楚地了解市场和顾客，改进企业流程，更有效地参与竞争的过程
IDC	商务智能是下列软件工具的集合：终端用户查询和报告工具、联机分析处理工具、数据挖掘软件、数据集市、数据仓库产品和主管信息系统
Oracle	商务智能是一种商务战略，能够持续不断地对企业经营理念、组织结构和业务流程进行重组，实现以顾客为中心的自动化管理
SAP	商务智能是通过收集、存储、分析和访问数据帮助企业更好决策的技术
Data Warehouse Institute	商务智能是把数据转换成知识，并把知识应用到商业运营的一个过程

通过表 1-1 可以看出，企业对商务智能的定义倾向于从技术、应用的角度，更多的是从商务智能的过程去描述并理解商务智能。在商务智能发展的早期，加特纳集团认为商务智能是数据仓库、数据集市、查询报表、数据分析、数据挖掘以及数据备份与恢复等辅助企业解决问题的技术及其应用。在 2007 年的商务智能峰会上，商务智能有了新的

定义，有学者认为商务智能可以是一个伞状的概念，其内容包括分析应用、技术架构、平台以及实践。这意味着业界对商务智能的认识跳出了技术的范畴，商务智能不再仅仅指技术工具的集合。

综上所述，商务智能是融合了先进信息技术与创新管理理念的结合体。商务智能集成了企业内外的数据，对数据进行加工处理并从中挖掘出知识，为企业创造更多的商业价值；商务智能面向企业战略并服务于战略层、管理层、运营层，指导企业经营决策，提升企业核心竞争力，达到从数据到知识再到利润的转变，从而为企业创造更多的效益。

商务智能集成大数据的关键技术（数据采集、数据预处理、数据分析与挖掘、数据可视化）于一体，构建了辅助企业决策的商务智能系统。本书中提到的商务智能与商务智能系统含义完全一致。

1. 数据

数据（Data）是用来记录、描述和识别事物的符号，是对客观事物的性质、状态以及相互关系等进行记载的物理符号或这些物理符号的组合。它是可识别的、抽象的符号。

数据不仅指狭义上的数字，也可以是具有一定意义的文字、字母、数字符号的组合，还可以是图形、图像、视频、音频等，同时也是客观事物的属性、数量、位置及其相互关系的抽象表示。例如，"0、1、2……""阴、雨、下降、气温""学生的档案记录、货物的运输情况"等都是数据。数据经过加工后就成为信息。

2. 信息

信息（Information）是指对数据进行收集、管理以及分析的结果，是经过一系列的提炼、加工和集成后的数据。信息与数据既有联系，又有区别。数据是信息的表现形式和载体，可以是符号、文字、数字、语音、图像、视频等。而信息是数据的内涵，信息加载于数据之上，解释数据的含义。数据和信息是不可分离的，信息依赖数据来表达，数据则生动具体地表达出信息。数据是符号，是物理性的；信息是对数据进行加工处理之后所得到的并对决策产生影响的数据，是逻辑性和观念性的。数据是信息的表现形式，信息是数据有意义的表示。数据是信息的表达、载体，信息是数据的内涵，它们是形与质的关系。数据本身没有意义，数据只有对实体行为产生影响时才成为信息。

3. 知识

知识（Knowledge）是人类对物质世界以及精神世界探索的结果总和。知识也是人类在实践中认识客观世界（包括人类自身）的成果，它包括事实、信息的描述或在教育和实践中获得的技能。知识是人类从各个途径中获得的经过提升总结与凝练的系统的认识。

4. 三者之间的关系

数据、信息、知识这三者是依次递进的关系，代表着人们认知的转化过程。数据指的是未经加工的原始素材，表示的是客观的事物。而通过对大量的数据进行分析，人们可以从中提取出信息。人们有了大量信息后，会对信息再进行总结归纳，将其体系化，就形成了知识。数据、信息、知识的层次关系如图1-2所示。

数据是宝贵的财富，只有充分有效地利用这种财富，识别信息，获取知识，辅助商务决策，才能从中获取价值。数据、信息、知识和决策之间的关系如图1-3所示。

图 1-2　数据、信息、知识的层级关系

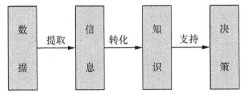

图 1-3　数据、信息、知识和决策之间的关系

1.2.2　商务智能的发展

商务智能作为企业信息化的高端产品，其发展既依赖于相关技术的进步，又依赖于竞争日益激烈的市场环境下企业对商务智能的认知。

1865 年，理查德·米勒·德文斯（Richard Millar Devens）在《商业趣闻百科全书》（*Cyclopædia of Commercial and Business Anecdotes*）中提出了"商务智能"（Business Intelligence）一词。他用这个词来描述银行家亨利·福尼斯（Henry Furnese）通过收集信息并根据这些信息，先于竞争对手采取行动，从而获利。可以看出，当时的"商务智能"概念与现在的概念大相径庭。

1958 年，汉斯·彼得·卢恩（Hans Peter Luhn）撰文讨论了利用技术来收集商务智能的潜力。按照今天的理解，商务智能就是利用技术来收集和分析数据，将之转换成有用的信息，并根据这些信息，"先于竞争对手"采取行动。从本质上说，现代版的商务智能是利用技术，在正确的时间，依据正确的信息，迅速且有效地做出决策。

直到 1968 年，具备专业技能的人员才可以把数据转换成可用的信息。当时多个来源的数据通常存储在筒仓中，研究报告呈碎片化，彼此脱节，可以做出多种不同的解读，只有那些具备专业技能的人，才能把数据转换成可用的信息。埃德加·科德（Edgar Codd）认识到这是个严重的问题。1970 年，他发表文章，改变了人们思考数据库的方式。他的"关联式数据库模型"引起了广泛关注，被全世界所采纳。

之后出现的决策支持系统（Decision Support System，DSS）是第一个数据库管理系统。很多学者都认为，现代版的商务智能就是从 DSS 数据库演化而来。

20 世纪 70 年代末，企业管理者开始使用互联网来收集商业信息。高层管理信息系统（Executive Information Systems，EIS）由此诞生，为企业高管提供决策方面的支持。EIS 旨在提供"简化"决策过程所需的、最新的、准确的信息，强调以图表和易用界面的方式呈现这些信息。EIS 的目标是把企业高管变成"亲自动手"的用户，让他们自己处理邮件、进行研究、做出任命和阅读报告，而不是通过中间人接收这些信息。但由于其作用有限，EIS 渐渐退出市场。

20 世纪 80 年代，企业开始使用内部数据分析解决方案（由于受到当时计算机系统的限制，这通常是在下班后和周末进行），数据仓库开始流行。在数据仓库出现之前，企业需要大量的数据冗余，以向参与决策的所有人提供有用的信息。数据仓库把以往通常存储在多个地方的数据，存储在了同一个地方，从而大幅缩短了使用者访问数据所需的时间。

数据仓库还有助于推动大数据的应用。数量庞大、形式多样的数据（电子邮件、互联网、Facebook、Twitter 等）可以从同一个地方访问，这不但节约了时间和资金，而且还能访问以前访问不了的许多商业信息。在提供由数据驱动的知识方面，数据仓库潜力巨大。这些知识可以提高利润、发现欺诈、减少损失。

1988 年，在罗马举行的数据分析大会结束后不久，商务智能开始作为一个技术概念出现。在这场大会上得出的结论促使人们开始简化 BI 分析，并使之对用户更加友好。BI 企业大量涌现，多家新公司都提供新的 BI 工具。在那个时期，BI 有两项基本功能：产生数据和提供报告，并以适当的方式组织和呈现数据。

从 20 世纪末到 21 世纪初，BI 服务开始提供简化的工具，降低决策者对工具的依赖度。这些工具更易于使用，而且可以为决策者提供他们所需且有效的功能。商业人士可以通过直接与数据打交道的方式，收集数据，获取知识。

1.2.3　商务智能的要求

商务智能的主要目的是帮助企业决策者进行更有效的决策。据调查，有些决策者担忧的问题已经持续多年，到目前为止仍没有被解决，主要内容如下。

> "我们收集了大量数据，但我们无法访问它。"
> "我们需要把数据按每一种方式分片和切割。"
> "商界人士需要轻松获取数据。"
> "告诉我什么是重要的。"
> "我们整个会议都在争论谁拥有正确的数字，而不是做决定。"
> "我们希望人们利用信息来支持基于事实的决策。"

这些问题反映了商务智能的基本要求。

（1）商务智能的信息必须易于访问，且内容也必须是可以理解的。数据对业务用户来说应该是直观和明显的，而不仅仅只考虑开发人员的需求。数据的结构和标签以及词汇应该模仿业务用户的思维过程。业务用户通常会希望将分析数据分离并进行无限制的组合，访问数据的业务智能工具和应用程序必须简单易用，且必须以尽可能少的等待时间将查询结果返回给用户。

（2）商务智能必须能提供可信信息。商务智能要求数据是可信的，各种来源的数据必须仔细地收集、清洗，以保证数据质量，而且当用户需要时才能发布。

（3）商务智能必须适应变化。用户需求、业务条件、数据和技术都可能发生变化，因此商务智能系统设计必须将这一因素考虑在内，确保现有的数据或应用程序不会失效。当业务区向数据仓库提交新问题和新数据时，不应该更改或中断现有的数据和程序。如果系统必须要进行修改，则要求设计者应进行适当的解释，使这些更改对用户透明。

（4）商务智能必须及时提供信息。当商务智能用于操作决策时，原始数据可能需要在几分钟甚至几秒的时间内转化为有用的信息。

（5）商务智能必须保证信息资产的安全。例如，一个珠宝销售企业的销售订单存放在数据仓库中，数据仓库中保存了企业及其客户的信息，如果这些信息落在某些别有用心的人的手中，可能会对企业和客户产生不利的影响。因此商务智能必须有效地控制企业机密信息的访问路径。

（6）商务智能必须帮助企业提高决策的权威性和可信赖程度。数据仓库必须有正确的数据来支持决策。商务智能最重要的输出是基于所呈现的分析数据做出的决策，这些决策提供了只有商务智能才可以带来的巨大的业务影响和价值。

（7）企业要积极接受商务智能，并认为其可以有效地协助企业决策。使用好的产品和平台构建一个解决方案并不是最重要的，如果业务用户不接受、不使用商务智能，那么即使再好的解决方案也没有用武之地。商务智能和业务软件不同，用户必须使用业务软件，别无选择，而用户可以选择是否使用商务智能。

1.2.4　商务智能的价值

商务智能之所以越来越重要，是因为现代企业对各种信息的无知是可怕的，不知不觉的风险是巨大的，而一知半解可能比一无所知危害更大，因为一知半解可能会使企业带着错误的思想做出决定和采取行动。商务智能所要做的就是充分利用企业在日常经营中积累的大量数据，并将它们转化为信息和知识来避免企业的错误决策。

商务智能在商业决策中的作用和价值主要体现在以下几个方面。

1. 改善客户关系管理

企业正在逐渐由以产品为中心转换为"以客户为中心"，商务智能可利用客户关系管理（CRM）结合联机分析处理和数据挖掘等技术，处理大量的交易记录和相关客户资料，对顾客进行分类，然后针对不同的客户制定相应的服务策略。例如，金融行业利用商务智能把客户数据整合后进行分析，帮助企业减少客户流失。

商务智能为客户、员工、供应商、股东和大众提供关于企业及其业务状况的有用信息，从而提高企业的知名度，增强整个信息链的一致性。利用商务智能，企业可以在问题变成危机前很快地对它们加以识别并解决。商务智能也有助于加强客户的忠诚度，一个参与其中并掌握充分信息的客户更有可能购买你的产品和服务。

2. 提供可赢利性分析

商务智能可以得到精准、及时的信息，帮助企业获得竞争优势。商务智能解决方案可以帮助企业分析利润的来源、各类产品对利润总额的贡献程度、广告费用是否与销售成正比等。商务智能可通过详细的目标数据，协助企业制定降低成本的决策。美国有许多保险、租赁和金融服务公司都已经体会到了商务智能带来的好处。

3. 改善业务洞察力

商务智能可减少管理者收集数据、获取信息所花费的时间，加速决策过程，保证在正确的时间让决策者可以接收到正确的信息。商务智能可以用来帮助企业理解业务的推动力量，认识哪些是趋势、哪些是非正常情况和哪些行为正在对业务产生影响，及时调整策略。例如，兴业证券利用 SCAMA 把数据整合后进行分析，辅助企业高层进行企业关键业绩指标分析、竞争对手分析以及投资收益分析等，增强了企业竞争力，取得了很好的效果。

4. 提高绩效管理

商务智能可提取 SCM、ERP、CRM、HR（Human Resource，人力资源）、E-Business（电子商务）中的数据，并计算出企业各业务活动的各项关键绩效指标，也可以用来确立对员工的期望，帮助他们跟踪并管理其绩效，并将这些绩效指标提供给企业各级管理者，管理者以此快速做出决策。

1.3 商务智能基础

1.3.1 商务智能的基本架构

如图 1-4 所示，商务智能主要包括业务层、技术层、功能层、组织层和战略层 5 个层面。

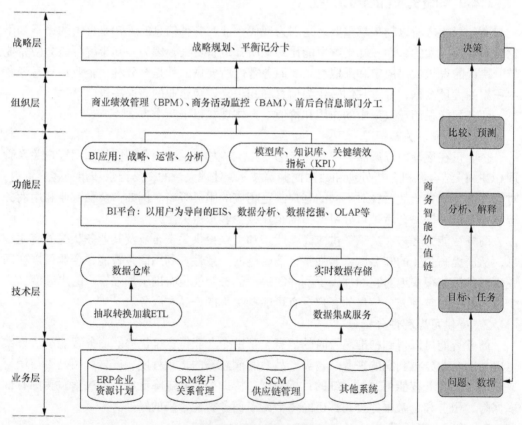

图 1-4 商务智能架构图

（1）业务层，指企业的业务系统，如企业资源计划（ERP）、客户关系管理（CRM）、供应链管理（SCM）及其他系统。这些系统是商务智能获取数据的来源。

（2）技术层，负责对来自业务层的原始数据进行抽取、转换、加载等加工，并把处理好的数据放入数据仓库，利用数据集成服务对数据进行实时存储。

（3）功能层，对技术层处理好的数据进行分析，以辅助运营和决策支持，并将得到的模型库、知识库以及关键绩效指标（KPI）提供给组织层。这些分析软件有：以用户为导向的 EIS、数据分析、数据挖掘、OLAP 等。

（4）组织层，将功能层得到的数据分析结果、各种知识信息等，用于商业绩效管理（Business Performance Management，BPM）、商务活动监控（Business Activity Monitoring，BAM）、前后台信息部门分工等，确保商务智能的实施。

（5）战略层，在以上 4 层的支撑下，实施战略计划，并利用"平衡记分卡"管理企业绩效，真正实现商务智能全球化、虚拟化、透明化。

1.3.2　商务智能的功能

商务智能是一整套方案，就是充分利用企业在日常经营过程中产生的大量数据，将它们转化为信息和知识，使企业的每一个决定、管理细节、战略规划都有数据参考，以辅助决策者改善决策水平。其主要功能如下。

1. 数据集成

数据是决策分析的基础。企业数据通常分布在多个业务系统中，如果需要做出正确的经营决策，就需要将散落在各个业务系统中的数据收集起来，形成一个整体。因此，若要从多个异构数据源中提取数据，再经过一定的加工后存储到数据仓库中，数据集成是必要手段。

2. 报表查询和展现

数据需要以更加简单明了的方式展现给用户，让用户了解到企业与市场的现状，这是商务智能的基本功能。例如，iCharts 提供了一个用于创建并呈现引人注目图表的托管解决方案，有许多不同种类的图表可供选择，每种类型都完全可定制，以适合网站的主题。iCharts 有交互元素，可以从 Google Doc、Excel 表单和其他来源中获取数据。iCharts 还提供基本的图表功能，如私人图表、自定义模板、上传图片和图标、下载高清图片、无线实时数据库连接、调查数据集、大型数据集、图表报告、数据收集、品牌图表渠道等。

3. 数据分析挖掘

商务智能利用企业内外部的数据进行分析和挖掘，找出其中隐藏的信息和知识。因此可利用数据挖掘工具，关联业务数据，分析业务，如顾客分析、业务分析和预测以及财务分析等。

4. 数据预警

商务智能集成了大量的数据，基于这些数据可以对企业内部业务信息，以及外部市场状况进行准确的把控，在危机发生前就利用数据实时加载呈现，指标预警，提前化解企业危机。

5. 数据管理

由于商务智能集成了大量的企业内部数据以及外部环境、行业信息等外部数据，因此需要对数据和报表的权限进行管理，防止信息外露，给企业造成损失。

6. 决策支持

决策支持系统是辅助决策者通过数据、模型和知识，以人机交互方式进行半结构化或非结构化决策的计算机应用系统。它是管理信息系统（Management Information System，MIS）向更高一级发展而产生的先进信息管理系统。它为决策者提供分析问题、建立模型、模拟决策过程和方案的环境，调用各种信息资源和分析工具，帮助决策者提高决策水平和质量。由于商务智能集成了企业内外部数据，决策者即可根据这些数据制定自身的竞争战略。

1.4　商务智能的关键技术

商务智能利用多项技术相互配合，从大量数据中寻找隐匿在其中的信息，然后将这些信息转化为知识，进而辅助决策者进行商业决策，它是一种决策的辅助手段。商务智能还是一套完整的解决方案，将数据预处理、数据仓库、数据挖掘、联机分析处理以及数据可视化技术结合起来并应用到商业活动中。商务智能从大量异构数据源中收集数据，经过抽取、转换和加载的过程，存储到数据仓库中，然后利用数据分析、挖掘工具和联机分析处理工具对信息进行再加工，将信息转变为可辅助决策的知识，最后将知识利用可视化工具以简单易懂的报表等形式展示给用户，以实现技术服务与决策的目的。

1.4.1　数据预处理

1. 数据预处理的概念

数据预处理（Data Preprocessing）是指在主要的处理之前对数据进行的一些整理。

2. 进行数据预处理的原因

现实世界中的数据大都是不完整、不一致的"脏"数据，无法直接进行数据挖掘，或挖掘结果差强人意。为了提高数据挖掘的质量，产生了数据预处理技术。

3. 数据预处理的方法

数据预处理的常用方法有：数据清理、数据集成、数据变换、数据归约等。这些数据处理方法在数据挖掘之前使用，大大提高了数据挖掘模式的质量，减少了实际挖掘所需要的时间。

（1）数据清理。数据清理通过填写缺失的值、光滑噪声数据、识别或删除离群点并解决不一致性来"清理"数据，主要达到格式标准化、清除异常数据、纠正错误、清除重复数据的目标。

（2）数据集成。数据集成将多个数据源中的数据结合起来并统一存储，建立数据仓库的过程实际就是数据集成。

（3）数据变换。数据变换通过平滑聚集、数据概化、规范化等方式将数据转换成适合数据挖掘的形式。

（4）数据归约。数据挖掘的数据量往往非常大，因此需要很长的时间执行挖掘分析，数据归约技术可以用来得到数据集的归约表示，它的数据量小得多，但仍然基本保持了原数据的完整性，其归约后得到的数据挖掘结果与归约前的结果相同或几乎相同。

1.4.2 数据仓库

1. 数据仓库的概念

数据仓库（Data Warehouse，DW）是为企业级别的决策制定过程提供所有类型数据支持的战略集合。它是出于分析性报告和决策支持的目的而创建的。

在信息技术与商务智能的大环境下，数据仓库在软硬件领域、Internet 和企业内部网解决方案以及数据库方面提供了许多经济高效的计算资源，可以保存极大量的数据供人们分析使用，且允许使用多种数据访问技术。

2. 数据仓库成功案例

（1）Agrofert

捷克的爱格富（Agrofert）集团发现，随着企业的快速发展，旗下子公司已经有 160 多个不同的系统在运行，很难提供统一的报告，而且支持和许可成本也不断上升。如果每新购一个系统就扩大一次基础架构，显然不是一种可以扩展的战略。Agrofert 集团采用 SAP ERP 应用程序作为其部分子公司的共享服务，目的是将其逐渐推广到整个企业，这些应用程序在两个地点的 IBM Power Systems 服务器上集中管理。公司从混合数据库环境（包括 Oracle 和 Microsoft SQL Server）迁移到 IBM DB2，将 IBM DB2 作为其标准数据库，同时还为关键的业务数据部署集中的存储系统。迁移后，不再需要本地系统，能够极大地降低集团的管理、支持和许可成本；借助 IBM DB2 可降低许可费用，简化管理并减少员工教育及培训；整合的存储有助于降低成本，而 IBM DB2 深度压缩将会降低总体存储需求；总成本估计会降低 20%。

（2）Disney

美国的迪士尼（Disney）公司每年都有超过 10 亿美元的商品销售收入，而建立一个 ERP 系统来处理这些信息是极具挑战性的。最新的集中式 ERP 系统是设计用来处理商品管理、存货管理和相关业务过程的。但是 Disney 公司也希望平衡财务和业务智能（BI）报告与业务分析系统，这意味着需要建立一个新的数据仓库。Disney 公司在该项目中所使用的产品包括 SAS 分析软件和 Teradata 数据仓库技术。最新的集中式 ERP、数据仓库和分析系统正帮助 Disney 公司更好地管理存货、分析销售额和预报特定领域的商品需求。

1.4.3 数据挖掘

1. 数据挖掘的概念

数据挖掘（Data Mining）一般是指从大量的数据中通过算法搜索隐藏于其中信息的过程。数据挖掘通常与计算机科学有关，并通过统计、联机分析处理、情报检索、机器学习、专家系统（依靠过去的经验法则）和模式识别等诸多方法来实现上述目标。

2. 数据挖掘的发展历程

（1）第一阶段：电子邮件阶段

这个阶段可以认为是从 20 世纪 70 年代开始的，平均的通信量以每年几倍的速度增长。

（2）第二阶段：信息发布阶段

从 1995 年起，以 Web 技术为代表的信息发布系统爆炸式地成长起来，成为 Internet

的主要应用。中小企业要把握好从"粗放型"到"精准型"营销时代的电子商务，这关系到企业发展的成败。

（3）第三阶段：电子商务阶段（Electronic Commerce，EC）

之所以把 EC 列为一个划时代的标志，是因为 Internet 的最终主要商业用途就是电子商务。同时反过来也可以说，若干年后的商业信息，主要是通过 Internet 传递。Internet 即将成为我们这个商业信息社会的神经系统。1997 年，美国提出敦促各国共同促进电子商务发展的议案，引起了全球的关注，IBM、HP 等国际著名的信息技术厂商也宣布 1998 年为电子商务年。

（4）第四阶段：全程电子商务阶段

随着软件即服务（Software as a Service，SaaS）模式的出现，延长了电子商务链条，形成了"全程电子商务"概念模式。也因此形成了一门独立的学科——数据挖掘与客户关系管理。

3. 数据挖掘的成功案例

（1）改善客户信用评分

克雷迪格洛斯金融公司（Credilogros Cía Financiera S.A.）是阿根廷第五大信贷公司，资产估计价值为 9570 万美元，对于 Credilogros 而言，重要的是识别与客户相关的潜在风险，将承担的风险最小化。

该公司的目标是创建一个与公司核心系统和两家信用报告公司系统交互的决策引擎来处理信贷申请。同时，Credilogros 还在寻找针对它所服务的低收入客户群体的自定义风险评分工具。除此之外，其他需求还包括解决方案能在其 35 个分支办公地点和 200 多个相关的销售点中的任何一个进行实时操作。

最终 Credilogros 选择了 SPSS 公司的数据挖掘软件 PASW Modeler，因为它能够灵活并轻松地整合到 Credilogros 的核心信息系统中。通过 PASW Modeler，Credilogros 将用于处理信用数据和提供最终信用评分的时间缩短到了 8 秒以内。这使 Credilogros 能够迅速批准或拒绝信贷请求。通过使用该决策引擎，Credilogros 能够让每个客户尽可能少地提供必需的身份证明文档，在一些特殊情况下，客户只需提供一份身份证明即可批准信贷。此外，该系统还提供监控功能。Credilogros 目前平均每月使用该系统处理 35000 份申请，仅在该数据挖掘系统实施 3 个月内就帮助 Credilogros 将因为业务流程问题导致贷款无法批准的问题减少了 20%。

（2）实时跟踪货箱温度

敦豪航空货运公司（DHL Express）是国际快递和物流行业的全球市场领先者，它提供快递、水陆空三路运输、合同物流解决方案，以及国际邮件服务。DHL 的国际网络将超过 220 个国家和地区联系起来，员工总数超过 35 万人。在美国食品药品监督管理局（Food and Drug Administration，FDA）要求确保运送过程中药品装运的温度达标这一压力之下，DHL 的医药客户强烈要求提供更可靠且更实惠的选择。这就要求 DHL 在递送的各个阶段都要实时跟踪集装箱的温度。

虽然由记录器方法生成的信息准确无误，但是无法实时传递数据，客户和 DHL 都无法在发生温度偏差时采取任何预防和纠正措施。因此，DHL 的母公司德国邮政世界网（DPWN）拟订了一个计划，准备使用 RFID 技术在不同时间点全程跟踪装运的温度，并利用数据挖掘技术分析相关数据，根据得到的信息制定相应措施。随后，企业通过 IBM 全球企业咨询服务部绘制决定服务的关键功能参数的流程框架，实现了数据挖掘的功能。最终，DHL 获得了两方面的收益：对客户来说，能够使医药客户对运送过程中出现的装运问题提前做出响应，并以引人注目的低成本全面切实地增强了运送可靠性；对 DHL 来说，提高了客户满意度和忠实度，为保持竞争差异奠定坚实的基础，并新增了重要的收入增长来源。

1.4.4　联机分析处理

1. 联机分析处理的概念

联机分析处理（OLAP）是使分析人员、管理人员或执行人员，能够从多种角度对从原始数据转化出来的、能够真正为用户所理解的、并真实反映企业维特性的信息，进行快速、一致、交互地存取，从而获得对数据的更深入了解的一类软件技术。这是 OLAP 委员会对联机分析处理的定义（特别注意，这是一类技术，而非特指某软件或管理方法）。

2. 联机分析处理的目标

联机分析处理的目标是满足决策支持或多维环境特定的查询和报表需求，它的技术核心是"维"这个概念，因此 OLAP 也可以说是多维数据分析工具的集合。

3. 联机分析处理的特性

（1）快速性：用户对 OLAP 系统的快速反应能力有很高的要求，系统应能在 5 秒内对用户的大部分分析要求做出反应，但很难对业务数据的实时信息做出反应。

（2）可分析性：OLAP 系统应能处理与应用有关的任何逻辑分析和统计分析。

（3）多维性：多维性是 OLAP 的关键属性。系统必须提供对数据的多维视图和分析，包括对层次维和多重层次维的完全支持。

（4）信息性：不论数据量有多大，也不管数据存储在何处，OLAP 系统应能及时获得信息，并且管理大容量信息。

1.4.5　数据可视化

1. 数据可视化的概念

数据可视化（Data Visualization）是指将大型数据集中的数据以图形、图像的形式表示，并利用数据分析和开发工具发现其中未知信息的处理过程。

2. 数据可视化的基本手段

数据可视化主要借助图形化手段，清晰有效地传达与沟通信息。但是，这并不意味着数据可视化就一定因为要实现其功能用途而令人感到枯燥乏味，或者是为了看上去绚丽多彩而显得极端复杂。为了有效地传达思想，数据可视化时需要兼顾美学形式与功能，通过直观地传达关键的方面与特征，从而实现对相对稀疏而又复杂的数据集的深入洞察。然而，由于设计人员往往并不能很好地把握设计与功能之间的平衡，因此，容易创造出华而不实的数据可视化形式，无法达到传达与沟通信息的目的。

数据可视化与信息图形、信息可视化、科学可视化以及统计图形密切相关。当前，在研究、教学和开发领域，数据可视化是一个极为活跃而又关键的领域。数据可视化实现了成熟的科学可视化领域与较年轻的信息可视化领域的统一。

1.5 商务智能的相关应用

商务智能旨在提高企业智能化，增强企业核心竞争力，及时把控市场状况，为企业带来价值，因此，越来越多的企业加入商务智能应用行列之中。商务智能目前应用的主要行业包括金融、保险、教育、客户关系管理、零售业、电子商务、制造业等。

1.5.1 商务智能在金融业的应用

金融业是较早引入商务智能的行业之一，目前商务智能在金融业的应用如下。

（1）客户利润率分析：了解客户在当前的和长远的利润率，尽量提高对高价值客户的销售，减少用于低价值客户的成本。

（2）信用管理：了解各产品的信用状况，建立同一客户全部信息的信用模式，及早帮助客户避免信用问题的发生，预测信用政策变化所产生的影响，减少信用损失。

（3）规范整合金融企业资源，进行成本控制、获利分析和绩效评估。

（4）评估、模拟、分析和控制市场风险以及运营风险。

1.5.2 商务智能在保险业的应用

保险业也是商务智能应用的重要领域。大部分大型保险公司已经建立了数据仓库系统，并在此基础上建立了商务智能系统。商务智能在保险业中有如下的一些应用。

（1）理赔分析：根据险种、保单持有人、理赔类型以及其他特征分析理赔趋势，确定准备金的数量，通过理赔分析可以帮助客户识别保险欺诈。

（2）客户利润率分析：按照不同的品种、不同的地区、不同的代理人、不同的客户群的服务成本和所得到的收益进行量化分析，找出产生利润率差异的原因，以利于开发新品种、对已有品种进行客户化改进并识别能带来高利润率的客户。

（3）客户价值分析：客户利润率不是评价客户对于保险公司价值的唯一指标，一个客户可能具备在将来购买高利润率保险产品的潜力，也可能会成为很好的高利润率客户的介绍人，因此要考虑客户在与保险公司打交道的整个过程中的价值。

（4）客户划分：将有各种共同特征的客户划分为不同类别的客户群体，掌握其需求和产品的使用模式，以分别确定营销方案；分析委托人的利润率，识别机会，改进服务。

（5）风险分析：了解引入新险种和发展新客户的风险，识别高风险客户群和能带来机会的客户群，减少理赔频率。

1.5.3 商务智能在教育领域的应用

商务智能在企业的管理和决策过程中使用较为广泛，大学或教育机构实际也是企业。在教育领域应用商务智能，能有效地管理教学及其他日常工作，提高学校的管理效率及决策的正确性。具体表现在以下几个方面。

（1）学生管理方面：可使用互联网自然生成的学生轨迹分析学生的行为和偏好，有针对性地对每个学生进行分析。

（2）课程管理方面：可以根据学校现有的数据进行分析，制定更合理的课程安排，如课程设置、教室安排等。

（3）教工管理方面：可以帮助学校了解目前教职工课堂教学情况、教室评价情况、工作压力情况等，帮助学校考评。

（4）科研管理方面：可以帮助学校更好地进行科研管理。

1.5.4　商务智能在客户关系管理的应用

客户关系管理（CRM）是企业活动面向长期的客户关系，以求提升企业成功的管理方式，其目的之一是要协助企业管理销售循环：识别新客户、保留旧客户、提供客户服务及进一步增进企业和客户的关系，并运用市场营销工具，提供创新的、个性化的客户商谈和服务，辅以相应的信息系统或信息技术（如数据挖掘和数据库营销）来协调所有公司与顾客间在销售、营销以及服务上的交互。商务智能在客户关系管理中有如下的一些应用。

1. 客户智能

客户智能是典型的商务智能应用领域，通过整合、分析客户相关的数据，得到洞察客户的信息和知识，帮助企业优化客户管理的决策能力，从而提升客户价值，增强客户满意度的概念、过程、方法和应用的集合。客户智能的实时过程有数据集成、客户知识获取以及客户知识应用三个阶段。

2. 数据挖掘

企业需要用数据挖掘技术对海量的客户数据进行分析和处理，发现其中有价值的客户信息，用于支持企业的市场影响、销售或客户服务决策等。

1.5.5　商务智能在零售业的应用

面对利润率较低、竞争更激烈的零售业，企业能否利用产品、品牌、销售、库存、客户等各类数据进行及时有效的决策就显得至关重要。商务智能可帮助零售企业更智能地把握客户的购买习惯，使商品配置更趋于合理。其主要有以下几方面的应用。

1. 销售分析

销售分析以商业销售数据为分析对象，分析商业销售情况，包括商品类型的销售结构、供货商销售毛利贡献排行情况、品种毛利贡献情况、销售金额增长趋势、销售毛利增长趋势、销售毛利率变化趋势、主题主打商品销售趋势、供应商销售金额区间分析、商品品种销售金额区间分析等。

2. 商品分析

商品分析的主要数据来自销售数据和商品基础数据，据此产生以分析结构为主的分析思路。主要分析的数据有商品价格分析、商品流通周期分析、商品利润效率分析等，从对这些数据的分析中产生商品广度、商品深度、商品淘汰率、重点商品、畅销商品、滞销商品、季节商品等多种指标，并通过对指标的分析来指导企业调整商品结构，加强商品的竞争力和合理配置。

3. 财务分析

基于数据仓库技术的财务分析满足企业领导对各业务部门费用支出情况的查询要求，并实现对应退款、应付款的决策分析。企业决策层通过使用这一功能，可进一步提高从现金流量、资产负债、资金回收率等角度决策企业运营的科学化管理水平。

4. 会员卡分析

会员卡分析主要是对会员卡消费行为进行分析，主要分析会员卡消费金额比重、会员卡消费走势、会员卡消费特征（会员卡主要消费哪些类别的商品）、会员卡资金流通周期等。

1.5.6　商务智能在电子商务领域的应用

随着电子商务的不断发展，越来越多的企业和个人通过网络进行交易，享受电子商务提供的便利。同时，大量的电子商务活动导致海量数据的累积，而这些数据本身的复杂度也使许多有用的知识被淹没。许多学者开始探索如何把海量数据转换成能被识别且能直接使用的有用知识，这也是目前电子商务的迫切需求。商务智能在电子商务领域的应用主要有以下几个方面。

1. 智能搜索

智能搜索用到的主要相关技术如下。

（1）网络机器人：分析、获取互联网的链接和读取各链接所对应网页的内容是其主要功能。

（2）搜索条件的获取和分析：提取查询条件中词汇和逻辑关系等有效成分，通过知识库获取关键词的同义词、近义词及相关词。

（3）信息的搜索和排序。通过识别输入内容，给出与输入内容最贴近的内容，并进行排列。

2. 情感分析

情感分析应用到电子商务中，就是通过对商品的所有讨论数据进行分析，挖掘出已购买过的用户对该商品的情感倾向，为其他用户提供有价值的参考，同时这个结果也可以作为商家推荐商品的依据。

电子商务情感分析工作流程主要包括评论数据的收集及处理、情感词的扩充、词向量模型及情感分析模型的建模与训练、基于规则的数据分析。

3. 智能推荐

商务智能通过预测顾客的偏好和兴趣，来帮助顾客找到需要的信息、商品等，进而提升商品的销售额。商务智能利用个性化商品推荐，也可以帮助商家有效提升用户的生命周期价值和转化率。

商务智能根据用户的注册、浏览、交易和评论等历史行为数据对其兴趣进行建模，然后把用户模型中兴趣需求信息和推荐对象模型中的特征信息匹配，同时使用相应的推荐算法进行计算筛选，找到用户可能感兴趣的推荐对象，然后推荐给用户。

1.5.7　商务智能在制造业的应用

制造业的信息化水平参差不齐，有些企业的 BI 项目已成功上线，而有些企业的 BI 项目正在建设阶段，但更多的企业信息化水平偏低，要想成功实施 BI 项目，仍需要很长一段时间。预测是商务智能在制造业的主要功能。商务智能在制造业的应用主要有以下几个方面。

（1）预测：对需求进行预测，企业根据预测结果更好地管理库存。

（2）市场营销：提供面向客户的交易数据，了解客户特征，从而使企业在吸引客户的过程中采取更主动的行动。

（3）采购分析：掌握供应商的成本、供货及时性等数据。

（4）计划优化：支持加载计划和运输线路计划的优化。

实验 1　销售数据预处理

【实验名称】 销售数据预处理

【实验目的】

1. 熟悉 Linux、MySQL、Insight 等系统和软件的安装与使用。
2. 了解大数据处理的基本流程。
3. 熟悉数据抽取、转换、加载的方法。
4. 熟悉在不同类型数据库之间进行数据的导入与导出。

【实验内容】

本实验将使用瑞翼教育 EDU 平台中的 I9000、MySQL Workbench 以及 Insight DI（类似 Kettle）工具。首先通过 I9000 创建 MySQL 数据库，然后在 MySQL Workbench 中将销售数据和员工数据导入数据库，通过 Insight DI 和 MySQL Workbench 连接，将两个数据源利用员工信息号码进行整合，最终将生成的一张新表格写入数据库，达到可在一张表格中查看员工信息和对应销售情况的目的。

本实验将使用两个数据源：employee_info_table.sql 代表员工信息表、sales_info_table.sql 表示销售信息表。两个数据源已经集成在瑞翼教育 EDU 平台中。

【实验环境】

1. Ubuntu16.04 操作系统。
2. MySQL 数据库管理系统。
3. I9000 平台。I9000 是一个大数据分析平台，它提供了一个功能丰富的辅助工具包，并针对性能和安全进行了优化，可用于对大数据进行高级分析，可以使用 GUI 或基于文本的 Shell 对任何类型的原始数据、实时流式处理或批处理数据进行交互式分析、建模和算法处理。这些模型和流程可用于批处理或集成到应用程序中。
4. Insight 平台。Insight 是一个综合平台，用户可以通过该平台对数据进行访问、集成、操作、可视化及分析。无论数据是存储在平面文件、关系数据库、Hadoop 集群、NoSQL 数据库、分析数据库、社交媒体流、操作型存储中，还是存储在云中，Insight 都可帮助用户发现、分析并可视化数据。即使用户没有编码经验，也可以找到所需的解决方案。有编程经验的用户可以使用 Insight 提供的 API 自定义报表、查询、转换或扩展功能。

【实验步骤】

1. 实验前导内容（进入瑞翼教育 EDU 环境）。

　　本书所有实验均是基于瑞翼教育 EDU 环境进行操作，如果各位读者希望在自己的计算机上进行相应的实验，可在市面上找寻类似的软件自己搭建环境。

　　针对瑞翼教育 EDU 环境，瑞翼教育会为合作院校的每一位学生分配相应的 VNC、I9000 等账户，类似信息如下图所示。

学号	I9000		VNC			
	登录账号	登录密码	VNC账号	VNC密码	服务器IP	端口号
2016408001	2016408001	2016408001	ua01	Ua01	192.168.26.101	5999
2016408002	2016408002	2016408002	ua02	Ua02	192.168.26.101	5999
2016408003	2016408003	2016408003	ua03	Ua03	192.168.26.101	5999
2016408004	2016408004	2016408004	ua04	Ua04	192.168.26.101	5999
2016408005	2016408005	2016408005	ua05	Ua05	192.168.26.101	5999
2016408006	2016408006	2016408006	ua06	Ua06	192.168.26.101	5999
2016408007	2016408007	2016408007	ua07	Ua07	192.168.26.101	5999
2016408008	2016408008	2016408008	ua08	Ua08	192.168.26.101	5999
2016408009	2016408009	2016408009	ua09	Ua09	192.168.26.101	5999
2016408010	2016408010	2016408010	ua10	Ua10	192.168.26.101	5999
2016408011	2016408011	2016408011	ua11	Ua11	192.168.26.101	5999
2016408012	2016408012	2016408012	ua12	Ua12	192.168.26.101	5999
2016408013	2016408013	2016408013	ua13	Ua13	192.168.26.101	5999

双击 VNC 客户端图标，打开 VNC 客户端软件。

单击"File"→"New Connection"建立新的 VNC 连接，如下图所示。

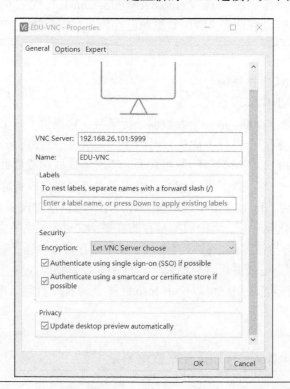

　　单击"OK"按钮，输入对应的账号及密码进行连接，连接成功后就会进入 EDU 界面，如下图所示。

　　2. 实验题目 1　连接 SQL 数据库，把数据导入数据库。

（1）登录 i9000：单击浏览器。

　　输入 I9000 入口地址：login.i9000.com，按 Enter 键访问。输入学生学号登录 I9000 平台。

（2）创建 MySQL 实例，导出相应密钥信息。

单击"服务"→"市场"，搜索需要的服务，如 mysql，生成 Mysql_ETL_A 和 Mysql_ETL_B 两个 mysql 实例。

单击该服务，建立服务实例。

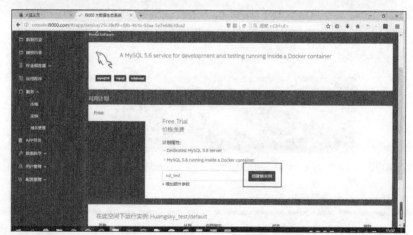

单击"服务"→"实例"，然后单击右上角"导出密钥"按钮。

然后单击"增加"按钮。

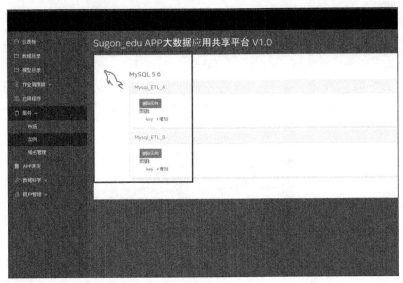

最后在页面下方就可以查看密钥信息了。

导出的密钥如下：

```
{
  "mysql56": [
    {
      "label": "mysql56",
      "name": "Mysql_ETL_A",
      "plan": "free",
      "tags": [
        "mysql56",
        "mysql",
        "relational"
      ],
      "credentials": {
        "hostname": "10.0.4.5",
        "ports": {
          "3306/tcp": "32796"
        },
        "port": "32796",
        "username": "3azqyeihaz9vg0id",
        "password": "1drj9klap0pixkem",
        "dbname": "f31yvvp2sbme67km",
        "uri": "mysql://3azqyeihaz9vg0id:1drj9klap0pixkem@10.0.4.5:32796/f31yvvp2sbme67km"
      }
    },
    {
      "label": "mysql56",
      "name": "Mysql_ETL_B",
      "plan": "free",
      "tags": [
        "mysql56",
        "mysql",
        "relational"
      ],
      "credentials": {
        "hostname": "10.0.4.5",
        "ports": {
          "3306/tcp": "32797"
        },
        "port": "32797",
        "username": "v1tdmtjr8bdpqink",
        "password": "zyj4kgjliygismcw",
        "dbname": "c9awnazarlgxmhlk",
        "uri": "mysql://v1tdmtjr8bdpqink:zyj4kgjliygismcw@10.0.4.5:32797/c9awnazarlgxmhlk"
      }
    }
  ]
}
```

密钥信息包含以下关键内容：

hostname
ports
username
password
dbname

（3）上传数据表到刚创建的数据库中。先连接数据库。单击云桌面右上角"Applications"→"Run Program"。打开"Run Program"后在框内运行"mysql-workbench"即可打开 MySQL 终端。

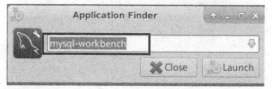

打开终端界面如下所示。

增加两个连接，分别连接 Mysql_ETL_A 和 Mysql_ETL_B。

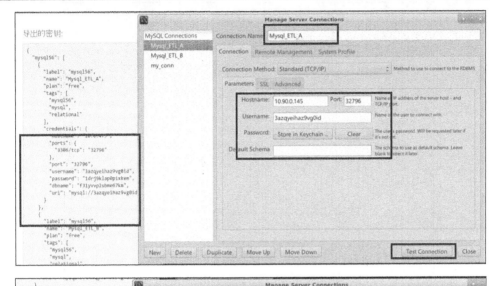

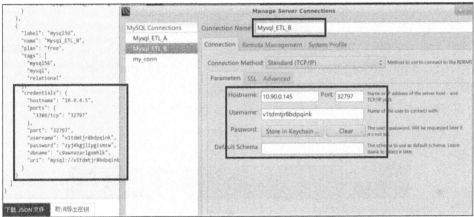

可看到如下成功添加的连接。

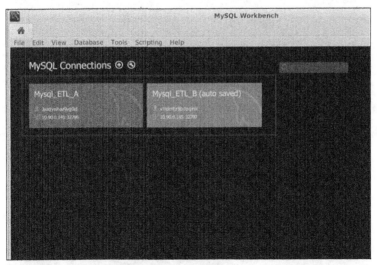

把连接打开，此时数据库中没有数据。

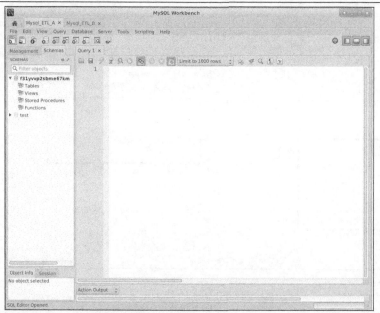

（4）把 employee_info_table（员工信息）导入 Mysql_ETL_A（表中字段包含员工号、姓名、年龄、电话号码、部门、负责区域等），把 sales_info_table（销售信息）导入 Mysql_ETL_B（表包含字段员工号、销售额、销售量、单价、成本、利润、商品）。

以 Mysql_ETL_A 为例，使用命令行导入，先用命令行登录 Mysql_ETL_A。

登录命令：mysql -h　主机名　-P　端口号　-u　用户名　-p密码

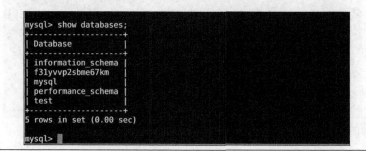

登录成功后界面如下所示。

```
Your MySQL connection id is 20
Server version: 5.6.33-0ubuntu0.14.04.1 (Ubuntu)

Copyright (c) 2000, 2016, Oracle and/or its affiliates. All rights reserved.

Oracle is a registered trademark of Oracle Corporation and/or its
affiliates. Other names may be trademarks of their respective
owners.

Type 'help;' or '\h' for help. Type '\c' to clear the current input statement.

mysql>
```

查看该实例下的数据库，并选中我们要使用的数据库。

查看命令：show　databases。

```
mysql> show databases;
+--------------------+
| Database           |
+--------------------+
| information_schema |
| f31yvvp2sbme67km   |
| mysql              |
| performance_schema |
| test               |
+--------------------+
5 rows in set (0.00 sec)

mysql>
```

选中需要使用的数据库，这里使用 f31yvvp2sbme67km，命令为 use f31yvvp2sbme67km。

```
mysql> use f31yvvp2sbme67km
Database changed
mysql>
```

导入数据，命令为 source/home/ua03/Documents/employee_info_table.sql。

```
Database changed
mysql> source /home/ua03/Documents/employee_info_table.sql
```

导入过程如下图所示：

```
Query OK, 1 row affected, 1 warning (0.16 sec)
Query OK, 1 row affected, 1 warning (0.11 sec)
Query OK, 1 row affected, 1 warning (0.11 sec)
Query OK, 1 row affected, 1 warning (0.05 sec)
Query OK, 1 row affected, 1 warning (0.05 sec)
Query OK, 1 row affected, 1 warning (0.15 sec)
Query OK, 1 row affected, 1 warning (0.11 sec)
Query OK, 1 row affected, 1 warning (0.10 sec)
Query OK, 1 row affected, 1 warning (0.26 sec)
```

Mysql_ETL_B 操作过程相同。

完成导入后即可在 mysql-workbench 中看到导入 Mysql_ETL_A 中的 employee_info_table 数据，如下图所示。

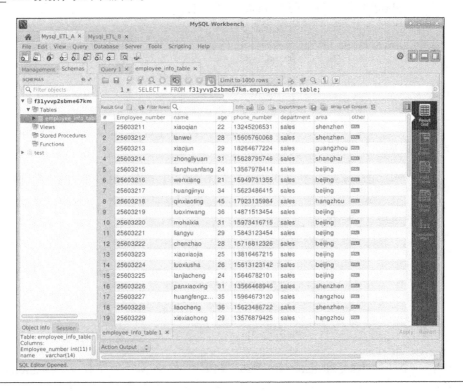

导入 Mysql_ETL_B 中的 sales_info_table 数据，如下图所示。

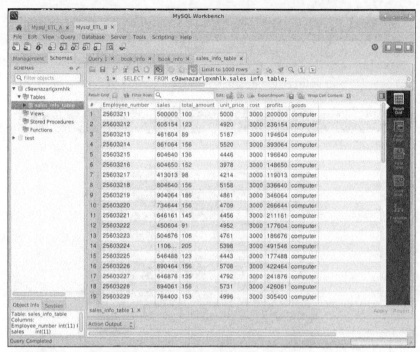

3. 实验题目 2　数据抽取，从上面两个数据库抽取数据。

（1）使用 Insight 连接 SQL 数据库。

双击 Insight 客户端图标，打开 Insight 客户端。

登录界面如下图所示。

建立一个新的 Transformations。单击 "File" → "New" → "Transformations"。

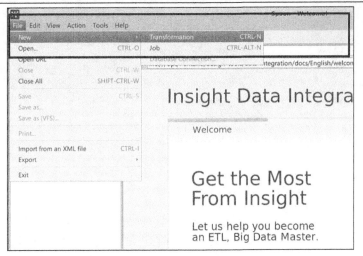

出现下图所示的页面。

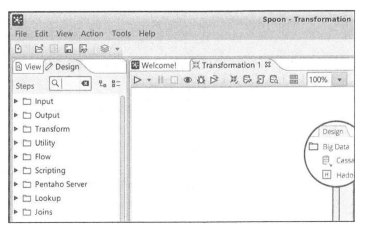

单击"View"按钮。

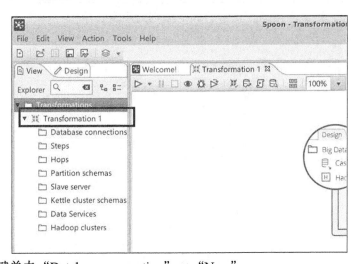

鼠标右键单击"Database connection"→"New"。

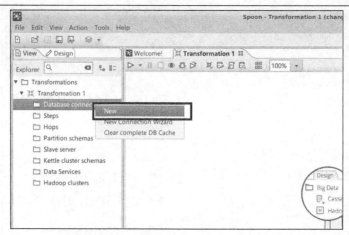

单击"General"→"MySQL"，填上对应的 IP（需映射）、数据库名、端口号、用户名、密码等信息。

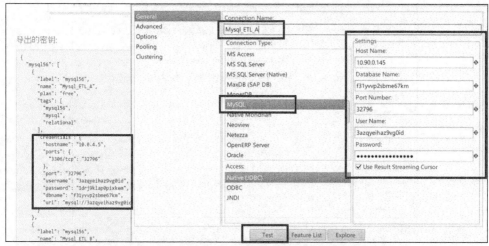

单击"Test"测试连接是否正常。如下图则为正常，单击"OK"按钮。

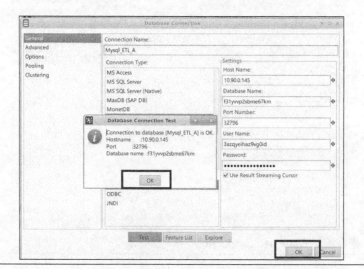

数据库 Mysql_ETL_A 连接完成。通过同样的步骤完成 Mysql_ETL_B 的连接。两个连接完成后的界面如下图所示。

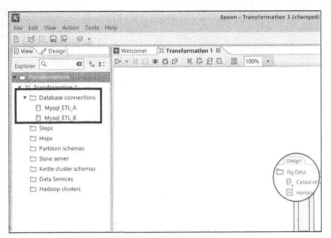

（2）抽取数据库中数据。选中"Design"→"Input"，把控件 Table input 拖曳到工作区，如下图所示。

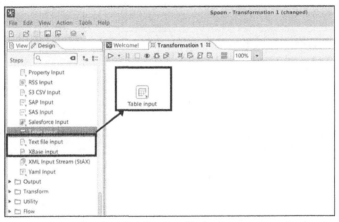

双击打开"Table input"，如下图所示。修改"Step name"为"employee_info"，"Connection"选中"Mysql_ETL_A"。

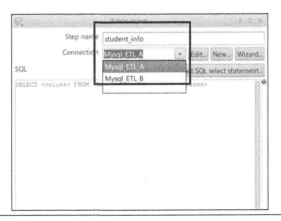

选中要抽取数据的表，"Get SQL select statement"→"Mysql_ETL_A"→"Tables"→"employee_info_ table"，单击"OK"按钮。

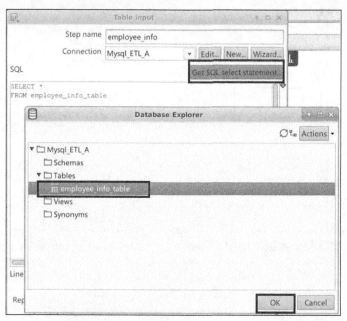

选择"Preview"可预览数据表中数据。

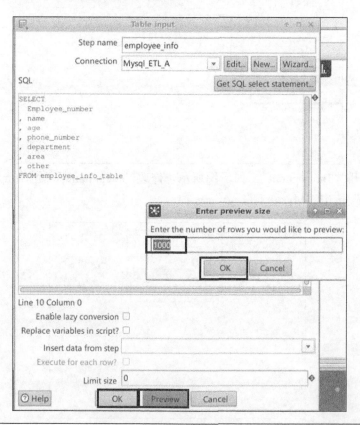

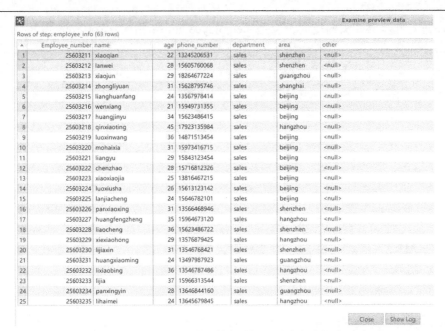

以上完成了 employee_info_table 表的数据抽取，用同样的步骤完成 sales_info_table 表的抽取。

完成后的界面如下图所示。

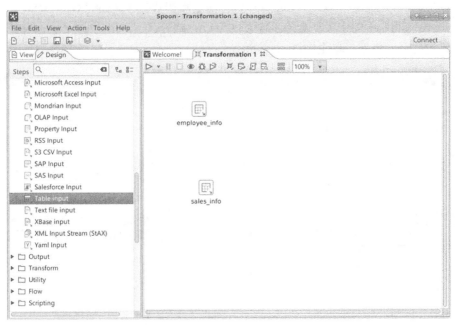

4．实验题目 3　数据转换。

（1）对学生信息表进行整理排序。

在左侧"Transform"中找到"Sort rows"，并与"employee_info"进行连接（按住键盘上的 Shift 键，用鼠标左键先后单击"employee_info"和"Sort rows"完成连接）。

注意：此步骤箭头的指向，应是"employee_info"指向"Sort rows"。

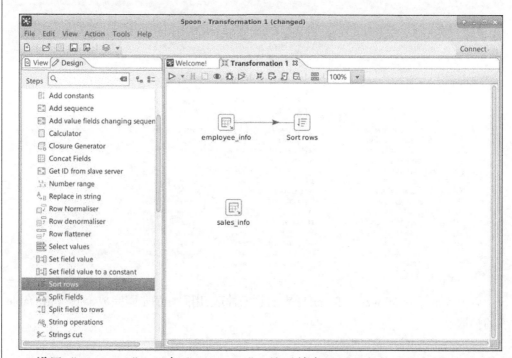

设置"Sort rows"。双击"Sort rows"，然后单击界面下方的"Get Fields"，获得"employee_info"中的字段，删除不需要的字段，此处留下"Employee_number"一个字段，选择升序排序。单击"OK"按钮。

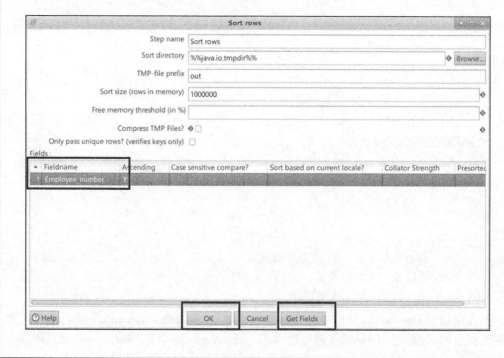

（2）对销售信息表进行数据整理，在左侧"Transform"中找到"Select values"，并与"sales_info"进行连接（方法同前）。

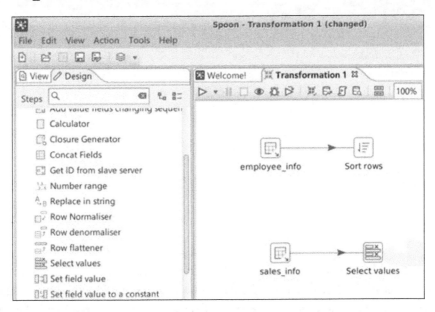

设置"Select values"，在"Select&Alter"栏下单击右侧的"Get fields to select"，留下"Employee_number""sales""profits"，删除其他的字段。

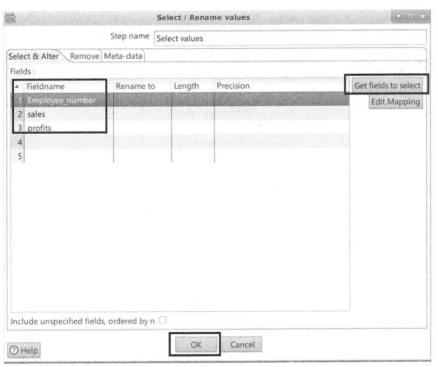

在"Select values"后连接一个新的"Sort rows"，按照"Employee_number"进行升序排序。

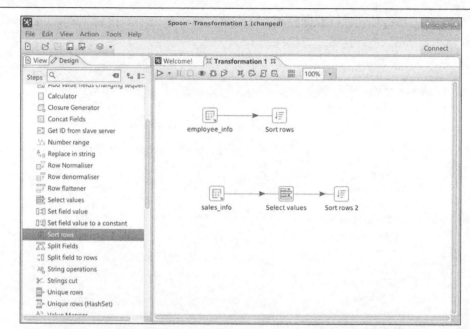

（3）完成两个信息表的整合。在左侧"Joins"栏下找到"Merge Join"，拖曳到右侧工作区，并与"Sort rows"和"Sort rows 2"进行连接。设置"Merge Join"。"First Step"设置为"Sort rows"，"Second Step"设置为"Sort rows 2"；分别单击左下方和右下方的"Get key fields"。左侧留下"Employee_number"，右侧也留下"Employee_number"，完成设置。

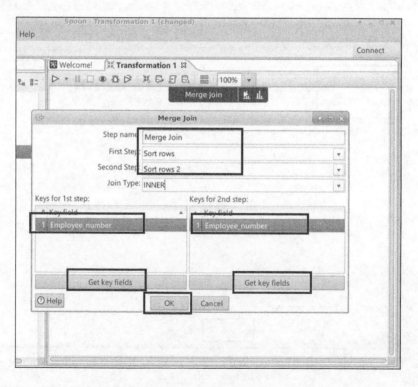

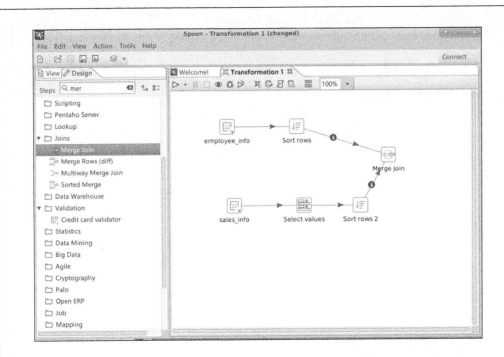

在 Merge Join 后面连接一个新的 Select values。

设置"Select values",在"Select&Alter""Remove"中依次单击右侧的"Get fields to remove",在"Remove"中留下"department""other""Employee_number_1",即可删除这三个字段。

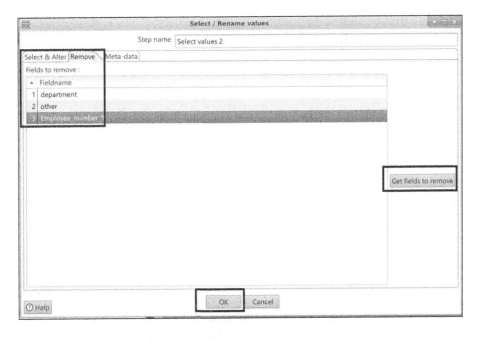

完成后的界面如下图所示。

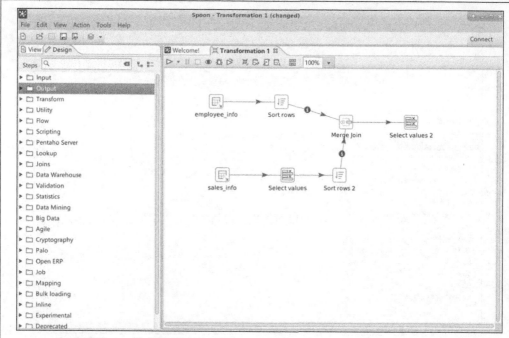

5. 实验题目5　数据加载。

将整理好的数据表保存到数据库中。

（1）在左侧"output"栏中找到"Table output"，连接到"Select values"。设置"Target table"名称为"employee_sales"，保存到 Mysql_ETL_B 数据库。

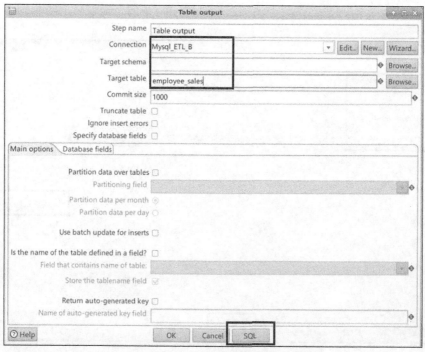

（2）单击下方的 SQL，弹出窗口，单击"Execute"按钮。

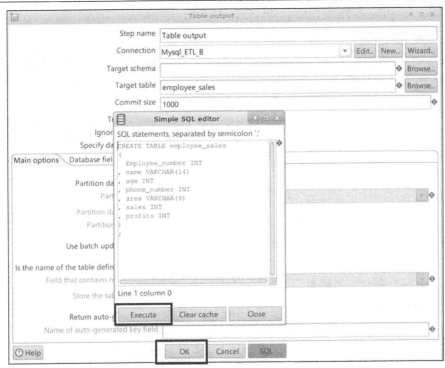

完成后退出窗口。保存此 transformation 并运行。

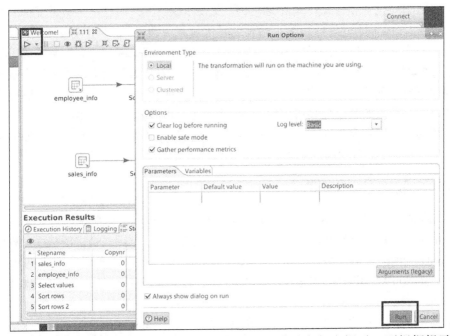

　　所有组件都有绿色对号则为正常运行完毕，出错时有相应提示，可根据提示修改错误。

　　至此，就完成了销售数据预处理。

第2章
数据仓库

本章首先介绍什么是数据仓库,其具有什么样的特点,拥有什么样的结构,与数据库有什么区别和联系,以及数据仓库与商务智能的关系。通过这些概念性的内容引出数据仓库的关键性技术 ETL、数据仓库如何建模以及数据仓库的工具 Hive。

本章重点内容如下。

(1)数据仓库的基本概念。

(2) ETL 过程。

2.1 数据仓库概述

随着数据库技术和企业管理系统的不断发展和普及,人们已不再满足于一般的业务处理。随着大数据时代的到来,数据规模的扩大越来越明显,如何能够更好地利用数据,从数据中提取商业价值,已经成为企业制胜的关键。举例来说,数据库系统可以很好地支持事务处理,实现对数据的"增删改查"等功能,但是却不能提供很好的决策分析支持。因为事务处理首先考虑响应的及时性,多数情况都是在处理当前数据,而决策分析需要考虑的是数据的集成性和历史性,对分析处理的时效性要求并不高。所以为了提高决策分析的有效性和完整性,人们逐渐将一部分或者大部分数据从联机事务处理系统中剥离出来,从而形成了今天的数据仓库系统。

2.1.1 数据仓库的概念

"数据仓库之父"比尔·恩门(Bill Inmon)在 1991 年出版的《建立数据仓库》(*Building the Data Warehouse*)一书中所提出的"数据仓库"定义被广泛接受。数据仓库(Data Warehouse, DW)是一个面向主题的(Subject Oriented)、集成的(Integrated)、相对稳定的(Non-Volatile)、反映历史变化(Time Variant)的数据集合,用于支持管理决策(Decision Making Support)。

数据仓库的主要功能是将联机事务处理(On-Line Transaction Processing, OLTP)经年累月所累积的大量资料,通过数据仓库理论所特有的数据存储架构,对数据进行系统地分析整理,以利于各种分析方法的实施,如联机分析处理、数据挖掘等,并进而支持决策支持系统等的创建,帮助决策者在大量资料中快速有效地分析出有价值的信息,以利于决策的拟订以及快速回应外在环境的变动,构建商务智能系统。

2.1.2　数据仓库的特点

传统的联机事务处理强调的是更新数据库，即向数据库中添加、更新、删除信息，而数据仓库则是强调从数据库中提取信息、利用信息。数据仓库的特点有如下几个方面。

（1）数据仓库中的数据是面向主题的。操作型数据库的数据组织面向事务处理任务，各个联机事务处理系统之间各自分离，而数据仓库中的数据是按照一定的主题域进行组织的。主题是一个抽象的概念，是指用户使用数据仓库进行决策时所关心的重点方面，一个主题通常与多个操作型信息系统相关。

（2）数据仓库中的数据是集成的。面向事务处理的操作型数据库通常与某些特定的应用相关，数据库之间相互独立，并且往往是异构的。而数据仓库中的数据是在对原有分散的数据库进行数据抽取、清理的基础上经过系统加工、汇总和整理得到的，必须消除源数据中的不一致性，以保证数据仓库内的信息是关于整个企业的一致的全局信息。

（3）数据仓库中的数据是相对稳定的。操作型数据库中的数据通常实时更新，数据根据需要及时发生变化。数据仓库的数据主要供企业决策分析之用，所涉及的数据操作主要是数据查询，一旦数据进入数据仓库以后，在一般情况下将被长期保留，也就是数据仓库中一般有大量的查询操作，但修改和删除操作很少，通常只需要进行定期的加载、刷新。

（4）数据仓库中的数据是反映历史变化的。操作型数据库主要关心当前某一个时间段内的数据，而数据仓库中的数据通常包含历史信息，系统记录了企业从过去某一时间点（如开始应用数据仓库的时间）到目前的各个阶段的信息。通过这些信息，分析人员就可以对企业的发展历程和未来趋势做出定量分析和预测。

2.1.3　数据仓库的结构

数据仓库的目的是构建面向分析的集成化数据环境，为企业决策提供数据支持。其实数据仓库本身并不"生产"任何数据，同时自身也不需要"消费"任何数据。数据仓库的数据来源于外部，并且开放给外部应用，这也是为什么叫"仓库"，而不叫"工厂"的原因。因此，数据仓库的基本架构主要包含的是数据流入/流出的过程，可以分为数据源、数据仓库、数据应用三层，如图 2-1 所示。

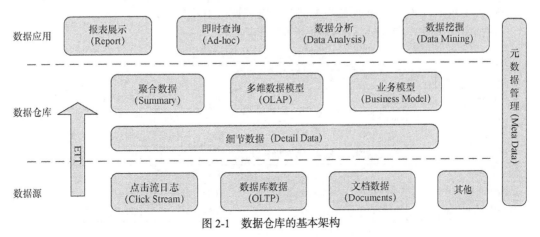

图 2-1　数据仓库的基本架构

从图 2-1 可以看出数据仓库的数据来源于不同的数据源，数据流入数据仓库后向上层应用开放，数据仓库只是中间集成化数据管理的一个平台，对应图 2-1 的层次结构如下。

（1）数据源层（ODS）：此层数据无任何更改，直接沿用外围系统的数据结构和数据，不对外开放。

（2）数据仓库（DW）：包括主题明细宽表、轻度汇总、跨主题域关联汇总、业务模型 Cube。

（3）数据应用（DA）：可从数据仓库层读取所需数据，并对数据进行报表展示、即时查询、数据分析、数据挖掘等数据应用。

数据仓库从各数据源获取数据及在数据仓库内的数据转换和流动都可以认为是抽取—转化—加载（Extract-Transform-Load，ETL）过程。ETL 是数据仓库的流水线，也可以认为是数据仓库的血液，它维系着数据仓库中数据的新陈代谢，而数据仓库日常管理和维护的大部分工作就是保持 ETL 的正常和稳定。

2.1.4　数据仓库与数据库

数据库是数据仓库的基础。数据库是为了捕获数据而设计的，而数据仓库是为了分析数据而设计的，是在数据库已经大量存在的情况下，为了进一步发现数据资源，为了支持决策而产生的。数据仓库并不是所谓的"大型数据库"，并不能取代数据库而独立存在。目前，大部分数据仓库还是用关系数据库管理系统来管理的。可以说，数据库和数据仓库相辅相成、各有千秋，它们的主要区别如下。

（1）数据结构。数据库中的建模一般遵循三范式，而数据仓库的建模有特定的方式，一般采用维度建模，使用这种建模方式的原因是便于建立 OLAP，提高统计查询效率等。

（2）数据仓库中的数据通常来源于多个不同的联机事务处理系统数据库（存储多年的数据），数据量较大。

（3）数据库一般存储的是在线交易数据，数据仓库存储的一般是历史数据。

（4）数据库设计会尽量避免冗余，一般采用符合范式的规则来设计；数据仓库在设计时会有意引入冗余，采用反范式的方式来设计。

（5）数据库为捕获数据而设计，数据仓库为分析数据而设计。数据仓库的两个基本的元素是维表和事实表。维是看问题的角度，如时间、部门等，维表放的就是这些内容的数据类型定义，事实表里放着要查询的数据，同时有维的 ID。

数据库与数据仓库的具体区别如表 2-1 所示。

表 2-1　　　　　　　　　　　　　　数据库与数据仓库的具体区别

对比内容	数据库	数据仓库
数据内容	当前值	历史的、存档的、归纳的、计算的数据
数据目标	面向业务操作程序，重复处理	面向主题域，管理决策分析应用
数据特性	动态变化，按字段更新	静态，不能直接更新，只定时添加
数据结构	高度结构化，复杂，适合操作计算	简单，适合分析
使用频率	高	中到低
数据访问量	每个事务只访问少量记录	有的事务可能要访问大量记录
对响应时间的要求	以秒为单位计量	以秒、分，甚至小时为计量单位

2.1.5　数据仓库和商务智能的关系

从第 1 章我们已经了解到，商务智能从技术层面上来讲不是新技术，它将数据仓库、数据挖掘、联机分析处理等技术进行整合，最终形成一个完整的解决方案，为企业提供决策支持。也就是说，数据仓库是商务智能的基础，如果没有数据仓库，商务智能将无法实现。两者的关系如图 2-2 所示。

图 2-2　数据仓库和商务智能的关系

2.2　ETL 过程

ETL（Extract-Transform-Load，抽取—转化—加载）是将联机事务处理系统的数据经过抽取、转换之后加载到数据仓库的过程，目的是将企业中的分散、零乱、标准不统一的数据整合到一起，为企业的决策提供分析依据。 ETL 是 BI 项目重要的一个环节，是构建数据仓库的重要一环。

ETL 的实现有多种方法，常用的有三种。一是借助 ETL 工具（如 Oracle 的 OWB、SQL Server 2000 的 DTS、SQL Server 2005 的 SSIS 服务、Informatic 等）实现；二是采用 SQL 方式实现；三是采用 ETL 工具和 SQL 相结合的方法实现。前两种方法各有优缺点，借助工具可以快速建立起 ETL 工程，屏蔽了复杂的编码过程，提高了速度，降低了难度，但是缺少灵活性。SQL 方法的优点是灵活，提高 ETL 运行效率，但是编码复杂，对技术要求比较高。第三种方法综合了前面两种的优点，会极大地提高 ETL 的开发速度和效率。

2.2.1　数据抽取

源数据库中的业务数据一般都是十分繁杂的，但数据仓库是面向主题的，源数据库中的一些数据可能并不是该决策所需要的，所以在源数据导入数据仓库之前，需要先确定哪些数据与该决策相关，数据的抽取可以过滤掉许多不必要的数据，有效减少数据仓库的存储消耗。

数据抽取的主要工作如下。

（1）确定数据源的数据及其含义。源数据库的设计者与数据仓库的设计者往往不是同一个人，这样就会导致数据仓库设计者对源数据库中的数据所表达的含义并不是很清楚，这就需要数据仓库设计者对源数据库的数据进行分析和理解，确定源数据的含义。

（2）确定需要提取的文件、库表、字段。源数据库中的库表设计往往以业务实现为目的，而数据仓库往往只关心与当前主题相关的数据，不必要的库表和字段就可以省略。

（3）确定数据的抽取频率。数据仓库的数据需要定期进行更新，因此对不同的数据源需要确定抽取的频率，如每月、每周或者每天一次。

（4）确认是否需要导入外部数据，若需要则还要确认以何种方式导入。有时候数据的来源不仅仅是传统的关系型数据库，还可能是外部.txt 文件或者 Excel 文件等。针对这种外部文件数据的抽取，可以培训业务人员利用数据库工具将这些数据导入指定的数据库，然后从指定的数据库中抽取，或者借助其他工具实现。

（5）确定出现数据抽取异常时该如何处理。当出现与某一源数据库连接失败，或者其他影响数据抽取的意外情况的时候，需要确认具体的处理办法。

（6）确定数据输出的目标位置和输出的格式。

2.2.2　数据转换

数据仓库的数据来自多种数据源，不同的数据源可能由不同的平台提供，使用不同的数据库管理系统，数据格式也可能不同。源数据在被加载到数据仓库之前，需要进行一定的数据转换，数据转换的任务主要是进行不一致的数据转换、数据粒度的转换，以及一些商务规则的计算。

（1）不一致的数据转换：这个过程是一个整合的过程，将不同联机事务处理系统的相同类型的数据格式统一，如同一个供应商在结算系统的编码是 XX0001，而在 CRM 中编码是 YY0001，这样在抽取过来之后统一转换成一个编码。

（2）数据粒度的转换：联机事务处理系统一般存储非常明细的数据（细粒度），而数据仓库中数据是用来查询和分析的，需要多种不同粒度的数据。一般情况下，会将联机事务处理系统数据按照数据仓库粒度进行聚合。

（3）商务规则的计算：不同的企业有不同的业务规则和数据指标，这些指标有的时候不是简单的加减就能完成的，需要在 ETL 中将这些数据指标计算好之后存储在数据仓库中，以供分析使用。

2.2.3　数据清洗

数据清洗的任务是过滤不符合要求的数据。不符合要求的数据主要有不完整的数据、错误的数据、重复的数据三大类。

（1）不完整的数据：这一类数据主要是数据中一些应该有的信息的缺失，如缺少供应商的名称、分公司的名称、客户的区域信息等。这一类数据要过滤出来，按缺失的内容分别写入不同的 Excel 文件提交给客户，要求在规定的时间内补全，补全后再写入数据仓库。

（2）错误的数据：产生的原因是联机事务处理系统不够健全，在接收输入后没有进行判断，而直接写入后台数据库造成的，如数值数据输入成全角数字字符、字符串数据后面有一个回车操作、日期格式不正确、日期越界等。这一类数据要分类处理。对于类似全角字符、数据前后有不可见字符的问题，只能通过写 SQL 语句的方式找出来，然后要求客户在联机事务处理系统中修正。日期格式不正确的或者是日期越界的这一类错误会导致 ETL 运行失败，这一类错误需要去联机事务处理系统数据库用 SQL 的方式挑出来，交给业务主管部门，要求限期修正。

（3）重复的数据：维表中容易出现这种情况。对于这一类数据，应该将重复数据记录的所有字段导出来，让客户确认并整理。

数据清洗是一个反复的过程，不可能在几天内完成，只能不断地发现问题，解决问题。对于是否过滤、是否修正，一般要求客户确认。过滤掉的数据应写入 Excel 文件或数据表。在 ETL 开发的初期可以每天向业务单位发送过滤数据的邮件，促使他们尽快地修正错误，同时也可以作为将来验证数据的依据。数据清洗需要注意的是不要将有用的数据过滤掉，对于每个过滤规则要认真进行验证，并要用户确认。

2.2.4　数据加载

数据转换、清洗结束后，需要把数据加载到数据仓库中，通常分为以下几种方式。

（1）初始加载。一次对整个数据仓库进行加载。

（2）增量加载。指在数据仓库已有数据的基础上，新增业务数据。在数据仓库中，增量加载可以保证数据仓库与源数据变化的同期性。

（3）完全刷新。周期性地重写整个数据仓库，有时也可能对一些有特点的数据进行刷新。

在初始加载完成后，为维护和保持数据的有效性，可以采用更新和刷新的方式。更新是对数据源的变化进行记录，刷新则是对特定周期数据进行重载。

2.3　数据仓库工具 Hive

Hive 是一个基于 Hadoop 的数据仓库工具，可以用于对 Hadoop 文件中的数据集进行数据整理、特殊查询和分析存储。Hive 的学习门槛比较低，它提供了类似于关系型数据库语言 SQL 的查询工具 HiveQL，可以通过 HiveQL 语句快速实现简单的数据统计。Hive 自身可以将 HiveQL 语句转化为 MapReduce 任务进行运行，而不必开发专门的 MapReduce 应用，因而也十分适合数据仓库的统计分析。

2.3.1　Hive 的数据类型与存储格式

1．Hive 的数据类型

Hive 的数据类型可以分为基础数据类型、复杂数据类型两大类。

（1）基础数据类型

基础数据类型分为如下 4 类。

数值型：TINYINT、SMALLINT、INT、BIGINT、FLOAT、DOUBLE、DECIMAL。

日期型：TIMESTAMP、DATE。

字符型：STRING、CHAR、VARCHAR。

其他：BOOLEAN、BINARY。

表 2-2 对这些基础数据类型进行了简单说明。

表 2-2   Hive 的基础数据类型

数据类型	说明（范围）	例　子
TINYINT	1byte 有符号整数（−128~127）	20
SMALLINT	2byte 有符号整数（−32768 ~ 32767）	20
INT（INTEGER）	4byte 有符号整数（−2147483648~2147483647）	20
BIGINT	8byte 有符号整数（−9223372036854775808~9223372036854775807）	20
BOOLEAN	布尔类型	TRUE
FLOAT	4byte 单精度浮点数	3.14
DOUBLE	8byte 双精度浮点数	3.14
STRING	字符序列	'thank you',"I am fine"
BINARY	字节数组	
TIMESTAMP	整数浮点数或字符串	
DECIMAL	任意精度有符号小数	decimal(3,1)，3 表示数字的长度，1 表示小数点后的位数。表示范围为−99.9 ~ 99.9
VARCHAR	长度为 1~65355 的字符串	"hello"
CHAR	固定长度为 255 的字符串	"hello"
DATE	YYYY-MM-DD 日期格式（'0000-01-01' ~ '9999-12-31'）	'2013-01-01'

下面对各种类型进行解释。

① 整数类型

默认情况下，整数类型为 INT 型。当数值大于 INT 型的范围时，会自动解释执行为 BIGINT。也可以按需要显式指定整型数据的类型，例如，TINYINT 类型需要添加后缀 Y，SMALLINT 类型需要指定后缀 S，BIGINT 类型需要指定后缀 L。

② 小数类型

小数类型（DECIMAL）实现了 Java 的 BigDecimal，BigDecimal 在 Java 中用于表示任意精度的小数类型。Hive 中的所有常规数值运算（如+、−、*、/）都支持 DECIMAL。DECIMAL 类型数据和其他数值类型可互相转换，且支持科学计数法（4.004E + 3）和非科学计数法（4004）。从 Hive 0.13 开始，使用 Decimal(precision,scale)语法时需定义 DECIMAL 数据类型的 precision 和 scale。precision 表示数值长度，若未指定则默认为 10，scale 表示小数位长度，若未指定则默认为 0。

③ STRING 类型

可以用单引号（'）或双引号（"）表示 STRING 类型。Hive 在字符串中使用 C 语言风格的转义。

④ VARCHAR 类型

VARCHAR 类型使用长度说明符（介于 1~65355）创建，它定义字符串中允许的最长字符数。如果要转换或分配给 VARCHAR 的字符串值超过长度说明符，则字符串将被截断。

⑤ CHAR 类型

CHAR 类型与 VARCHAR 类型类似，但 CHAR 类型是固定长度的，它的最大长度固定为 255，意味着比指定长度值（255）短的值用空格填充。

⑥ TIMESTAMP 类型

Hive 支持传统的 UNIX 时间戳（可达的纳秒精度）。TIMESTAMP 的值可以是整数，也就是距离 UNIX 新纪元时间（1970 年 1 月 1 日午夜 12 点）的秒数；也可以是浮点数，即距离 UNIX 新纪元时间的秒数，精确到纳秒（小数点后保留 9 位数）；还可以是字符串，即 JDBC 所约定的时间字符串格式，格式为 YYYY-MM-DD hh:mm:ss.ffffffff。TIMESTAMP 表示的是 UTC 时间。Hive 本身提供了不同时区间互相转换的内置函数，也就是 to_utc_timestamp 函数和 from_utc_timestamp 函数。

⑦ DATE 类型

DATE 类型描述特定的年/月/日，格式为 YYYY-MM-DD，如 2018-01-01。DATE 类型没有时间组件。DATE 类型支持的值范围是 0000-01-01~9999-12-31。DATE 类型的数据只能在 DATE、TIMESTAMP 或字符串类型之间转换。

⑧ BINARY 数据类型

BINARY 数据类型和很多关系型数据库中的 VARBINARY 数据类型是类似的，但其和 BLOB 数据类型并不相同。因为 BINARY 的列是存储在记录中的，而 BLOB 则不同。BINARY 可以在记录中包含任意字节，这样可以防止 Hive 尝试将其作为数字、字符串等进行解析。如果用户的目标是省略掉每行记录的尾部的话，则无须使用 BINARY 数据类型。如果一个表的表结构指定是 3 列，而实际数据文件每行记录包含有 5 个字段，那么在 Hive 中最后两列数据将会被省略掉。

（2）复杂数据类型

复杂类型包括 STRUCT、MAP、ARRAY，如表 2-3 所示。这些复杂类型由基础类型组成。

2. Hive 的存储格式

Hive 文件通常存储在 HDFS 上，存储格式也是 Hadoop 通用的数据格式，包括以下几类。

（1）TEXTFILE

TEXTFILE 是默认格式，建表时若不指定存储格式，则默认使用这个存储格式，导入数据时会直接把数据文件复制到 HDFS 上不进行处理。该格式下数据不做压缩，磁盘开销大，数据解析开销大。

表 2-3   Hive 复杂数据类型

数据类型	描　述	字面语法示例
STRUCT	和 C 语言中的 struct 或者"对象"类似，都可以通过"."符号访问元素内容。例如，如果某个列的数据类型是 STRUCT{first STRING, last STRING}，那么第 1 个元素可以通过"字段名.first"来引用	struct('John', 'Doe')
MAP	MAP 是一组键-值对元组集合，使用数组表示法（如['key']）可以访问元素。例如，如果某个列的数据类型是 MAP，其中键->值对是'first' –> 'John' 和 'last' –> 'Doe'，那么可以通过字段名['last']获取值'Doe'	map('first','John', 'last', 'Doe')
ARRAY	数组是一组具有相同类型的变量的集合。这些变量称为数组的元素，每个数组元素都有一个编号，编号从零开始。例如，数组值为['John', 'Doe']，那么第 2 个元素可以通过"数组名[1]"进行引用	ARRAY('John', 'Doe')

（2）SequenceFile

SequenceFile 是 Hadoop API 提供的一种二进制文件，它将数据以<key,value>的形式序列化到文件中。这种二进制文件内部使用 Hadoop 的标准 Writable 接口实现序列化和反序列化。它与 Hadoop API 中的 MapFile 是互相兼容的。Hive 中的 SequenceFile 继承自 Hadoop API 的 SequenceFile，不过它的 key 为空，使用 value 存放实际的值，这样是为了避免 MapReduce 在运行 Map 阶段进行排序。SequenceFile 支持 3 种压缩选择（NONE、RECORD、BLOCK）。RECORD 压缩率低，一般建议使用 BLOCK 压缩。

（3）RCFile

RCFile 是 Hive 推出的一种专门面向列的数据格式。它遵循"先按列划分，再垂直划分"的设计理念。当查询过程中，遇到它并不关心的列时，它会在 I/O 上跳过这些列。RCFile 在 Map 阶段从远端复制时仍然是复制整个数据块，并且复制到本地目录后，RCFile 并不是真正直接跳过不需要的列而跳到需要读取的列。它是通过扫描每一个 row group 的头部定义来实现的，但是在整个 HDFS Block 级别的头部并没有定义每个列从哪个 row group 起始到哪个 row group 结束。所以在读取所有列的情况下，RCFile 的性能反而没有 SequenceFile 高。

（4）ORCFile

ORC（Optimized Row Columnar）文件格式是一种 Hadoop 生态圈中的列式存储格式，也来自 Apache Hive，用于降低 Hadoop 数据存储空间和加速 Hive 查询速度，其对 RCFile 做了一些优化，相比 RCFile 有以下优点。

① 每个 task 只输出单个文件，这样可以减少 NameNode 的负载。

② 支持各种复杂的数据类型。

③ 在文件中存储了一些轻量级的索引数据。

④ 支持基于数据类型的块模式压缩。

⑤ 支持多个互相独立的 RecordReaders 并行读相同的文件。

⑥ 无须扫描 markers 就可以分割文件。

⑦ 绑定读写所需要的内存。

⑧ metadata 的存储使用 Protocol Buffers，所以它支持添加和删除一些列。

（5）Parquet

Apache Parquet 最初的设计动机是存储嵌套式数据，如 Protocalbuffer（Protobuf）、thrift、json 等，将这类数据存储成列式格式，以方便对其进行高效压缩和编码，且使用更少的 I/O 操作取出需要的数据。这是 Parquet 相比于 ORC 的优势，它能够透明地将 Protobuf 和 thrift 类型的数据进行列式存储。Protobuf 和 thrift 如今被广泛使用。此外，Parquet 没有太多其他优势，比如它不支持 update 操作（数据写成后不可修改），不支持 ACID 等。

（6）Avro

Avro 是一个数据序列化系统，设计用于支持大批量数据交换的应用。它的主要特点有：支持二进制序列化方式，可以便捷、快速地处理大量数据；动态语言友好，Avro 提供的机制使动态语言可以方便地处理 Avro 数据。

（7）自定义

用户可以通过实现 InputFormat 和 OutputFormat 来自定义输入/输出格式。

3. Hive 文本文件数据编码

逗号分隔值（CSV）或者制表符分隔值（TSV）是两种常用的文本文件格式。Hive 支持这些文件格式。Hive 为了更好地支持大规模数据分析，默认使用了几个很少出现在字段值中的控制字符，而不是逗号与制表符这类常用分隔符。因此，用户需要对文本文件中那些不需要作为分隔符处理的逗号或者制表符格外小心。Hive 使用术语 field 来表示替换默认分隔符的字符。表 2-4 列举了 Hive 中默认的记录和字段分隔符。

表 2-4　　　　　　　　　　　　　Hive 中默认的记录和字段分隔符

分　隔　符	描　　　述
\n	对文本文件来说，每行都是一条记录，因此换行符可以分隔记录
^A（Ctrl+A）	用于分隔字段（列）。在 CREATE TABLE 语句中可以使用八进制编码\001 表示
^B（Ctrl+B）	用于分隔 ARRAY 或者 STRUCT 中的元素，或用于 MAP 中键-值对之间的分隔。在 CREATE TABLE 语句中可以使用八进制编码\002 表示
^C（Ctrl+C）	用于 MAP 中键和值之间的分隔。在 CREATE TABLE 语句中可以使用八进制编码\003 表示

当有其他应用程序使用不同的规则写数据时，可以指定使用其他分隔符而不使用这些默认的分隔符，这是非常必要的。下面的表结构创建语句展示了如何明确地指定分隔符。

```
CREATE TABLE employees(
  name STRING,
  salary FLOAT,
  subordinates ARRAY<STRING>,
  deductions MAP<STRING, FLOAT>,
  address STRUCT<street:STRING, city:STRING, state:STRING, zip:INT>
)
ROW FORMAT DELIMITED
FIELDS TERMINATED BY '\001'
COLLECTION ITEMS TERMINATED BY '\002'
```

```
MAP KEYS TERMINATED BY '\003'
LINES TERMINATED BY '\n'
STORED AS TEXTFILE;
```

ROW FORMAT DELIMITED 关键字必须写在其他子句（除了 STORED AS...）之前。到目前为止，对于 LINES TERMINATED BY，Hive 仅支持字符'\n'，即行分隔符只能为'\n'。

2.3.2　Hive 的数据模型

1. 托管表（内部表）

Hive 托管表也称为内部表，它与数据库中的表在概念上类似。每一个托管表在 Hive 中都有一个相应的目录存储数据，所有的托管表数据（不包括外部表）都保存在这个目录中，删除托管表时，元数据与数据都会被删除。

创建托管表的方法参考如下。

```
CREATE TABLE emp (empno INT,ename STRING,job STRING,mgr INT,hiredate STRING,sal
INT,comm INT,deptno INT);
```

此时默认的分隔符是^A（Ctrl+A）制表符。如果要指定其他分隔符（如下面以 "," 为分隔符），参考以下语句。

```
CREATE TABLE emp(empno INT,ename STRING,job STRING,mgr INT,hiredate STRING,sal
INT,comm INT,deptno INT) ROW FORMAT DELIMITED FIELDS TERMINATED BY ',';
```

加载数据到托管表时，Hive 把数据移到数据仓库目录。对应的数据仓库目录是 HDFS 上的这个目录——/user/hive/warehouse。有如下两种方式加载数据。

（1）导入 HDFS 的数据

```
LOAD DATA INPATH '/scott/emp.csv' INTO TABLE emp;
```

（2）导入本地 Linux 的数据

```
LOAD DATA LOCAL INPATH '/home/hadoop/temp/emp' INTO TABLE EMP;
```

值得注意的是，上面的源文件 "/scott/emp.csv" 会被移动到仓库目录，给人的感觉是源文件被删除了；而本地 Linux 的源文件 "/home/hadoop/temp/emp" 则不会被删除。原因是只有源和目标文件在同一个文件系统中移动才会成功。另外，作为特例，如果用了 LOCAL 关键字，Hive 只会把本地文件系统的数据复制到 Hive 的数据仓库目录（即使它们在同一个文件系统中）。

如果随后要丢弃一个托管表，可使用以下语句。

```
DROP  TABLE emp;
```

这个托管表，包括它的元数据和数据，会被一起删除。在此我们重复强调，因为最初的 LOAD 是一个移动操作，而 DROP 是一个删除操作，所以数据会彻底消失。这就是 Hive 的 "托管数据" 的含义。

2. 外部表

外部表则指向已经在 HDFS 中存在的数据，可以创建 Partition。它和内部表在元数据的组织上是相同的，而实际数据的存储则有较大的差异，因为外部表加载数据和创建表同时完成，并不会移动到数据仓库目录中，只是与外部数据建立一个链接。当删除一个外部表时，仅删除该链接。

创建外部表时，会多一个"EXTERNAL"标识，示例如下。

```
CREATE EXTERNAL TABLE students_ext(sid INT,sname STRING,age INT)ROW FORMAT
DELIMITED FIELDS TERMINATED BY ',' LOCATION '/students';
```

丢弃外部表时，Hive 不会接触数据，而只会删除元数据。

3. 分区表

在 Hive Select 查询中一般会扫描整个表内容，会消耗很多时间做没必要的工作。有时候只需要扫描表中用户关心的一部分数据，因此建表时引入了 Partition 概念。分区表指的是在创建表时指定的 Partition 的分区空间。

Hive 可以对数据按照某列或者某些列进行分区管理。所谓分区我们可以拿下面的例子进行解释。

当前互联网应用每天都要存储大量的日志文件，几吉字节、几十吉字节甚至更大都有可能。存储日志中必然有一个属性是日志产生的日期。在产生分区时，就可以按照日志产生的日期列进行划分。把每一天的日志当作一个分区。

将数据组织成分区，主要可以提高数据的查询速度。至于用户存储的每一条记录究竟放到哪个分区，由用户决定，即用户在加载数据的时候必须显式地指定该部分数据放到哪个分区。

实现细节如下。

（1）一个表可以拥有一个或者多个分区，每个分区以文件夹的形式单独存在表文件夹的目录下。

（2）表和列名不区分大小写。

（3）分区以字段的形式在表结构中存在，通过 describe table 命令可以查看到字段的存在，但是该字段不存放实际的数据内容，仅仅是分区的表示（伪列）。

具体语法说明如下。

（1）根据员工的部门号创建分区，代码如下。

```
CREATE TABLE emp_part(empno INT,ename STRING,job STRING,mgr INT,hiredate
STRING,sal INT,comm INT) PARTITIONED BY (deptno INT)ROW FORMAT DELIMITED FIELDS
TERMINATED BY ',';
```

（2）在分区表中插入数据：指明导入的数据的分区（通过子查询导入数据）。

```
INSERT INTO TABLE emp_part PARTITION(deptno=10) SELECT empno,ename,job,mgr,
hiredate,sal,comm FROM emp1 WHERE deptno=10;
INSERT INTO TABLE emp_part PARTITION(deptno=20) SELECT empno,ename,job,mgr,
hiredate,sal,comm FROM emp1 WHERE deptno=20;
insert into table emp_part PARTITION(deptno=30) select empno,ename,job,mgr,
hiredate,sal,comm FROM emp1 WHERE deptno=30;
```

可以查看分区的具体情况，使用如下命令。

```
hdfs dfs -ls /user/hive/warehouse/emp_part
```

或者采用 HiveQL。

```
show partitions emp_part;
```

4. 桶

对于每一个表（Table）或者分区，Hive 可以进一步组织成桶，也就是说桶是更为细粒度的数据范围划分。Hive 也是针对某一列进行桶的组织。Hive 采用对列值进行散列操作，然后除以桶的个数以求余的方式决定该条记录存放在哪个桶中。

把表（或者分区）组织成桶（Bucket）有如下两个理由。

（1）获得更高的查询处理效率。桶为表加上了额外的结构，Hive 在处理某些查询时能利用这个结构。具体而言，连接两个在（包含连接列的）相同列上划分了桶的表，可以使用 Map 端连接（Map-side join）高效地实现。比如 JOIN 操作，对于 JOIN 操作的两个表有一个相同的列，如果对这两个表都进行了桶操作，那么将保存相同列值的桶进行 JOIN 操作就可以，这样大大减少了 JOIN 的数据量。

（2）使取样（Sampling）更高效。在处理大规模数据集时，在开发和修改查询的阶段，如果能在数据集的一小部分数据上试运行查询，会带来很多方便。

桶使用示例如下。

```
set hive.enforce.bucketing = true;
```

再如，创建一个桶，根据员工的职位（Job）进行分桶。

```
CREATE TABLE emp_bucket(empno INT,ename STRING,job STRING,mgr INT,hiredate STRING,sal INT,comm INT,deptno INT)CLUSTERED BY (job) INTO 4 BUCKETS ROW FORMAT DELIMITED FIELDS TERMINATED BY ',';
```

通过子查询插入数据。

```
INSERT INTO emp_bucket SELECT * FROM emp;
```

5. 视图

视图是一种由 SELECT 语句定义的虚表（Virtual Table）。视图可以用来以一种不同于磁盘实际存储的形式把数据呈现给用户。现有表中的数据常常需要以一种特殊的方式进行简化和聚集以便于后期处理。视图也可以用来限制用户，使其只能访问被授权可以看到的表的子集。

在 Hive 中，创建视图时并不把视图物化存储到磁盘上。相反，视图的 SELECT 语句只是在执行引用视图的语句时才执行。如果一个视图要对基表进行大规模的变换，或视图的查询会频繁执行，你可以选择新建一个表，并把视图的内容存储到新表中，以此来手工物化它。

例如，查询员工信息的部门名称、员工姓名，代码如下。

```
CREATE VIEW myview AS SELECT dept.dname,emp.ename FROM emp,dept WHERE emp.deptno=dept.deptno;
```

2.3.3　查询数据

这一节介绍如何使用各种形式的 SELECT 语句从 Hive 中检索数据。

1. 普通查询

查询所有的员工信息：

```
SELECT * FROM emp;
```

查询员工信息的员工号、姓名、薪水：

```
SELECT empno,ename,sal FROM emp1;
```

2. 多表查询

多表查询只支持等连接、外连接、左半连接，不支持非相等的 join 条件。

例如，要查看部门名称、员工姓名：

```
SELECT dept.dname,emp.ename FROM emp,dept WHERE emp.deptno=dept.deptno;
```

3. 子查询

Hive 只支持 FROM 和 WHERE 子句中的子查询。

4. 条件函数

"CASE…WHEN…" 是标准的 SQL 语句。

例如，要做一个报表，根据职位给员工涨工资。

如果职位是 "PRESIDENT"，涨 1000 元；如果职位是 "MANAGER"，涨 800 元；其他涨 400 元。把涨前、涨后的薪资显示出来，代码如下。

```
SELECT empno,ename,job,sal,
CASE job WHEN 'PRESIDENT' THEN sal+1000
 WHEN 'MANAGER' THEN sal+800
 ELSE sal+400
END
FROM emp1;
```

2.3.4 用户定义函数

有时要用的查询无法直接使用 Hive 提供的内置函数来表示。通过编写用户定义函数（User Defined Function，UDF），Hive 可以方便地插入用户写的处理代理并在查询中调用它们。

下面通过两个示例来介绍。

（1）示例一 拼接字符串。

MySQL 中的 CONCAT 函数使用示例如下。

SELECT CONCAT('hello',' world') FROM dual，得到 "hello world"。

使用 Hive 的自定义函数实现上述功能的代码如下。

```
package udf;
import org.apache.hadoop.hive.ql.exec.UDF;
public class MyConcatString extends UDF{
//必须重写一个方法，方法的名字必须叫：evaluate
public String evaluate(String a,String b){
    return a+"*******"+b;
}
}
```

（2）示例二 根据员工的薪水，判断薪资的级别。

当 sal<1000 时，薪资级别是 Grade A。

当 1000≤sal<3000 时，薪资级别是 Grade B。

当 sal≥3000 时，薪资级别 Grade C。

使用 Hive 自定义函数实现此功能的代码如下。

```
package udf;
import org.apache.hadoop.hive.ql.exec.UDF;
public class CheckSalaryGrade extends UDF{
//调用: select 函数(sal) from emp1
public String evaluate(String salary){
    int sal = Integer.parseInt(salary);
    //判断
    if(sal<1000) return "Grade A";
    else if(sal>=1000 && sal<3000) return "Grade B";
    else return "Grade C";
}
}
```

实验 2　数据仓库的建立

【实验名称】数据仓库的建立
【实验目的】 1. 熟悉 Linux、MySQL、Hive、HDFS 等系统和软件的安装和使用。 2. 了解建立数据仓库的基本流程。 3. 熟悉数据预处理方法。
【实验原理】 　　数据仓库（Data Warehouse）是一个面向主题的（Subject Oriented）、集成的（Integrated）、相对稳定的（Non-Volatile）、反映历史变化（Time Variant）的数据集合，用于支持管理决策。 　　Hive 是一个构建于 Hadoop 顶层的数据仓库工具，支持大规模数据存储、分析，具有良好的可扩展性。在某种程度上，可以将 Hive 看作是用户编程接口。Hive 本身不存储和处理数据，依赖分布式文件系统 HDFS 存储数据，依赖分布式并行计算模型 MapReduce 处理数据。Hive 定义了简单的类似 SQL 的查询语言——HiveQL。用户可以通过编写 HiveQL 语句运行 MapReduce 任务，可以很容易把原来构建在关系数据库上的数据仓库应用程序移植到 Hadoop 平台上。Hive 是一个有效、合理、直观的数据分析工具。
【实验环境】 1. Ubuntu 16.04 操作系统。 2. Hadoop。 3. Hive。

【实验步骤】

1. 实验题目 1　查看本地数据源并进行数据预处理。

（1）查看本地数据源。

找到数据源所在文件夹 "/home/uf20/Documents/BI"，在空白处单击鼠标右键，打开 Linux 终端 "Open Terminal Here"，进入 Linux 界面。

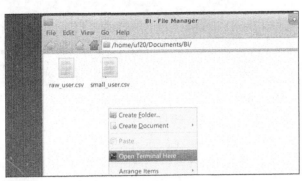

在 Linux 界面下执行如下命令：

```
ls（查看当前文件夹下所有文件）
head -5 raw_user.csv（查看 raw_user.csv 前 5 行数据）
```

```
uf20@desktop:~/Documents/BI$ ls
raw_user.csv  small_user.csv
uf20@desktop:~/Documents/BI$ head -5 raw_user.csv
user_id,item_id,behavior_type,user_geohash,item_category,time
10001082,285259775,1,97lk14c,4076,2014-12-08 18
10001082,4368907,1,,5503,2014-12-12 12
10001082,4368907,1,,5503,2014-12-12 12
10001082,53616768,1,,9762,2014-12-02 15
uf20@desktop:~/Documents/BI$
```

可以看出，每行记录都包括 5 个字段，数据源中的字段及其含义如下：

user_id（用户 id）

item_id（商品 id）

behavior_type（包括浏览、收藏、加购物车、购买，分别对应取值 1、2、3、4）

user_geohash（用户地理位置散列值，有些记录中没有这个字段值，所以在后面的预处理过程会使用脚本把这个字段全部删除）

item_category（商品分类）

time（该记录产生时间）

（2）对数据源进行预处理——删除文件第一行记录，即字段名称。

raw_user 和 small_user 中的两个数据源的第一行都是字段名称，在数据仓库中使用 Hive 进行数据分析时，第一行不具有任何分析意义，因此，做数据预处理时，删除第一行。

删除行信息指令如下：

```
sed -i '1d' raw_user.csv  //1d 表示删除第一行，同理，3d 表示删除第三行
sed -i '1d'small_user.csv
```

执行上述指令后，需再次查看两个文件是否已经成功删除第一行数据。

```
head -5 small _user.csv
```

```
head -5 raw_user.csv
```

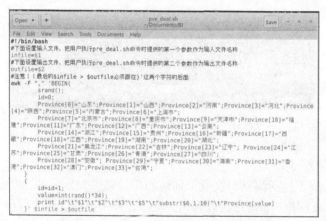

后面的实验均使用 small_user.csv 这个小数据源进行操作，以便节省数据处理的时间。待整个流程无误之后可使用真实的数据 raw_user.csv 进行测试。

（3）对数据源进行预处理——对字段数据进行预处理。

对字段数据进行预处理，包括为每行记录增加一个 id 字段（让记录具有唯一性）、增加一个省份字段（用来后续进行可视化分析），并且丢弃 user_geohash 字段（后面分析不需要这个字段）。

想对上述数据内容处理，需要利用到 pre_deal.sh 文件，pre_deal.sh 文件内容如下：

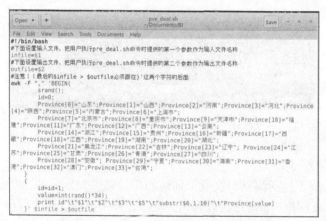

使用 awk 可以逐行读取输入文件，并逐行进行相应操作。其中，-F 参数用于指出每行记录的不同字段之间用什么字符进行分割，这里的数据源使用逗号进行数据分割。处理逻辑代码需要用两个英文单引号引起来。$infile 是输入文件的名称，$outfile 表示处理结束后输出的文件名称。

pre_deal.sh 中的代码涉及一些关键内容：srand()用于生成随机数的种子；id 为数据源新增的一个字段，它是一个自增类型，每条记录增加 1，这样可以保证每条记录具有唯一性。为数据源新增一个省份字段，用于本实验后期进行的数据可视化分析，主要通过给每条记录增加一个省份字段的值实现。这里，首先用 Province[]数组保存全国各个省及自治区与直辖市的信息，然后，在遍历数据集 raw_user.csv/small_user.csv 的时候，每当遍历到其中一条记录，使用 value=int(rand()*34)语句随机生成一个 0~33 的整数，作为 Province 省份值，然后从 Province[]数组当中获取省份名称，增加到该条记录中。

substr($6,1,10)这个语句是为了截取时间字段 time 的年月日，方便后续存储为 date 格式。awk 每遍历一条记录时，每条记录包含了 6 个字段，其中，第 6 个字段是时间字段，substr($6,1,10)语句就表示获取第 6 个字段的值，截取前 10 个字符，第 6 个字段是类似"2014-12-08 18"这样的字符串（也就是表示 2014 年 12 月 8 日 18 时），substr($6,1,10)截取后，就丢弃了小时，只保留了年月日。

另外，在 print id"\t"$1"\t"$2"\t"$3"\t"$5"\t"substr($6,1,10)"\t"Province[value]这行语句中，丢弃了每行记录的第 4 个字段，所以，没有出现$4。生成后的文件是以"\t"进行分割，这样，后续使用者查看数据的时候，每个字段在排版的时候会对齐显示。如果用逗号分隔，显示效果就比较乱。

（4）接下来运行 pre_deal.sh 进行数据预处理。

```
./pre_deal.sh small_user.csv user_table.txt
```

small_user.csv 是输入的源数据文件，user_table.txt 是进行数据预处理后新生成的文件。

```
uf20@desktop:~/Documents/BI$ bash ./pre_deal.sh small_user.csv user_table.txt
uf20@desktop:~/Documents/BI$ head -10 user_table.txt
1       10001082        4368907 1       5503    2014-12-12      四川
2       10001082        4368907 1       5503    2014-12-12      西藏
3       10001082        53616768        1       9762    2014-12-02      上海市
4       10001082        151466952       1       5232    2014-12-12      浙江
5       10001082        53616768        4       9762    2014-12-02      江西
6       10001082        290088061       1       5503    2014-12-12      湖北
7       10001082        298397524       1       10894   2014-12-12      吉林
8       10001082        32104252        1       6513    2014-12-12      海南
9       10001082        323339743       1       10894   2014-12-12      海南
10      10001082        396795886       1       2825    2014-12-12      四川
uf20@desktop:~/Documents/BI$
```

（5）将新生成的 user_table.txt 导入 Hive。

下面要把 user_table.txt 中的数据最终导入到数据仓库 Hive。为了完成这个操作，我们会首先把 user_table.txt 上传到分布式文件系统 HDFS，然后，在 Hive 中创建一个外部表，完成数据的导入。

① 把 user_table.txt 上传到 HDFS。

首先需要将 Linux 本地文件系统中的 user_table.txt 上传到分布式文件系统 HDFS，存放在 HDFS 中的"/bigdatacase/dataset"目录下。

执行下面命令，在 HDFS 的根目录下面创建一个新的目录 bigdatacase，并在这个目录下创建一个子目录 dataset：

```
uf20@desktop:~/Documents/BI$ hdfs dfs -mkdir -p /bigdata/dataset
```

将 Linux 本地文件系统中的 user_table.txt 上传到分布式文件系统 HDFS，存放在 HDFS 中的"/bigdatacase/dataset"目录下。命令如下：

```
uf20@desktop:~/Documents/BI$ hdfs dfs -put user_table.txt /bigdata/datase
```

查看文件是否上传成功，命令如下：

```
uf20@desktop:~$ hadoop fs -ls /
Found 20 items
drwxrwxrwx   - yarn    hadoop          0 2017-12-22 02:50 /app-logs
drwxr-xr-x   - hdfs    hdfs            0 2017-07-04 05:16 /apps
drwxr-xr-x   - yarn    hadoop          0 2017-07-04 04:14 /ats
drwxr-xr-x   - uf20    hdfs            0 2017-12-22 04:02 /bigdata
drwxr-xr-x   - uf20    hdfs            0 2017-12-22 04:06 /bigdatacase
drwxr-xr-x   - hdfs    hdfs            0 2017-07-04 04:14 /hdp
drwxr-xr-x   - ubuntu  hdfs            0 2017-09-04 06:45 /input
drwx------   - livy    hdfs            0 2017-07-09 12:34 /livy-recovery
drwx------   - livy    hdfs            0 2017-07-04 05:13 /livy2-recovery
drwxr-xr-x   - ubuntu  hdfs            0 2017-08-29 09:24 /ly-output
drwxr-xr-x   - mapred  hdfs            0 2017-07-04 04:14 /mapred
drwxr-xr-x   - ubuntu  hdfs            0 2017-08-29 09:25 /movie
drwxrwxrwx   - mapred  hadoop          0 2017-07-04 04:14 /mr-history
drwxrwxrwx   - spark   hadoop          0 2017-12-27 02:10 /spark-history
drwxrwxrwx   - spark   hadoop          0 2017-07-05 06:27 /spark2-history
drwxr-xr-x   - ubuntu  hdfs            0 2017-09-04 06:47 /test-out
drwxrwxrwx   - hdfs    hdfs            0 2017-07-09 14:25 /tmp
drwxr-xr-x   - ubuntu  hdfs            0 2017-10-12 07:20 /tomcat
drwxr-xr-x   - ubuntu  hdfs            0 2017-12-22 02:50 /user
drwxr-xr-x   - ubuntu  hdfs            0 2017-10-12 07:08 /zlmtest
```

```
uf20@desktop:~$ hadoop fs -ls /bigdata/dataset
Found 1 items
-rw-r--r--   3 uf20 hdfs   15590576 2017-12-22 04:03 /bigdata/dataset/user_table
.txt
uf20@desktop:~$
```

再查看 HDFS 中的 user_table.txt 的前 10 条记录，命令及结果如下：

```
uf20@desktop:~/Documents/BI$ hdfs dfs -cat /bigdata/dataset/user_table.txt | he
ad -10
1       10001082        4368907 1       5503    2014-12-12      四川
2       10001082        4368907 1       5503    2014-12-12      西藏
3       10001082        53616768        1       9762    2014-12-02      上海市
4       10001082        151466952       1       5232    2014-12-12      浙江
5       10001082        53616768        4       9762    2014-12-02      江西
6       10001082        290088061       1       5503    2014-12-12      湖北
7       10001082        298397524       1       10894   2014-12-12      吉林
8       10001082        32104252        1       6513    2014-12-12      海南
9       10001082        323339743       1       10894   2014-12-12      海南
10      10001082        396795886       1       2825    2014-12-12      四川
cat: Unable to write to output stream.
uf20@desktop:~/Documents/BI$
```

② 在 Hive 上创建数据库。

进入 Hive 环境：

```
uf20@desktop:~/Documents/BI$ hive
log4j:WARN No such property [maxFileSize] in org.apac
he.log4j.DailyRollingFileAppender.

Logging initialized using configuration in file:/etc/
hive/2.6.1.0-129/0/hive-log4j.properties
hive>
```

启动成功以后，就进入了"hive>"命令提示符状态，可以输入类似 SQL 语句的
HiveQL 语句。

在 Hive 中创建一个数据库 dblab，命令如下：

```
hive> create database dblab
    > ;
OK
Time taken: 0.512 seconds
hive> use dblab;
OK
Time taken: 0.27 seconds
```

③ 创建外部表。

在数据库 dblab 中创建一个外部表 bigdata_user，它包含字段（id, uid, item_id, behavior_type, item_category, date, province），在 hive 命令提示符下输入如下命令：

```
hive> create external table dblab.bigdata_user(id INT,uid STRING,i
tem_id STRING,behaiver_type INT,item_category STRING,visit_data DA
TE,province STRING) COMMENT 'Welcome to xmu dblab!' ROW FORMAT DEL
IMITED FIELDS TERMINATED BY '\t' STORED AS TEXTFILE LOCATION '/big
datacase/dataset';
OK
Time taken: 0.533 seconds
```

查看表格是否创建成功，命令如下：

```
hive> show tables;
OK
bigdata_user
Time taken: 0.275 seconds, Fetched: 1 row(s)
```

④ 查询数据。

上面已经成功把 HDFS 中 "/bigdatacase/dataset" 目录下的数据加载到数据仓库 Hive，现在可以使用下面的命令进行查询：

```
hive> select * from bigdata_user limit 10
    > ;
OK
1       10001082        4368907 1       5503    2014-12-12      四川
2       10001082        4368907 1       5503    2014-12-12      西藏
3       10001082        53616768        1       9762    2014-12-02      上海市
4       10001082        151466952       1       5232    2014-12-12      浙江
5       10001082        53616768        4       9762    2014-12-02      江西
6       10001082        290088061       1       5503    2014-12-12      湖北
7       10001082        298397524       1       10894   2014-12-12      吉林
8       10001082        32104252        1       6513    2014-12-12      海南
9       10001082        323339743       1       10894   2014-12-12      海南
10      10001082        396795886       1       2825    2014-12-12      四川
Time taken: 0.155 seconds, Fetched: 10 row(s)
hive>
```

```
hive> select behaiver_type from bigdata_user limit 10;
OK
1
1
1
1
4
1
1
1
1
1
Time taken: 0.284 seconds, Fetched: 10 row(s)
hive>
```

2. 实验题目 2　Hive 数据分析

（1）确认 Hive 中数据表格式是否正确。

登录 Linux 系统，然后，打开一个终端（可以按 Ctrl+Alt+T 组合键）。因为需要借助 MySQL 保存 Hive 的元数据，所以，首先启动 MySQL 数据库，然后在终端中输入 Hive 命令登录 Hive 环境。

```
uf20@desktop:~/Documents/BI$ hive
log4j:WARN No such property [maxFileSize] in org.apac
he.log4j.DailyRollingFileAppender.

Logging initialized using configuration in file:/etc/
hive/2.6.1.0-129/0/hive-log4j.properties
hive>
```

然后，在"hive>"命令提示符状态下执行下面命令：

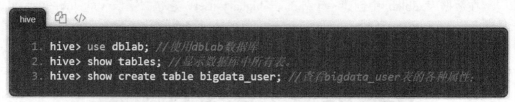

```hive
1. hive> use dblab; //使用dblab数据库
2. hive> show tables; //显示数据库中所有表。
3. hive> show create table bigdata_user; //查看bigdata_user表的各种属性。
```

执行结果如下：

```
hive> show create table bigdata_user;
OK
CREATE EXTERNAL TABLE `bigdata_user`(
  `id` int,
  `uid` string,
  `item_id` string,
  `behaiver_type` int,
  `item_category` string,
  `visit_data` date,
  `province` string)
COMMENT 'Welcome to xmu dblab!'
ROW FORMAT DELIMITED
  FIELDS TERMINATED BY '\t'
STORED AS INPUTFORMAT
  'org.apache.hadoop.mapred.TextInputFormat'
OUTPUTFORMAT
  'org.apache.hadoop.hive.ql.io.HiveIgnoreKeyTextOutputFormat'
LOCATION
  'hdfs://m1.xdata.com:8020/bigdatacase/dataset'
TBLPROPERTIES (
  'transient_lastDdlTime'='1513915597')
Time taken: 0.31 seconds, Fetched: 19 row(s)
hive>
```

可以执行以下命令查看表的简单结构：

```
hive> desc bigdata_user;
OK
id                      int
uid                     string
item_id                 string
behaiver_type           int
item_category           string
visit_data              date
province                string
Time taken: 0.43 seconds, Fetched: 7 row(s)
hive>
```

（2）利用 Hive 进行简单查询分析。

① 简单查询操作。查询前 10 位用户对商品的行为：

```
select behaiver_type from bigdata_user limit 10;
```

```
hive> select behaiver_type from bigdata_user limit 10;
OK
1
1
1
1
4
1
1
1
1
1
Time taken: 0.284 seconds, Fetched: 10 row(s)
hive>
```

② 如果要查出每位用户购买商品时的多种信息，输出语句格式为 select 列 1，列 2，…，列 n from 表名，如查询前 20 位用户购买商品时的时间和商品的种类：

```
select visit_data,item_category from bigdata_user limit 20;
```

```
hive> select visit_data,item_category from bigdata_user limit 20;
OK
2014-12-12      5503
2014-12-12      5503
2014-12-02      9762
2014-12-12      5232
2014-12-02      9762
2014-12-12      5503
2014-12-12      10894
2014-12-12      6513
2014-12-12      10894
2014-12-12      2825
2014-11-28      2825
2014-12-15      3200
2014-12-03      10576
2014-11-20      10576
2014-12-13      10576
2014-12-08      10576
2014-12-14      7079
2014-12-02      6669
2014-12-12      5232
2014-12-12      5232
Time taken: 0.14 seconds, Fetched: 20 row(s)
```

③ 有时在表中可以使用嵌套语句。如果列名太复杂可以设置该列的别名，以降低操作的难度。举例如下：

```
select e.bh,e.it from (select behaiver_type as bh,item_category as it from
bigdata_user) as e limit 20;
```

```
hive> select e.bh,e.it from ( select behaiver_type as bh,item_category as it from bigdata_user)as e limit 20;
OK
1       5503
1       5503
1       9762
1       5232
4       9762
1       5503
1       10894
1       6513
1       10894
1       2825
1       2825
1       3200
1       10576
1       10576
1       10576
1       10576
1       7079
1       6669
1       5232
1       5232
Time taken: 0.138 seconds, Fetched: 20 row(s)
hive>
```

这里对上述命令进行简单讲解，behavior_type as bh 是把 behavior_type 设置别名 bh，item_category as it 是把 item_category 设置别名 it，from 的括号里的内容设置别名 e，这样调用时用 e.bh、e.it，可以简化代码。

（3）查询条数统计分析。

执行简单的查询后，我们也可以在 select 后加入更多的条件对表进行复杂的查询。下面用函数来查找我们想要的内容。

① 用聚合函数 count() 计算出表内有多少条行数据：

```
select count(*) from bigdata_user;
```

```
hive> select count(*) from bigdata_user;
Query ID = uf20_20171227023701_56506a8a-90fa-4571-92
26-737e607cf31c
Total jobs = 1
Launching Job 1 out of 1
Tez session was closed. Reopening...
Session re-established.
Status: Running (Executing on YARN cluster with App
id application_1513820403766_0022)

OK
299999
Time taken: 13.152 seconds, Fetched: 1 row(s)
hive>
```

可以看到，得出的结果为 OK 下的那个数字"299999"（因为 small_user.csv 中包含了 299999 条记录，已经导入 Hive 中）。

② 在函数内部加上 distinct，查出 uid 不重复的数据有多少条：

```
select count(distinct uid) from bigdata_user;
```

下面继续执行操作：

```
hive> select count(distinct uid) from bigdata_user;
Query ID = uf20_20171227024026_2705fa48-ef56-40bf-99
33-dca8c19266b9
Total jobs = 1
Launching Job 1 out of 1
Status: Running (Executing on YARN cluster with App
id application_1513820403766_0022)

OK
270
Time taken: 8.752 seconds, Fetched: 1 row(s)
hive>
```

③ 查询不重复的数据有多少条（为了排除客户刷单情况）：

```
select count(*) from (select uid,item_id,behaiver_type,item_category, visit_
data, province from bigdata_user group by uid,item_id,behaiver_type,item_ category,
visit_data, province having count(*)=1)a;
```

```
hive> select count(*) from (select uid,item_id,behai
ver_type,item_category,visit_data,province from bigd
ata_user group by uid,item_id,behaiver_type,item_cat
egory,visit_data,province having count(*)=1)a;
Query ID = uf20_20171227024437_72f84957-3fb6-4676-b5
25-fdd51fa46be7
Total jobs = 1
Launching Job 1 out of 1
Status: Running (Executing on YARN cluster with App
id application_1513820403766_0022)

OK
284136
Time taken: 10.232 seconds, Fetched: 1 row(s)
hive>
```

可以看出，排除掉重复信息以后，只有 284136 条记录。

注意：嵌套语句最好取别名，就是上面的 a，否则很容易出现如下错误：

```
FAILED: ParseException line 1:131 cannot recognize input near '<EOF>' '<EOF>' '<
EOF>' in subquery source
```

（4）关键字条件查询分析。

① 以关键字的存在区间为条件的查询。

使用 where 可以缩小查询分析的范围和精确度，下面用实例来测试一下。

·查询 2014 年 12 月 10 日到 2014 年 12 月 13 日有多少人浏览了商品：

```
select count(*) from bigdata_user where behaiver_type='1' and visit_data<'2
014-12-13' and visit_data>'2014-12-10';
```

```
hive> select count(*) from bigdata_user where behaiv
er_type='1' and visit_data<'2014-12-13' and visit_da
ta>'2014-12-10';
Query ID = uf20_20171227025155_534b4411-2301-45d7-94
cb-771ed610a429
Total jobs = 1
Launching Job 1 out of 1
Status: Running (Executing on YARN cluster with App
id application_1513820403766_0022)

OK
26329
Time taken: 7.29 seconds, Fetched: 1 row(s)
hive>
```

·以月的第 n 天为统计单位，依次显示第 n 天网站卖出去的商品的个数：

```
select count(distinct uid), day(visit_data) from bigdata_user where behaive
r_type='4' group by day(visit_data);
```

```
hive> select count(distinct uid), day(visit_data) fr
om bigdata_user where behaiver_type='4' group by day
(visit_data);
Query ID = uf20_20171227025409_19b9bd70-f56c-4b98-89
dd-48ce014d2f41
Total jobs = 1
Launching Job 1 out of 1
Status: Running (Executing on YARN cluster with App
id application_1513820403766_0022)

OK
37      1
48      2
42      3
38      4
42      5
33      6
42      7
36      8
34      9
40      10
43      11
98      12
39      13
43      14
42      15
44      16
42      17
66      18
38      19
50      20
33      21
34      22
32      23
47      24
34      25
31      26
30      27
34      28
39      29
38      30
Time taken: 7.023 seconds, Fetched: 30 row(s)
```

② 以关键字赋予给定值为条件，对其他数据进行分析。

取给定时间和给定地点，求当天发出到该地点的货物的数量：

select count(*) from bigdata_user where province=' 江 西 ' and visit_data='2014-12-12' and behaiver_pe='4';

```
hive> select count(*) from bigdata_user where province='江西' and visit_data='2014-12-12' and behaiver_
pe='4';
Query ID = uf20_20171227025925_90719b3a-df81-4c69-9f2d-2c2278cc14c9
Total jobs = 1
Launching Job 1 out of 1
Status: Running (Executing on YARN cluster with App id application_1513820403766_0022)

        VERTICES      STATUS   TOTAL  COMPLETED  RUNNING  PENDING  FAILED  KILLED

Map 1 ..........    SUCCEEDED    1        1         0        0        0       0
Reducer 2 ......    SUCCEEDED    1        1         0        0        0       0

VERTICES: 02/02 [==========================>>] 100%  ELAPSED TIME: 5.95 s

OK
11
Time taken: 6.668 seconds, Fetched: 1 row(s)
```

（5）根据用户行为分析。

① 查询一件商品在某天的购买比例或浏览比例：

select count(*) from bigdata_user where visit_data='2014-12-11'and behaiver_type='4';（查询有多少用户在 2014-12-11 购买了该商品）

```
hive> select count(*) from bigdata_user where visit_data='2014-12-11'and behaiver_type='4';
Query ID = uf20_20171227030207_c6759630-0d46-4549-8401-7e857bb53e03
Total jobs = 1
Launching Job 1 out of 1
Status: Running (Executing on YARN cluster with App id application_1513820403766_0022)

        VERTICES      STATUS   TOTAL  COMPLETED  RUNNING  PENDING  FAILED  KILLED

Map 1 ..........    SUCCEEDED    1        1         0        0        0       0
Reducer 2 ......    SUCCEEDED    1        1         0        0        0       0

VERTICES: 02/02 [==========================>] 100%  ELAPSED TIME: 6.09 s

OK
69
Time taken: 6.829 seconds, Fetched: 1 row(s)
```

select count(*) from bigdata_user where visit_data ='2014-12-11';（查询有多少用户在 2014-12-11 点击了该店页面）

```
hive> select count(*) from bigdata_user where visit_data ='2014-12-11';
Query ID = uf20_20171227030502_ccc6ce36-1a73-405b-bcc7-5b2a677b1a8d
Total jobs = 1
Launching Job 1 out of 1
Status: Running (Executing on YARN cluster with App id application_1513820403766_0022)

        VERTICES      STATUS   TOTAL  COMPLETED  RUNNING  PENDING  FAILED  KILLED

Map 1 ..........    SUCCEEDED    1        1         0        0        0       0
Reducer 2 ......    SUCCEEDED    1        1         0        0        0       0

VERTICES: 02/02 [==========================>>] 100%  ELAPSED TIME: 6.14 s

OK
10649
Time taken: 6.879 seconds, Fetched: 1 row(s)
hive>
```

根据上面语句得到购买数量和点击数量，两个数相除即可得出当天该商品的购买率。

② 查询某个用户在某一天点击网站占该天所有点击行为的比例（点击行为包括浏览、加入购物车、收藏、购买）：

select count(*) from bigdata_user where uid=10001082 and visit_data='2014-12-12';（查询用户 10001082 在 2014-12-12 点击网站的次数）

```
hive> select count(*) from bigdata_user where uid=10001082 and visit_data='2014-12-12';
Query ID = uf20_20171227030839_b3bb7f2c-c6ca-43ab-b703-67c6a2939b20
Total jobs = 1
Launching Job 1 out of 1
Status: Running (Executing on YARN cluster with App id application_1513820403766_0022)

--------------------------------------------------------------------------------
        VERTICES      STATUS   TOTAL  COMPLETED  RUNNING  PENDING  FAILED  KILLED
--------------------------------------------------------------------------------
Map 1 .........      SUCCEEDED    1          1        0        0       0       0
Reducer 2 ......     SUCCEEDED    1          1        0        0       0       0
--------------------------------------------------------------------------------
VERTICES: 02/02 [==========================>>] 100%  ELAPSED TIME: 5.82 s
--------------------------------------------------------------------------------
OK
69
Time taken: 6.572 seconds, Fetched: 1 row(s)
hive>
```

select count(*) from bigdata_user where visit_data='2014-12-12';（查询所有用户在这一天点击该网站的次数）

```
hive> select count(*) from bigdata_user where visit_data='2014-12-12';
Query ID = uf20_20171227030937_e39d24a3-fb8c-4b49-9206-7e7a5d01d7d9
Total jobs = 1
Launching Job 1 out of 1
Status: Running (Executing on YARN cluster with App id application_1513820403766_0022)

--------------------------------------------------------------------------------
        VERTICES      STATUS   TOTAL  COMPLETED  RUNNING  PENDING  FAILED  KILLED
--------------------------------------------------------------------------------
Map 1 .........      SUCCEEDED    1          1        0        0       0       0
Reducer 2 ......     SUCCEEDED    1          1        0        0       0       0
--------------------------------------------------------------------------------
VERTICES: 02/02 [==========================>>] 100%  ELAPSED TIME: 5.95 s
--------------------------------------------------------------------------------
OK
17494
Time taken: 6.669 seconds, Fetched: 1 row(s)
hive>
```

上面两条语句的结果相除，就得到了要求的比例。

③ 给定购买商品的数量范围，查询某一天在该网站的购买该数量商品的用户 id：

select uid from bigdata_user where behaiver_type='4' and visit_data= '2014-12-12' group by uid having count(behaiver_type='4')>5;（查询某一天在该网站购买商品超过 5 次的用户 id）

```
hive> select uid from bigdata_user where behaiver_type='4' and visit_data='2014-12-12' group by uid hav
ing count(behaiver_type='4')>5;
Query ID = uf20_20171227031404_04044008-af11-42ca-961c-63ab6207f439
Total jobs = 1
Launching Job 1 out of 1
Status: Running (Executing on YARN cluster with App id application_1513820403766_0022)

--------------------------------------------------------------------------------
        VERTICES      STATUS    TOTAL  COMPLETED  RUNNING  PENDING  FAILED  KILLED
--------------------------------------------------------------------------------
Map 1 .........     SUCCEEDED     1        1         0        0        0       0
Reducer 2 ......    SUCCEEDED     1        1         0        0        0       0
--------------------------------------------------------------------------------
VERTICES: 02/02  [==========================>>] 100%  ELAPSED TIME: 5.70 s
--------------------------------------------------------------------------------
OK
100226515
100300684
100555417
100605
10095384
10142625
101490976
101982646
102011320
102030700
102079825
102349447
102612580
102650143
103082347
103139791
103794013
103995979
Time taken: 6.429 seconds, Fetched: 18 row(s)
hive>
```

（6）用户实时查询分析。

某个地区的用户当天浏览网站的次数：

```
    create table scan(province STRING,scan INT) COMMENT 'This is the search of
bigdataday' ROW FORMAT DELIMITED FIELDS TERMINATED BY '\t' STORED AS TEXTFILE;
（创建新的数据表进行存储）
```

```
hive> create table scan(province STRING,scan INT) COMMENT 'This is the search of bigdataday' ROW FORMAT
 DELIMITED FIELDS TERMINATED BY '\t' STORED AS TEXTFILE;
OK
Time taken: 0.328 seconds
```

```
    insert overwrite table scan select province,count(behaiver_type) from bigda
ta_user where behaiver_type='1' group by province;
    （导入数据）
```

```
hive> insert overwrite table scan select province,count(behaiver_type) from bigdata_user where behaiver
_type='1' group by province;
Query ID = uf20_20171227031745_d1c640ee-70d3-406e-9efe-4220e0eea877
Total jobs = 1
Launching Job 1 out of 1
Status: Running (Executing on YARN cluster with App id application_1513820403766_0022)

--------------------------------------------------------------------------------
        VERTICES      STATUS    TOTAL  COMPLETED  RUNNING  PENDING  FAILED  KILLED
--------------------------------------------------------------------------------
Map 1 .........     SUCCEEDED     1        1         0        0        0       0
Reducer 2 ......    SUCCEEDED     1        1         0        0        0       0
--------------------------------------------------------------------------------
VERTICES: 02/02  [==========================>>] 100%  ELAPSED TIME: 5.56 s
--------------------------------------------------------------------------------
Loading data to table dblab.scan
Table dblab.scan stats: [numFiles=1, numRows=34, totalSize=426, rawDataSize=392]
OK
Time taken: 7.252 seconds
```

select * from scan;（显示结果）

```
hive> select * from scan;
OK
上海市    8449
云南      8199
内蒙古    8258
北京市    8356
台湾      8254
吉林      8229
四川      8251
天津市    8404
宁夏      8383
安徽      8341
山东      8423
山西      8426
广东      8383
广西      8382
新疆      8235
江苏      8294
江西      8418
河北      8555
河南      8382
浙江      8289
海南      8355
湖北      8408
湖南      8276
澳门      8133
甘肃      8418
福建      8262
西藏      8152
贵州      8237
辽宁      8495
重庆市    8329
陕西      8417
青海      8391
香港      8438
黑龙江    8293
Time taken: 0.096 seconds, Fetched: 34 row(s)
hive>
```

至此，就完成了数据仓库的建立，并进行了相关的数据分析。

第3章
维度建模

本章采取理论与实践相结合的方式介绍维度建模的相关知识。首先介绍维度建模的基本概念及建模需要遵循的基本原则，其次讲解维度建模需要的两种表——维度表和事实表，然后讲解维度建模的主要流程，最后阐述人们对维度建模的主要理解误区。

通过学习本章内容，读者可了解维度建模设计的主要流程。若读者希望通过维度建模构建商务智能系统，可有选择地学习本章内容。

本章重点内容如下。

（1）维度建模、事实表、维度表的概念。

（2）维度建模的主要流程。

3.1　维度建模简介

维度建模一般被视为数据分析的首选技术，因为它同时满足了以下两个需求。

（1）向业务用户交付可以理解的数据。

（2）提供快速查询性能。

维度建模是一项长期技术，它能使数据库变得简单。人们一般都希望事情简单化。IT 组织、咨询人员和业务用户经过无数次的试验后，都自然而然地倾向于一个简单的维度结构，用这个简单的维度满足人们简单化的需求。简单是至关重要的，因为它确保了在用户能够轻松理解数据的前提下，允许软件快速地导航和传递结果。

例如，一位管理人员描述她的业务："我们在不同的市场销售产品，并随着时间来衡量我们的业绩。"维度设计师从上述描述中找到产品、市场和时间这 3 个重点，根据这 3 点进行模型设计。大多数人都认为可以把这样的业务看作数据立方体，立方体的 3 个维度是产品、市场和时间，可以在每一个维度上切割。立方体内的点是测量值，如销售数量或利润，这样就能以可视化的方式将一组数据形象化。若一个数据模型有一个简单的开始，就有可能会在设计结束时保持简单。反之，一个从开始就复杂的模型最终会变得过于复杂，导致查询性能低下，从而使业务用户的体验非常差，甚至被拒绝使用。

虽然模型设计者经常在关系数据库管理系统中实例化维度模型，但是这些维度模型与试图删除数据冗余的第三范式（3NF）模型不同。归一化 3NF 模型将数据划分为多个离散实体，每一个实体都成为一个关系表。举例来说，一个销售订单的数据库，最开始只有每条订单的记录，但是最后可能变成一个由数百个规范化表组成的、类似蜘蛛网图的 3NF 模型。

行业内有时将 3NF 模型称为实体-关系（E-R）模型。实体-关系图（E-R 图）是用来描述表与表之间关系的图。由于 3NF 模型和维度模型都由连接的关系表组成，因此它们都可以用 E-R 图表示。这两者的关键区别在于标准化程度的不同。为了避免混淆，我们大多数时候不把 3NF 模型作为 E-R 模型来表示，反而称它们为规范化模型。

规范化的 3NF 模型在操作处理中非常有用，因为它的更新或插入事务仅在一个地方涉及数据库。然而，对 BI 查询来说，规范化模型太复杂了，像纵横交错的高速公路地图，用户根本无法理解，更难以记住这样复杂的模型。同样，用户查询有着不可预测的复杂性，使数据库优化器受到限制，从而导致查询性能下降。正因如此，大多数关系数据库管理系统都不能有效地查询规范化模型。如果我们在 DW/BI 表示区域中使用规范化建模，会过于复杂，最终无法得到直观的、高性能的数据检索，即会导致建模失败。幸运的是，维度建模解决了表示区域中过于复杂的模式问题。

需要注意的是，维度模型包含与规范化模型相同的信息，但是维度模型会将数据打包成一种格式，从而为用户提供超强的可理解性、查询性，以及应变能力。

3.1.1　维度建模的概念

数据仓库的开拓者之一金博尔（Kimball）最先提出"维度建模"这一概念，它是数据仓库建设中的一种数据建模方法。对维度建模，最简单的描述就是按照事实表、维度表来构建数据仓库和数据集市。这种方法即为星形模式（Star-schema）。E-R 建模通常用来为单位中所有进程创建一个复杂的模型，这种模型在创建高效的联机事务处理（OLTP）系统方面很有效，这一点毋庸置疑。与之相反，维度建模主要为零散的业务进程创建个别的模型。例如，在上面所举的市场销售产品的例子中，销售信息库存和客户账户都可以单独地创建为一个模型。每个模型捕获事实数据表中的事实，以及那些事实在事实数据表的维度表中所关联的特性。由这些维度与事实表的排列所产生的架构称为星形架构或雪花形架构，已被证实在数据仓库设计中十分有效。

3.1.2　维度建模的基本原则

原则 1：将详细的原子数据载入到维度结构中

一般来说，用户有很多不可预知的查询需要过滤及分组。为了满足这种需求，维度建模应该使用最基础的原子数据进行填充。用户通常也不希望每次只看到单一的记录，但是模型无法预测用户想要掩盖哪些数据、想要显示哪些数据，如果只保留汇总数据，那么当用户想要深入挖掘数据时就会受阻。当然，如果只保留汇总数据，模型中的原子数据也可以通过概要维度建模进行补充，但如果只有汇总数据，企业用户将无法工作，他们需要的是所有原始数据，以解决不断变化的问题。

原则 2：围绕业务流程构建维度模型

业务流程就是组织为实现业务的某一特定目的所采取的一系列有控制的步骤、活动与方法的集合。一般来说，企业的业务流程是由 5 个要素构成的：业务流程有它的客户；业务流程是由活动构成的；活动的目的在于为客户创造价值；活动是由人或机器来完成的；业务流程的完成往往需要多个部门的参与，这些部门对整体流程负责。这些活动代表可测量的事件，如下一个订单或做一次结算，业务流程通常会捕获或生成唯一的性能指标，这个指标与某个事件相关。这些指标数据转换成事实后，每个业务流程都用一个原子事实表表示。除了单个流程事实表外，有时会由多个流程事实表合并成一个事实表，这种合并事实表是对单一流程事实表的良好补充，但并不能代替它们。

原则 3：确保每个事实表都有一个与之关联的日期维度表

原则 2 中描述的可测量事件总有一个日期戳信息，每个事实表至少都有一个外键，关联一个日期维度表，日期维度表的粒度是一天，粒度采用日历属性和关于测量事件日期的一些非标准特性（如财务月和公司假日指示符等）。有时一个事实表中会有多个日期外键。

原则 4：确保事实表中的事实具有相同的粒度或同级的详细程度

在组织事实表时，粒度上有 3 个基本原则：事务、周期快照或累加快照。无论粒度类型如何，事实表中的度量单位都必须达到相同水平的详细程度。如果事实表中的事实表现的粒度不一样，企业用户会很困惑，BI 应用程序会很脆弱，或者返回的结果会完全错误。

原则 5：避免事实表中出现多对多关系

由于事实表存储的是业务流程事件的结果，因此在它们的外键之间存在多对多（M：M）的关系。如多个仓库中的多个产品在多天销售，这些外键字段不能为空。有时一个维度可以为单个测量事件赋予多个值，如一个医生对应多个诊断，或多个客户使用一个银行账号。在这些情况下，它是不合理的，这可能违反了测量事件的天然粒度，因此我们使用多对多、双键桥接表连接事实表。

原则 6：避免维度表中出现多对一的关系

属性之间分层的、多对一（M：1）的关系通常未规范化，或者被收缩到扁平型维度表中。如果你曾经有过为事务型系统设计实体关系模型的经历，那你一定要抵抗住旧有的思维模式，要将其规范化或将 M：1 关系拆分成更小的子维度。在单个维度表中多对一（M：1）的关系非常常见，在事实表中偶尔也有多对一关系，如详细到维度表中有上百万条记录时，它推出的属性又经常发生变化。因此，在事实表中要慎用 M：1 关系。

原则 7：避免在事实表中存储神秘的编码字段或庞大的描述符字段

编码和关联的解码及用于标记和查询过滤的描述符应该被捕获到维度表中，避免在事实表中存储神秘的编码字段或庞大的描述符字段，即不能在维度表中存储代码，在用户不需要描述性的代码的情况下在 BI 应用程序中就可以得到想要的结果。一个行/列标记或下拉菜单过滤器应该作为一个维度属性处理。我们在原则 5 中已经陈述过，事实表外键不应该为空，同样在维度表的属性字段中使用"NA"或另一个默认值替换空值来避免空值，这样可以减少用户的困惑。

原则 8：确定维度表使用了代理键

按顺序分配代理键（除了日期维度）可以获得一系列的操作优势，包括更小的事实表、索引及性能改善。如果你正在跟踪维度属性的变化，为每个变化使用一个新的维度记录，那么确实需要代理键，即使你的商业用户没有初始化跟踪属性改变的设想值，使用代理也会使下游策略变化更宽松。代理也允许使用多个业务键映射到一个普通的配置文件，有利于缓冲意想不到的业务活动，如废弃产品编号的回收或收购另一家公司的编码方案。

原则 9：创建一致的维度集成整个企业的数据

创建企业数据仓库的过程中需要遵循一致维度（也叫作通用维度、标准或参考维度）的标准，这是最基本的原则，在 ETL 系统中创建一次，然后在所有事实表中都可以重用。一致的维度在整个维度模型中可以获得一致的描述属性，可以支持从多个业务流程中整合数据。企业数据仓库总线矩阵是最关键的架构蓝图，它展现了组织的核心业务流程和关联的维度。一致的维度可以缩短产品的上市时间，也消除了冗余设计和开发过程，但一致的维度需要在数据管理和治理方面有较大的投入。

原则 10：不断平衡需求和现实，提供 DW/BI 解决方案

维度建模需要不断在用户需求和数据源事实之间进行平衡，才能够提交可执行性好的设计，更重要的是，要符合业务的需要。无论是在维度建模阶段，还是项目策略、技术/ETL/BF 架构或开发维护规划阶段，需求和事实之间的平衡是 DW/BI 从业人员必须面对的事实。

3.2　维度表技术基础

3.2.1　维度表的结构

每个维度表都包含一个单一的主键列。维度表的主键可以作为与之关联的任何事实表的外键，与此同时要求维度表行的技术定义与事实表行完全对应。也就是说，维度表是围绕事实表所建立起来的，每个维度表中的主键，都对应着事实表中的某行属性，每个维度表都表示针对事实表的一个维度上的表示。以用户购物来举例说明，订单表可以作为事实表，订单表的订单 ID 作为主键，购买者 ID、商家 ID、商品 ID、时间 ID、地址 ID、订单金额为其他属性。那么，依次有用户表、商家表、商品表、时间表、地址表作为维度表与订单表关联，其中各维度表的主键对应于事实表中的各 ID 属性。

维度表通常是宽的、扁平的、非规范化的表，具有许多低粒度的文本属性。虽然可以将操作代码和指示器视为属性，但最强大的维度属性需要采用详细的描述填充。不管是查询，还是 BI 应用的约束和分组，维度表属性都是它们的主要目标。一般报表上的描述性标识通常是维度表属性域值。

3.2.2　维度代理键

维度表中的主键通常有两种选择：一种是自然键（Natural Key），它是业务系统中已经存在的，通常是具有一定业务含义的一个字符型的标识符，可以唯一地标识维度表中的每一条记录，如机构的代码、缩写、时间标签等；另一种是代理键（Surrogate Key），通常是数据库系统赋予的一个数值，是自增型的，按顺序分配，没有内置含义但也可以唯一地标识一条维度信息。根据项目经验，推荐采用第二种唯一一代理键。

设计维度表时使用一个列作为唯一的主键。这个主键不能是操作系统的自然键，因为当随时间跟踪更改时，该自然键将有多个维度行。此外，一个维度的自然键可以由多

个源系统创建，并且这些自然键可能不兼容或管理不好。DW/BI 系统要求控制所有维度的主键，与其使用显式的自然键或附加日期的自然键，不如为每个维度创建匿名整数主键。维度代理键通常是无意义的整形主键，按顺序分配，每次需要新键时，值从 1 开始，每次分配自动加 1。但日期维度不受代理键规则约束。

3.2.3　多维体系架构

在使用维度建模的数据仓库中，多维体系架构（Multidimensional Architecture，MD）包含 3 个关键性概念：总线架构（Bus Architecture）、一致性维度（Conformed Dimension）和一致性事实（Conformed Fact）。多维体系架构又称总线架构，它主要包括后台和前台两部分。后台也称为数据准备区，是多维体系结构最为核心的部件。一致性维度的产生、保存和分包都在后台实现。同时，代理键也在后台产生。前台是多维体系架构对外的接口，包括两种主要的数据集市：一种是原子数据集市，另一种是聚集数据集市。这两种数据集市都是以星形结构进行数据存储的，不同的是，原子数据集市保存着最低粒度的细节数据，而聚集数据集市的数据粒度通常比原子数据集市高。前台还包括一些其他服务，如查询管理、活动监控等，它们都是为了提高数据仓库的性能和质量而存在的。

在多维体系架构中，基于星形结构来建立的两种数据集市，从物理分布上来说，既可以存在于一个数据库实例中，也可以分散在不同的机器上，而分布式数据仓库正是由这些数据集市的集合组成的。在建立多个数据集市时，一致性维度的工作就已经完成了一致性的 80%～90%的工作量，余下的工作就是建立一致性事实。一致性事实和一致性维度有些不同，一致性维度由专人维护，如果在后台修改某一部分，这部分修改会同时同步复制到每个数据集市，而事实表一般不会在多个数据集市间复制。需要查询多个数据集市中的事实时，一般通过交叉探查来实现。为此，一致性事实主要需要保证两点：第一点是 KPI 的定义及计算方法要一致；第二点是事实的单位要一致。如果业务要求或事实上不能保持一致，建议不同单位的事实分开建立字段保存。

这样，一致性维度将多个数据集市结合在一起，一致性事实保证不同数据集市间的事实数据可以交叉探查，一个分布式的数据仓库就建成了。

1.　数据仓库总线架构

不同业务处理过程的集成是非常有用的。业务机构与 IT 机构中，尤其是那些处于较高管理阶层的人员，非常清楚在跨业务范围内进行数据的查看对提高评估性能是很有帮助的。众多的数据仓库项目为了更好地理解客户关系的管理需求，将注意力放在从终端到终端的视角。如图 3-1 所示，在某大型国有银行中，在业务价值链的产品运营中，包含许多相关的业务处理，如营销支持、产品与服务、业务运营、风险管控等诸多业务处理。

很明显，要将图 3-1 中的业务价值链组合成数据仓库，就不能对各业务处理分别进行维度建模、建数据集市，因为如果那样的话，数据集市之间没有共享的公共维度，数据集市就会变成独立的集市，会出现问题，不能组合成数据仓库。要成功建立数据仓库，并使数据仓库能够长期地正常运转，需要有一种方法，可以在体系架构上按增量方式建造企业数据仓库。这里建议使用的方法就是数据仓库总线架构。

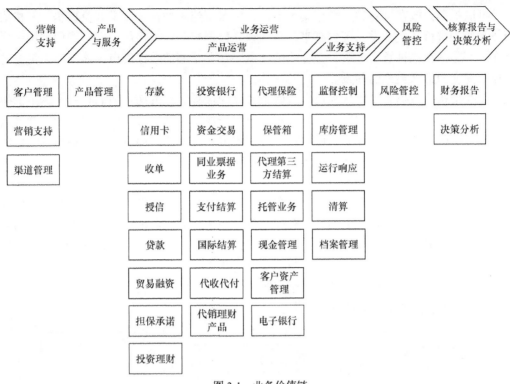

图 3-1 业务价值链

如果为数据仓库环境定义标准的总线接口，那么不同的小组在不同的时间可以实现独立的数据集市。只要遵循这个标准，独立的数据集市就可以集成到一起并有效地共存。所有业务处理将创建一个维度模型系列，这些模型共享一组维度，这组公用维度具有一致性，如图 3-2 所示。

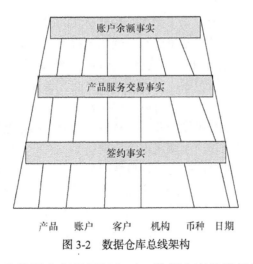

图 3-2 数据仓库总线架构

开发团队在分解企业数据仓库规划任务时，数据仓库总线架构为其提供了一种合理方法。首先，在开始阶段，开发团队利用较短时间，设计出一整套在企业范围内具有统一解释的标准化维度与事实。这样，数据体系架构的框架就建立起来了。然后，开发团队就可以把精力放在构建独立数据集市上，并按照所建立的标准化维度及事实，严格依照体系架构进行迭代开发。随着越来越多的独立数据集市投入使用，它们像积木块一样搭在了一起。在某种意义上讲，企业范围内需要存在足够的数据集市，才可能为集成的企业数据仓库带来美好的前景。

总线架构给数据仓库管理人员带来两个方面的优势。一方面，他们有一个体系框架来指导总体设计，并且将问题分成了数据集市块，这些数据集市块以字节计量，并可以根据具体时限加以实施；另一方面，只要数据集市开发团队遵照总的体系指南，就可以相对独立地、异步地开展工作，大大提高了工作效率。

2. 一致性维度

当不同的维度表属性具有相同的列名和领域内容时，称维度表具有一致性。在多维体系架构中，没有物理意义上的数据仓库，只有由物理上的数据集市组合成逻辑上的数据仓库。数据集市的建立可以逐步完成，最终组合在一起，成为一个数据仓库。如果分步建立数据集市的过程出现了问题，数据集市就会变成孤立的集市，不能组合成数据仓库，而一致性维度的提出正好解决这个问题（多个物理的数据仓库才需要一致性统一）。图 3-3 给出了这种维度共享情形的逻辑表示形式。

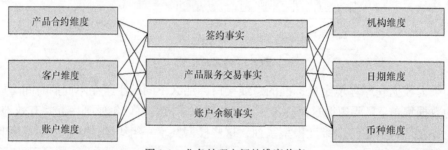

图 3-3　业务处理之间的维度共享

对设计可以进行集成的数据集市来说，共享公共的维度具有绝对的决定性作用。这样做可以使来自不同处理的性能度量值组合到单个报表中。具体的实现过程是，首先使用多通路的 SQL 单独查询各个集市，然后基于共同的维度属性对查询结果施加外连接。在维度表属性具有同一性的情况下，这个通常称作交叉探查的连接是很实用的。

这样，维度保持一致后，事实就可以保存在各个数据集市中。虽然各数据集市在物理上是独立的，但由于一致性维度的关系，在逻辑上所有的数据集市是联系在一起的，随时可以进行交叉探查等操作，也就组成了数据仓库。

一致的维度具有一致的维度关键字、属性列名字、属性定义及属性值（将转化成一致的报表标签与分组标识）。如果属性标签的标识不同或者包含不同的值，维度表就不是一致的（不被处理成一致的）。如果客户或者产品维度是按非一致的方式进行配置的，会产生两种结果：要么分散的数据集市不能在一起使用；要么将它们一起使用，而最终产生无效的结果，这样更糟糕。

一致的维度以几种不同的样式出现。在最基本的层次上，一致的维度意味着与同它们相连接的每种可能的事实表具有完全相同的内容。如图 3-2 中，连接到签约事实上的日期维度与连接到账户余额事实上的日期维度是一致的。实际上，一致的维度在数据库范围内可能就是相同的物理表。不过，如果一个数据仓库配有多种数据库平台的话，基于其典型复杂性的考虑，维度更有可能同时在每个数据集市都存在复制的情况。在其中任何一种情况下，两个数据集市的日期维度都将具有相同数目的行、相同的关键字值、相同的属性标签、相同的属性定义与相同的属性值等。同样，也存在一致的数据内容、数据解释与用户展示。

3.　一致性事实

当不同的事实表具有相同的事实，且这些事实具有相同的定义域方程（公式）时，称事实表具有一致性。一般来说，事实表数据并不在各个数据集市之间明确地进行复制。不过，如果事实确实存在于多个位置，那么支撑这些事实的定义与方程（公式）都必须是相同的。如果将存在于多个位置的事实表当作同种事物看待的话，首先要有一个前提，就是这些事实具有相同的标识。除此之外，还需要在相同维度环境下对它们进行定义，同时保证其在各个数据集市之间具有相同的度量单位。在数据命名实践中，必须接受规范的约束，如果不能做到使事实完全一致，那么应该对不同的解释给出不同的名称，也就是作为不同的事实处理。这样在计算中也比较方便，可以更好地排除使用不兼容事实的可能。通常，有一些企业级共享的度量指标必须保持一致性的事实，如利润、经济资本、产品覆盖度、客户满意度及其他关键性指标（如 KPI）等。

3.2.4　缓慢变化维度

缓慢变化维度（Slow Changing Dimensions，SCD）指随着时间变化相对较慢的维度，如产品类别维度、地区维度等。

数据仓库中的事实表总在变化，通常是新的业务数据不断加载入 DW。事实表数据的增加是正常现象，也无须特别处理。但很多时候维度表的数据也会发生变化，且维度表的数据变化会导致维度表和事实表的关系发生变化。在相同的维度表中，使用不同的更改跟踪技术处理属性是非常常见的。SCD 可根据保留维度的变化历史，分为不同类别。

1.　类型 0：保留原来的

对类型 0，维度属性值永远不会改变，所以事实总按照这个原始值分组。类型 0 适用于任何标有"原始"的属性，如客户的原始信用评分或持久标识符。此类型也适用于日期维度中的大多数属性，因为日期维度中的大多数属性都带有"原始"属性。

2.　类型 1：覆盖

对类型 1，维度行中的旧属性值被新值覆盖。类型 1 属性总是引用最近的赋值，直接将维度表中的旧值覆盖，因此这种技术没有保留维度的变化历史。尽管这种方法很容易实现，并且不创建额外的维度行，但是必须注意重新计算由此更改连接的聚合事实表和 OLAP 多维数据集。

3.　类型 2：添加新行

类型 2 在维度中新增一行数据，此数据具有更新的属性值，并将旧数据行标记为"过期"。由于可能会有多个行描述每个成员，所以需要将维度的主键泛化到自然或持久键之外。当为维度成员创建新行时，将为所有事实表分配一个新的主代理键并将其用作外键。此类型的优点是根据 start/end date 可以追踪所有的历史，且知道变化的具体时间点。缺点是在维度表中引入多条历史记录导致数据量增大，效率降低。同时由于唯一标识的变化，可能导致事实表和维度表的关系变得不一致，导致出现错误的查询结果。

4．类型 3：添加新属性

类型 3 在维度中添加一个新属性以保存旧属性值；新值覆盖了主属性，如类型 1 的更改。这种类型的改变有时被称为另一种现实。新增加的属性中保存的是历史备用属性值，原属性中保存的是当前最新的值，因此业务用户可以根据这两个属性值对事实数据进行分组和筛选。这种缓慢变化的维数技术效率比较高，用户可根据个人需求决定是否使用。

5．类型 4：添加微型维度

当维度中的一组属性快速变化并被分割为一个小维度时，使用类型 4 技术。这种情况有时被称为"快速变化的维度"。如果维度表中有数百万行记录或者更多，而且这些记录中的字段又经常变化，设计人员一般不会使用类型 2 的处理方法，因为人们都不愿意向本来就有几百万行的维度表中添加更多的行，且数百万行维度表中有的属性值会被用到但更改频率低。这时解决的方法是，将分析频率比较高或者变化频率比较大的字段提取出来，建立一个单独的维度表。这个单独的维度表就是微型维度表。微型维度表有它自己唯一的主键，微型维度表的主键和原维度表的主键一起关联到事实表。

6．类型 5：在类型 1 支架中添加微型维度

类型 5 技术用于精确地保存历史属性值，并根据当前属性值报告历史事实。类型 5 构建在类型 4 的基础上，也将类型 1 的引用嵌入微型维度中。这种类型允许访问当前分配的微型维度属性及基本维度中的其他属性，而无须通过事实表进行链接。为了分析的方便，可以把类型 4 中微型维度的关键字的最新值作为外键关联到客户维度表。这时一定要注意，这个外关键字必须做类型 1 的处理，也就是将旧属性值替换为新属性值。

7．类型 6：向类型 2 维度中添加类型 1 属性

与类型 5 一样，类型 6 也提供历史和当前维度属性。类型 6 构建在类型 2 的基础上，它还在维度行中嵌入相同属性的当前类型 1 版本，以便在度量发生时，事实行可以通过类型 2 属性值进行过滤或分组。在这种情况下，每当属性被更新时，类型 1 属性会被系统地覆盖到与特定持久键相关的所有行上。

8．类型 7：类型 1 和类型 2 双维度

类型 7 是最后一种混合技术，用于支持原有和现有的报表。事实表可以通过一个维度来访问，该维度建模为一个类型 1 维度，只显示当前的大多数属性值，或者作为一个类型 2 维度显示当前属性值和历史属性值。也就是说，同一个维度表支持两个透视图，即类型 1 透视图和类型 2 透视图。维度的持久键和主代理键都放在事实表中。对类型 1 透视图，维度中的当前标识被限制为当前的，通过持久键与事实表连接。对类型 2 透视图，当前标识不受约束，事实表通过代理主键连接。这两个透视图将作为独立的视图部署到 BI 应用程序中。

3.3　事实表技术基础

3.3.1　事实表的结构

事实表是数据仓库结构中的中央表，它包含联系事实与维度表的数字度量值和键。

事实表包含描述业务（如产品销售）内特定事件的数据。事实表中存储的是现实世界中所发生的操作性事件所产生的可度量数值。从最低级的原子粒度来看，事实表中的一行记录对应现实世界中的一个度量事件，事实表的一行对应一个度量值，一个度量值就是事实表的一行，事实表的所有度量值必须具有相同的粒度。事实表的基本设计完全基于物理活动，是尊重现实的，不受可能产生的最终报告的影响。除了数字度量之外，事实表始终包含每个相关维度的外键，用于关联与之相关的维度，也包含可选的退化维度键和日期/时间戳。事实表是计算和查询产生的动态聚合的主要目标。

事实表中最有用的事实是数字类型事实和可加性型事实。数字类型事实又可简称为数字度量。

3.3.2　可加、半可加、不可加性事实

将事实相加以获得对单个事实汇总的能力被称为可加性。根据可加性可以将事实表中的数字度量分为可加、半可加、不可加（或非可加）3 类。最灵活、最有用的事实是完全可加度量，它可以按照与事实表关联的任意维度汇总，如销售金额。半可加性度量可以对某些特定维度求和，但不能对所有维度求和，如库存。差额是常见的半可加性事实，因为它们在除时间之外的所有维度都是可以相加的。最后，一些度量是完全不可加的，就是不论按照哪个维度都不可以相加，或者相加后成为没有意义的度量值，如温度/利润率。汇总行中的利润率需要根据分类汇总的利润额度和订单额度的比值得到，而非通过将各个销售人员的利润率相加获得。对此类的不可加性事实，可以用可加性事实的比率方式计算，即在可能的情况下，在计算最终的不可加性事实之前，将不可加度量的完全加性成分存储起来，并将这些成分相加到最终答案集中。这种计算通常在 BI 层或 OLAP 立方体中进行。

3.3.3　事实表中的空值

事实表中的度量值可以存在空值，因为所有的聚集函数（SUM、COUNT、MIN、MAX、AVG）均可以对空值进行计算。事实表的维度外键不能存在空值，因为如果存在空值的情况，则会使事实表无法关联到维度表，两者之间断开，也违反了参照完整性。关联的维度表必须用默认行（代理键）而不是空值外键表示未知的或无法应用的情况。

3.3.4　事实表的基本类型

数据仓库在进行维度建模时会用到 3 种基本事实表——事务事实表、周期快照事实表和累积快照事实表。这 3 种事实表使用相同的一致性维度，但是它们在描述业务事实方面存在很大差异。

1. 事务事实表

事务事实表记录事务层面的事实，保存的是最原子的数据，也称"原子事实表"。事务事实表中的一行对应于空间和时间点上的度量事件。事务事实表是最多维和最富表现力的事实表，这种稳健的维度能够最大限度地分割事务数据。事务事实表可能是密集的或稀疏的，因为只有在进行度量时才存在行。这些事实表总是包含每个相关维度的外键，并且可以选择包含精确的时间戳和退化的维度键。测量数值的事实必须与事务一致。

2. 周期快照事实表

周期快照事实表中的一行总结了在标准周期内发生的许多度量事件，以具有规律性的、可预见的时间间隔来记录事实，如一天、一周或一个月的多个度量。其粒度是周期性的时间段，而不是单个事务。周期快照事实表是在事务事实表之上建立的聚集表，它比事务事实表的粒度粗。因为要包含所有与事实表时间范围一致的记录，导致周期快照事实表包含许多数据的总计。在这些事实表中，外键的密度是均匀的，因为即使周期内没有活动发生，通常也会在事实表中为每个维度插入包含 0 或空值的行。周期快照事实表的维度个数比事务事实表少，但是记录的事实比事务事实表多。

3. 累积快照事实表

累积快照事实表和周期快照事实表有相似之处，也有不同之处，相似之处是它们都是存储的事务数据的快照信息，不同之处是周期快照事实表记录数据的周期是确定的，而累积快照事实表记录数据的周期是不确定的。累积快照事实表中的一行总结了在业务流程开始和结束之间的可预测步骤中发生的度量事件。在累积快照事实表中，在创建订单行时，首先插入对应于订单上的一行的单行。随着管道进程的发生或订单状态的改变，累积的事实表行被重新访问并更新。在 3 种事实表类型中，累积快照事实行的这种一致更新是特殊并唯一的，因为对前面两类事实表只追加数据而不更新。累计快照事实表中，除了与每个关键步骤相关联的日期外，还包含其他维度的外键及可退化维度的外键。累积快照事实表在库存、采购、销售、电商等业务领域都有广泛的应用。

3.4 维度建模的主要流程

维度模型应该由数据建模师和业务方协作设计。虽然是数据建模师负责模型的设计，但是在设计的过程中应该与业务代表方相互沟通交流，通过一系列高度交互的交流来展开设计。这些交流会为企业提供一个充实需求的机会。如果不完全了解业务及其需求，就设计维度模型，这是不行的，只会造成孤立设计，不合实际。因此，数据建模师和业务方的协作至关重要。

在设计维度模型时所做的 4 个关键决定包括：选择业务流程、声明粒度、确认维度、确认事实，如图 3-4 所示。

图 3-4 维度模型设计过程

在设计维度模型时，首先要考虑业务的需求，其次考虑协作建模会话中底层源数据的显示，通过这两点来设定各个阶段的内容。通过设计出这 4 个阶段的业务流程、粒度、维度和事实声明，设计团队最终可以确定表、列名、示例域值和业务规则。在维度模型设计过程中，业务方必须全程参与，以确保业务符合事实。

3.4.1 选择业务流程

业务流程是机构中进行的自然业务活动，它们一般都由源系统提供。选择业务流程有很多方式，其中效率最高的是听取用户的意见。在选取业务阶段，数据模型设计者需要具有全局和发展的视角，应该在理解整体业务流程的基础上，从全局角度选取业务处理。例如，下订单、处理保险索赔、为班级注册学生或每个月对每个账户进行快照。将业务流程事件的生成或捕获性能作为一个度量，并将其转换为事实表中的事实。大多数事实表关注单个业务流程的结果。选择流程是很重要的，因为它提供了一个特定的设计目标，并允许对流程、度量指标和事实进行声明。每个业务流程对应于企业数据仓库总线矩阵中的一行。

需要注意的是，业务流程并不是指业务部门或者职能部门。为了能在企业范围内提交一致的数据，设计者要将注意力集中放在业务流程方面，而不是业务部门方面。如果建立的维度模型是同部门捆绑在一起的，就可能出现具有不同标识或者不同术语的数据复制。多重数据流向单独的维度模型，会使用户在应对不一致性的问题方面显得很脆弱。确保一致性的最佳办法是对数据进行一次性发布。单一的发布过程还能减少 ETL 的开发量，减轻后续数据管理与磁盘存储方面的负担。

3.4.2 声明粒度

声明粒度就是明确解释各事实表的每行实际代表的内容。粒度表示了事实表与度量值相关联的细节程度的信息。它给出了"如何描述事实表的单个行"这个问题的答案。

声明粒度是至关重要的步骤。在定义粒度时，应优先考虑为业务处理获取最有原子性的信息。原子型数据是所收集的最详细的信息，这样的数据不能再做更进一步的细分。通过在最低层面上装配数据，大多数原子粒度在具有多个前端的应用场合显示出其价值所在。事实度量值越细微并具有原子性，就越能够确切地知道更多的事情，所有那些确切知道的事情都转换为维度。在这一点上，原子型数据可以说是维度方法的一个极佳匹配。

在分析方面，原子型数据可以提供最大限度的灵活性，因为它可以接受任何可能形式的约束，并可以以任何可能的形式出现。维度模型的细节性数据是稳如泰山的，并随时准备接受业务用户的特殊攻击。当然，我们可以将最具有原子性的数据组合在一起，形成业务处理的较高层面的粒度。不过，选取较高层面粒度具有明显的劣势，那就意味着将自己限制到更少的维度上。具有较少粒度性的模型容易直接遭到攻击，这种攻击一般是由很多不可预见的用户请求所带来的。这些用户请求会深入到细节内容，所以对较少粒度性的模型是个威胁。聚集概要性数据是调整性能的一种手段，它在声明粒度中起着非常重要的作用，但它绝对不能作为用户存取最低层面的细节数据的替代品。遗憾的是，有些人认为维度模型只适合于总结性数据，并且不认同维度建模方法可以满足预测业务需求的看法。这样的误解会随着细节性的原子型数据在维度模型中的出现而慢慢地消失。

3.4.3　确认维度

某一业务过程事件一般都会涉及"谁、什么、何处、何时、为什么、如何"等因素，维度提供围绕上述因素的背景。维度表包含 BI 应用所需要的描述性属性，这些属性用于过滤及分类事实，这也是识别维度的重要依据。当与给定的事实表行关联时，任何情况下都应使维度保持单一值。如果对粒度方面的内容很清楚，那么维度的确定一般是非常容易的。通过维度的选定，我们可以列出那些离散的文本属性，这样就可以使每个维度表丰满起来。常见维度的例子包括日期、产品、客户、账户和机构等。

维度表有时被称为数据仓库的"灵魂"，因为它们包含入口点和描述性标签，使 DW/BI 系统能够用于业务分析。维度表的数据治理和开发是用户 BI 体验的驱动因素，所以模型设计者需要在其中投入相当多的精力。

3.4.4　确认事实

设计过程的第 4 步在于仔细确定哪些事实要在事实表中出现。为了实现确认，可以先回答"要对什么内容进行评测"这个问题。业务用户在这些业务处理性能度量值的分析方面具有浓厚的兴趣。设计中所有供选取的信息必须满足在第 2 步中声明粒度所提的要求。明显属于不同粒度的事实必须放在单独的事实表中。通常可以从以下 3 个角度来建立事实表。

（1）针对某个特定的行为动作，建立一个以行为活动最小单元为粒度的事实表。这里要先明确活动最小单元指的是什么。活动最小单元的定义依赖于分析业务需求。它记录并描述了用户的一个不可再分割的动作，如用户的一次网页点击行为、一次网站登录行为、一次电话通话记录等。这种事实表主要用于从多个维度统计行为的发生情况，在业务分布情况、绩效考核比较等方面的数据分析中用得比较多。

（2）针对某个实体对象在当前时间上的状况，要先明确这个实体对象所处的不同阶段，在不同阶段存储它的快照，如账户的余额、用户拥有的产品数等。通过这种角度可以统计实体对象在不同生命周期中的关键数量指标。

（3）针对业务活动中的重要分析和跟踪对象，统计在整个企业不同业务活动中的发生情况。例如，会员可以执行或参与多个特定的行为活动，会员即被列为分析跟踪对象，可以根据会员在整个企业内的行为活动建立事实表。这种事实表是以上两种事实表的一个总结和归纳。它主要用于针对业务中的活动对象进行跟踪和考察。

3.5　对维度建模的误解

尽管人们普遍接受维度建模，但行业中仍然存在一些误解。

3.5.1　误解 1：维度模型仅用于汇总数据

这个误解常常是设计不好维度模型的根本原因。因为你不可能预测业务用户提出的所有问题，所以你需要为他们提供一个功能强大的访问，可以查询到最详细的数据，以便他们能够根据业务问题进行汇总。无论外界怎么变化，最低程度的原子数据是不受影响的。这些原子数据除了用于汇总数据，还可以形成摘要数据，对数据仓库、业务智能和粒度细节进行补充，从而为常见查询提供更好的性能。

如果认同了误解 1 的观点，结果必然会导致仅在维度结构中存储有限的历史数据。而实际上，关于维度模型，没有任何东西可以阻止它存储大量的历史数据。维度模型中可用的历史数据量必须仅由业务需求驱动。

3.5.2　误解 2：维度模型是部门级的而不是企业级的

在建维度模型的时候，不要基于组织部门职责划分界限，应该围绕业务流程来组织维度模型，如订单、发票和服务调用。多个业务功能往往要分析单个业务流程产生的相同度量。应该避免对其同一源数据进行多次提取，防止产生不一致的分析数据。

3.5.3　误解 3：维度模型是不可扩展的

维度模型具有极强的可扩展性。事实表通常有数十亿行，据报道，有的事实表包含两万亿行。数据库厂商已经全力地支持 DW/BI，并继续将功能集成到他们的产品中，使维度模型的可伸缩性和性能大大提升。规范化数据库和维度模型包含相同的信息和数据关系，逻辑内容是相同的。在一个模型中表示的每个数据关系都可以在另一个模型中准确地表达出来。尽管难度不同，规范化数据库和维度模型都可以回答完全相同的问题。也就是说，维度模型完全可以扩展。

3.5.4　误解 4：维度模型仅可用于预测

维度模型的设计不应侧重于预先设计的报表或分析，设计应该以度量过程为中心，应该着重考虑 BI 应用程序的过滤和标识需求。但是不应该列出前 10 个报表的名单，因为这种报表一定会经常发生改变，从而使多维模型跟着变化。要将组织的度量事件作为重点来关注，从这些度量事件与不断变化的分析比较来看，它们通常还是比较稳定的。

与误解 4 类似的言论有，维度模型无法适应不断变化的业务需求。相反，由于它们具有对称性，维度结构非常灵活，具有极强的适应性，完全可以适应业务需求的变化。如果要实现查询的灵活性，就要在最细粒度的层次上构建事实表。只提供汇总数据的维度模型肯定会有问题。如果用户无法从汇总数据中得到细节数据，就会在分析中遇到障碍，不能得到全面的分析结果。当基于不成熟的汇总表，不能很容易地适应新的维度、属性或事实时，开发人员也会在分析中遇到障碍。维度模型的正确做法是在尽可能详细的粒度上展示数据，这样就可以获得最大的灵活性和可扩展性。如果你预先假设业务问题，则极有可能会预先汇总数据，从长远来看，这样做是极度危险的。

正如建筑大师密斯·凡·德罗（Mies van der Rohe）所说："细节是上帝。"使用尽可能详细粒度的数据来构建维度模型，可以使维度模型有最大的灵活性和可扩展性。如果你的维度模型中没有尽可能详细粒度的数据，就无法构建稳健的商务智能。

3.5.5　误解 5：维度模型不能集成

如果维度模型遵循企业数据仓库总线架构，那么它们大多数都可以被集成。一致性维度是一种集中式的、持久的数据，它在 ETL 系统中建立并维护，然后跨维度模型重用，这样可以支持数据集成并确保语义的一致性。数据集成依赖标准化的标签、值和定义。要达成组织的一致性并实现相应的 ETL 规则是一项艰巨的工作，但无论是填充规范化模型还是维度模型，开发者都无法回避这一工作。

一些企业商务智能系统的失败是因为没有遵循基本规则，不能将失败原因归罪于维度模型。

实验 3　使用 Schema Workbench 创建 Cube

【实验名称】　使用 Schema Workbench 创建 Cube
【实验目的】 　　1. 熟悉并学会使用 Schema Workbench。 　　2. 学会创建 Cube。
【实验内容】 　　本实验利用 Schema Workbench 创建 Cube（数据立方体）。 　　本实验会使用 Schema Workbench、MySQL 数据库两个软件。在开始实验之前，这两个软件都已在瑞翼教育 EDU 平台安装并配置完成。
【实验环境】 　　1. Windows 操作系统。 　　2. Schema Workbench：Schema 定义了一个多维数据库，包含一个逻辑模型，而这个逻辑模型的目的是书写 MDX 语言的查询语句。逻辑模型包括几个概念：立方体（Cubes）、维度（Dimensions）、层次（Hierarchies）、级别（Levels）和成员（Members）。一个 Schema 文件就是编辑这个 Schema 的一个 XML 文件。在这个文件中形成逻辑模型和数据库物理模型的对应。使用 Schema Workbench 工具创建 XML 文件非常简单。一个 Cube 是一系列维度（Dimension）和度量（Measure）的集合区域。在 Cube 中，Dimension 和 Measure 的共同点就是共用一个事实表。 　　3. MySQL：数据库管理系统。 　　实验前需要将数据库环境准备好：将 footmart2008.sql 导入所使用环境的 MySQL 数据库中。
【实验步骤】 　　（1）启动 Workbench 程序，新建一个数据库链接，链接具体参数可以自己进行配置，示例数据库如图所示。

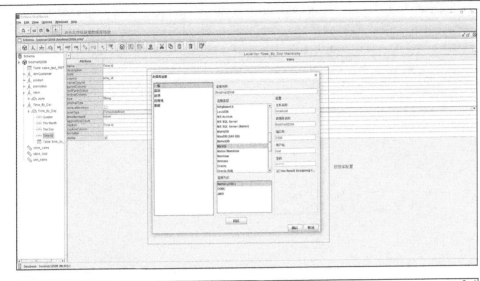

（2）选择"File→New→Schema"命令新建一个 Schema 文件，如下图所示。

（3）为 Schema 填写相应的名称，如下图所示。

（4）在 Schema 上单击鼠标右键，在弹出的快捷菜单中选择"Add cube"命令，新建一个立方体（Cube），并为这个立方体命名，如下图所示。

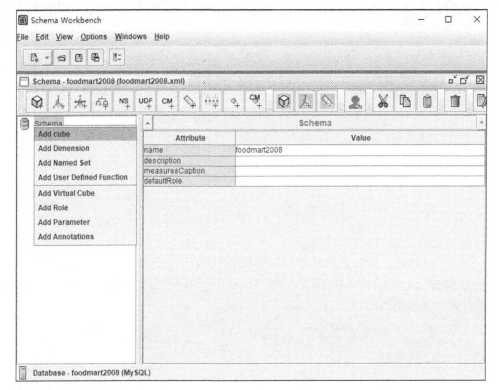

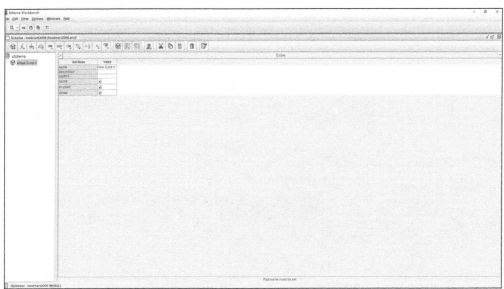

（5）在 Cube 节点上单击鼠标右键，在弹出快捷菜单中选择 "Add Table" 命令增加事实表，选择相应的事实表，如下图所示。

（6）在 Cube 上单击鼠标右键，在弹出的快捷菜单中选择相应命令以增加维度，命名为"dimCustomer"并保存。需要选择"foreignKey"，即在事实表中用于引用 customer 表的外键，如下图所示。

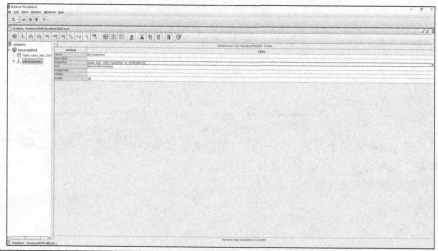

（7）展开 dimCustomer 维度，在其下的 Hierarchy（层次）上单击鼠标右键，在弹出的快捷菜单中选择"Add Table"命令，添加维度表数据，单击 table 的 name 属性的 value 选择维度数据表，如下图所示。

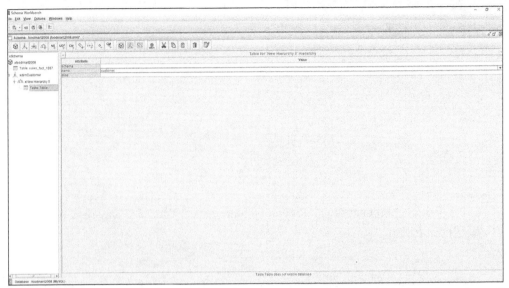

（8）鼠标右键单击"Hierarchy"（层次），在弹出的快捷菜单中选择"Add Level"命令，并设置 level 的相关属性，如下图所示。

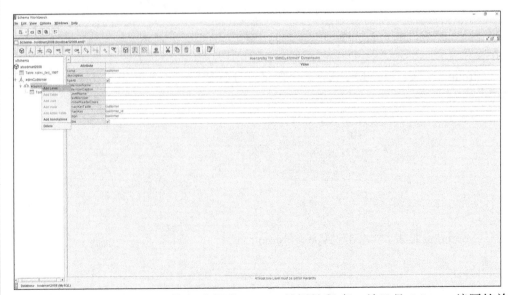

（9）Level 是 Hierarchy 的组成部分。level 的属性很多，并且是 Schema 编写的关键，使用它可以构成一个结构树，level 的先后顺序决定了 level 在这棵树上的位置，最顶层的 level 位于树的第一级，依次类推。依次再建立"State Province""City""Customer Id"3 个级别。如下图所示，customer 维度表已经建好。

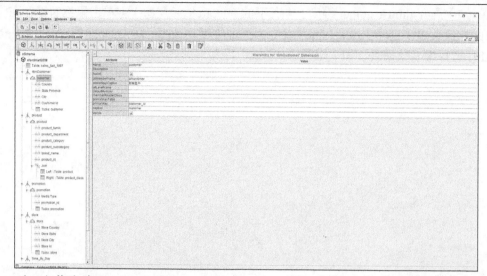

（10）依次建立 Product 维表、Promotion Store 维表、Time_By_Day 维表，这些维表的层级结构如下所示。

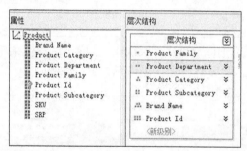

Product 维表："Product Family→Product Department→Product Category→Product Subcategory→Brand Name→Product Id"。

Promotion 维表："Media Type→Promotion Id"。

Store 维表："Store Country→Store State→Store City→Store Id"。

Time_By_Day 维表："Quarter→The Month→The Day→Time Id"。

这里要着重介绍一下 Product 维表，因为这张维表是由两个表链接而成的。首先，建立新建维度，修改维度名称，指定和事实表关联的外键，如下图所示。

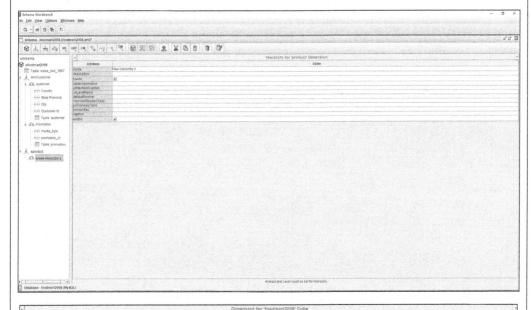

（11）修改默认添加的维度信息，在此维度节点上单击鼠标右键，在弹出的菜单中选择"Add Join"命令，添加 Join，如下图所示。

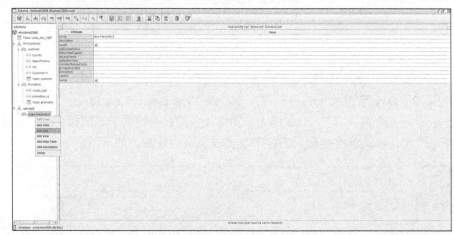

（12）左表为 product，右表为 product_class，如下图所示。

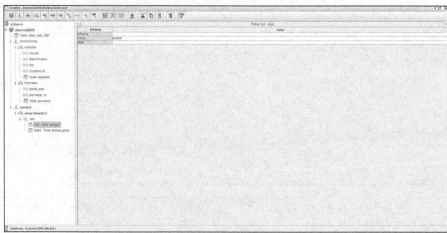

（13）在 Join 中设置左右表关联键，如下图所示。

（14）在 Hierarchy 中设置主表及主键，如下图所示。

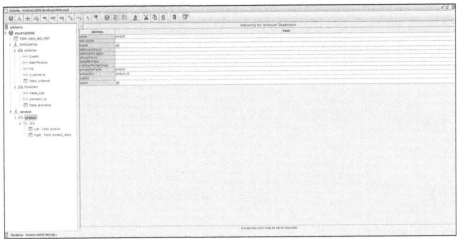

（15）依次建立 Level（级别）。注意，要在相应的表中找到对应的级别字段。例如，product_id 在 product 表中，product_subcategory 在 product_class 表中，如下图所示。同时要注意层次的级别（即顺序）。

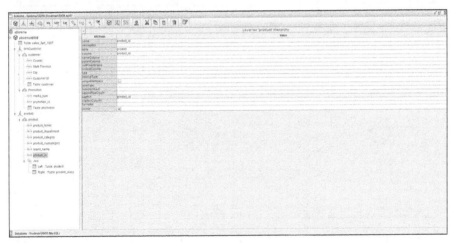

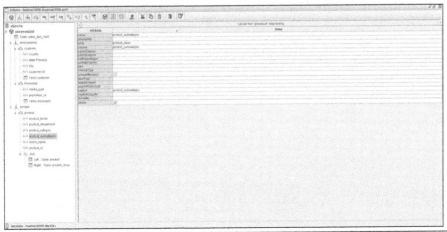

（16）其他的三张维表最终如下图所示。

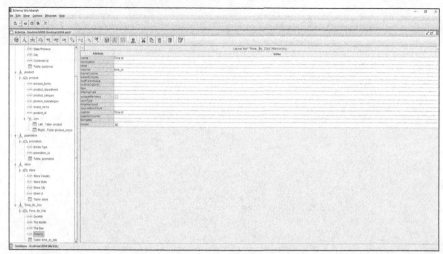

（17）其中，Time_By_Day 维表在建立层级时要注意层级的 levelType 不是 Regular，要改成相应的时间等级类型，如下图所示。

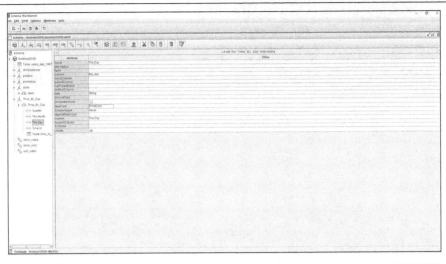

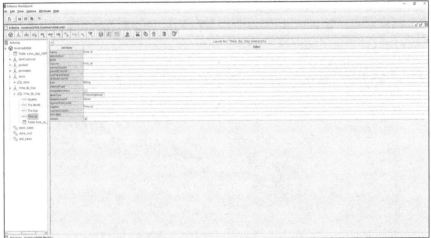

（18）接下来，我们还需要添加 Measure（度量）。在 Cube 上单击鼠标右键，在弹出的快捷菜单中选择"Add Measure"命令，增加度量，如下图所示。

（19）设置度量属性值，如下图所示。

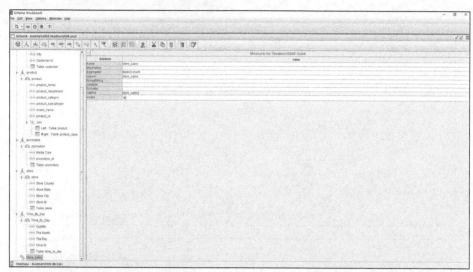

度量属性值详细含义如下图所示。

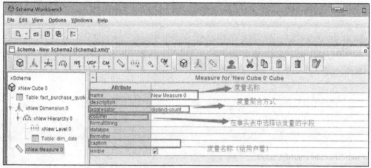

一共设置了 3 个度量，其他两个度量如下图所示。

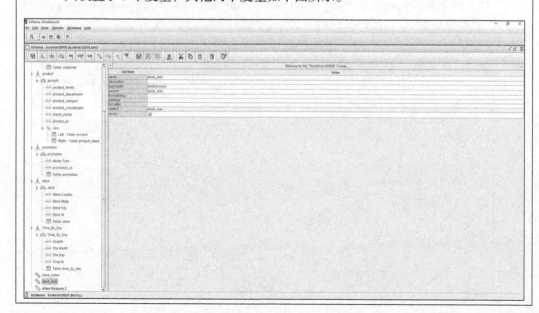

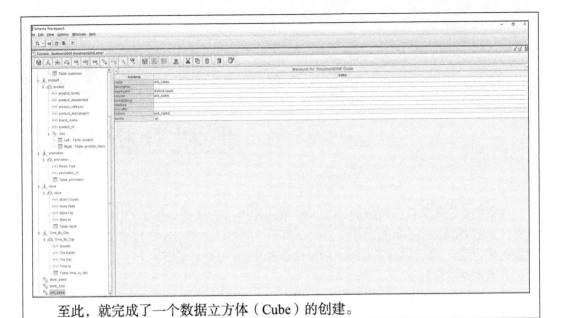

至此，就完成了一个数据立方体（Cube）的创建。

第4章
联机分析处理

本章主要介绍联机分析处理（OLAP）的基础知识。首先介绍了 OLAP 的基本概念，其次讲解了 OLAP 多维数据分析，再次介绍了目前 OLAP 的分类，接着阐述了 OLAP 与数据挖掘的关系，最后讲解了 OLAP 的操作语言 MDX 以及目前市面上主流的 OLAP 工具。

本章重点内容如下。

（1）OLAP 的概念。

（2）OLAP 多维数据分析。

（3）OLAP 操作语言。

4.1　OLAP 简介

随着数据库技术应用越来越广泛，企业信息系统积累了越来越多的数据，如何从这些海量数据中提取出对企业决策分析有利的信息已经成为企业管理者所面临的重要难题。传统的企业数据库系统（管理信息系统），即联机事务处理（On-Line Transaction Processing，OLTP）系统作为数据管理手段，主要用于事务处理，但其分析处理能力一直不能令人满意，且基于此直接在数据库上建立决策支持系统是不合适的。因此，人们开始尝试对 OLTP 数据库中的数据进行再加工，形成一个综合的决策支持系统，此系统在服务对象、访问方式、事务管理乃至物理存储等方面都有不同的特点和要求，数据仓库技术应运而生。随着市场竞争的日趋激烈，企业更加强调决策的及时性和准确性，这使得以支持决策管理分析为主要目的的应用迅速崛起，这类应用被称为联机分析处理（On-Line Analytical Processing，OLAP），它所存储的数据被称为信息数据。包括联机分析处理在内的诸多应用驱动了数据仓库技术的出现和发展，而数据仓库技术反过来又促进了 OLAP 技术的发展。

联机分析处理的概念最早由"关系数据库之父"埃德加·科德于 1993 年提出。科德认为联机事务处理（OLTP）已不能满足终端用户对数据库查询分析的要求，结构化查询语言（SQL）对大数据库的简单查询也不能满足用户分析的需求。用户的决策分析需要对关系数据库进行大量计算才能得到结果，而查询的结果并不能满足决策者提出的需求。因此，科德提出了多维数据库和多维分析的概念，即 OLAP。

联机分析处理（OLAP）系统是数据仓库系统最主要的应用，专门设计用于支持复杂的分析操作，侧重面向决策人员和高层管理人员的决策支持，可以根据分析人员的要求快速、灵活地进行大数据量的复杂查询处理，并且以一种直观、易懂的形式将查询结果提供给决策人员，以便他们准确掌握企业的经营状况，了解对象的需求，制定正确的方案。

4.1.1 维度模型的基本概念

OLAP 的定义、目标及其特性可参见 1.4.4 节。在 OLAP 实施过程中会涉及一些维度模型的专有名词，如度量、维度、维的成员等，下面进行详细介绍。

1. 度量

度量（Measures）表示用来聚合分析的数字信息，度量的集合组合成了一个特殊的维度，如数量、销售额、利润等。度量值是事实数据，它是用户可能要聚合的事务性值或度量。度量值源自一个或多个源表中的列，并且分组到度量值组。度量可分为存储度量和计算度量两个范畴。存储度量是直接加载、聚合和存储进入数据库的，它们可以从存储的计算结果中获取；计算度量是查询时动态计算度量的值，只有计算规则是存储在数据库中的。度量值可以是"销售额""出货量"等。

2. 维度

维度（Dimention）是一组属性，表示与多维数据集中度量值相关的领域，并且用于分析多维数据集中的度量值。例如，"客户"维度可能包括"客户名称""客户性别"以及"客户所在市县"等属性，用户可以按这些属性对多维数据集中的度量值进行分析。属性源自一个或多个源表中的列。可以将每个维度中的属性组织到层次结构中，以便提供分析路径。例如，图 4-1 中的 3 个维度为时间、来源、线路。

3. 维的成员

维的成员（Member）是维的一个取值，是数据项在某维中位置的描述，一个成员指的是维度上的项目值。如果一个维是多级别的，那么该维的维度成员指的是在不同维级别的取值的组合。例如，考虑时间维具有日、月、年这 3 个级别，分别在日、月、年上各取一个值组合起来，就得到了时间维的一个维成员，即"某年某月某日"。

4. 多维数据集

多维数据集（Multi-dimension Data Set）又称数据立方体（Cube）。需要注意的是，立方体本身只有三维，而多维模型不仅限于三维模型，还可以组合更多的维度。之所以称为"数据立方体"，一方面是为了更方便地解释和描述相关理论和概念，同时也是给思维成像和想象的空间；另一方面是为了区别于传统关系型数据库的二维表。多维数据集是一组用于分析数据的相关度量值和维度，是分析服务中存储和分析的基本单位。Cube 是聚合数据的集合，允许查询并快速返回结果。Cube 就像一个坐标系，每一个维度代表一个坐标轴，要想得到一个个点，就必须在每一个坐标轴上取一个值，而这个点就是 Cube 中的 Cell，如图 4-1 所示。Cube 能够包含不同维度的度量值，因此 Cube 有时也被称为统一维度模型（Unified Dimensional Model，UDM）。

如图 4-1 所示，该立方体是对全球各地区某年航空、海路、公路、铁路运输总额所制的数据立方体，即多维数据集。其中非洲第一季度运输总值为 190 亿元，即为度量；该立方体中涉及的时间、来源、线路即为维度；时间维度上"半年"级别的成员包含上半年、下半年，"季度"级别成员包含第一季度、第二季度等。

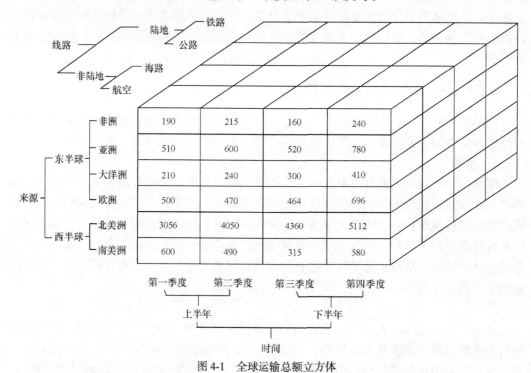

图 4-1　全球运输总额立方体

5. 事实表

事实表（Fact Table）是指在维度数据仓库中，存储度量值的详细值或事实的表。事实表存储的详细程度被称作事实表的粒度（Granularity）。与事实表相关的维度被称为事实表的维数（Dimensionality）。具有不同粒度或不同维数的事实必须分别存储在不同的事实表中。一个数据仓库通常可以有多个事实表。事实表都会使用被称为维度键（Dimension Key）的整数来标示维度成员，而不是采用描述性的名称。例如，用 1 表示中国，2 表示美国。

事实表中包含数值数据的列对应维度模型中的度量值，因此，每个事实表都是一组度量值。分析服务用一种称为度量值组（Measure Group）的逻辑结构组织信息，度量值组与单个事实表及其相关的维度对应。

6. 维度表

在事实表中使用整数维度键时，维度成员的标签必须存入另一个表——维度表（Dimension Table）。事实表中的每个维度键都有一个维度表。维度表用一行来表示每个维度的键属性成员。键属性有两列，分别包含整数维数键和属性标签。关系型数据库使用匹配的主键列（在维度表中）和外键列（在事实表中）的值将事实表和维度表中对应的记录连接。许多维度属性可用来对维度记录进行分组，并对每组中相关的事实进行汇总。能够用于创建分组的属性是可聚合的，其汇总值被称为聚合值（Aggregate）。不可聚合的属性被称为成员属性（Member Property）。

如图 4-1 所示，来源维、时间维、线路维分别作为不同的坐标轴，而坐标轴的交点就是一个具体的事实。也就是说事实表是多个维度表的一个交点，而维度表是分析事实的一个窗口。以数据库结构中的星形结构为例，该结构在位于结构中心的单个事实数据表中维护数据，其他维度数据存储在维度表中。每个维度表与事实数据表直接相关，且通常通过一个键连接到事实数据表中。星形架构是数据仓库比较流行的一种架构。事实表是数据仓库结构中的中央表，它包含联系事实与维度表的数字度量值和键。事实数据表包含描述业务（如产品销售）内特定事件的数据。维度表是维度属性的集合，是分析问题的一个窗口，是人们观察数据的特定角度，是考虑问题时的一类属性。属性的集合构成一个维度表，如图 4-2 所示。

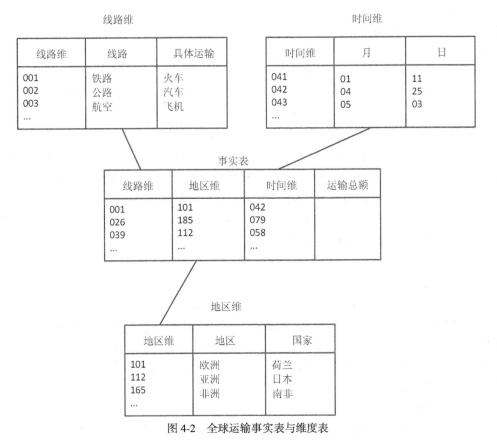

图 4-2　全球运输事实表与维度表

维度是多维数据分析的核心概念之一，也是多维数据集的主要组件。在多维数据集的构建过程中，维度的建立起到了至关重要的作用。前面已经介绍了维度的概念，也举了一些维度的示例，但是在创建和使用维度的时候，还需要了解维度的层次概念。

大多数维度都具有一个或多个层次。例如，日期维度就有一个四级层次：年、季度、月和日。另外，还需要了解级的概念，级就是维度成员之间或维度成员属性之间的包含关系。一个维度至少要包含一个层。以产品维度为例，可以创建一个产地层，可以创建一个厂商层，也可以创建一个分类层。一个层至少要包含一个级，以产品维度为例，产地层可以包含"省—市—县"3 个级别，分类层可以包含"日用品—洗涤用品—洗衣粉"3 个级别。级别的定义有两种方式，一种是在一个维度成员的属性之间定义，如产品维度的每个成员都有产品系列、大类、小类 3 个属性，这样定义分类层的级别时，直接利用这 3 个属性即可，即每个级别都是一个成员的一个属性。另一种是在维度成员之间进行，如 HR 中的上下级关系，每个级别都是一个具体的维度成员，即每个级别都是一个或多个维度成员，每个级别都包含多个属性。

4.1.2 OLAP 的多维数据结构

在现代社会中，随着信息的爆炸式增长，数据量也呈现爆炸式增长，数据形式越来越多样化。在海量的复杂型数据中，稀疏数据是一种特殊的数据形式。在多维的数据中，数据往往是稀疏的、不均匀的。那么什么是稀疏数据呢？稀疏数据是指数据框中绝大多数数值缺失或者为 0 的数据。如果一个矩阵中多数的数值为 0，只有少数的数据是 1，我们就认为这个矩阵是稀疏的。

挖掘稀疏的数据是有一定困难的。我们可以想象一下：假设你置身在一个非常大的空间（如宇宙空间里），要想在这个空间中找到你的伙伴，概率是微乎其微的，因为空间太大，在很大范围内你看到的空间都是空的。

稀疏数据广泛存在于各种应用场景中，如在分布式管理系统 Condor 中，用户可以自己定义新的属性，正因为因此，在一个数据集中很多属性几乎都是空值。同时，稀疏数据还大量存在于电子商务的应用中，每位商家都可以定义自己商品或者订单特有的属性，从而使数据有成千上万的属性值（如某个商品数据中有 5000 个属性），但是对于每个元组，这些属性值几乎都是空值。同样在医学、地球科学等领域，也存在着大量的稀疏数据。

稀疏数据绝对不是无用数据，只不过是信息不完全。因此，OLAP 系统的开发者要设法解决多维数据空间的数据稀疏和数据聚合问题。事实上，有许多方法可以构造多维数据。

1. 超立方结构

超立方结构（Hypercube）指用三维或更多的维数来描述一个对象，每个维彼此垂直。数据的测量值发生在维的交叉点上，数据空间的各个部分都有相同的维属性。这种结构可应用在多维数据库和面向关系数据库的 OLAP 系统中，其主要特点是简化终端用户的操作。超立方结构有一种变形，即收缩超立方结构。这种结构的数据密度更大，数据的维数更少，并可加入额外的分析维。

2. 多立方结构

在多立方结构（Multicube）中，大的数据结构被分成多个多维结构。这些多维结构是大数据维数的子集，面向某一特定应用对维进行分割，即将超立方结构变为子立方结构。它具有很强的灵活性，提高了数据（特别是稀疏数据）的分析效率。

一般来说，多立方结构灵活性较大，但超立方结构更易于理解。终端用户更容易接近超立方结构，它可以提供高水平的报告和多维视图。但具有多维分析经验的管理信息系统专家更喜欢多立方结构，因为它具有良好的视图翻转性和灵活性。多立方结构是存储稀疏矩阵的一个有效方法，并能减少计算量。因此，复杂的系统及预先建立的通用应用倾向于使用多立方结构，以使数据结构能更好地得到调整，满足用户常用的应用需求。

许多产品结合了上述两种结构，它们的数据物理结构是多立方结构，却利用超立方结构进行计算，结合了超立方结构的简化性和多立方结构的旋转存储特性。

超立方结构和多立方结构两种数据模型比较抽象，接下来我们通过一个例子来解释这种抽象的数据立方结构。简单地说，数据立方体就是在维度表和事实表的基础上，让用户从多个角度探索和分析数据集。尽管我们经常把数据立方体看作三维（3D）几何结构，但是在数据仓库中，数据立方体是 n 维的。为了更好地理解数据立方体和多维数据模型，我们从考察二维（2D）数据立方体开始。我们还以前面提到的全球运输总额的数据来说明，首先观察全球运输总额中每季度的运输总额，这些数据显示在表 4-1 中，在这个二维表中，运输总额按照季度维和地区维（按所在的洲来划分）显示，所显示的事实或度量是运输金额。

表 4-1 全球运输总额二维数据

时间维	地区维	运输总额	时间维	地区维	运输总额
第一季度	非洲	190	第三季度	非洲	160
	亚洲	510		亚洲	520
	大洋洲	210		大洋洲	300
	欧洲	500		欧洲	464
	北美洲	3056		北美洲	4360
	南美洲	600		南美洲	315
第二季度	非洲	215	第四季度	非洲	240
	亚洲	600		亚洲	780
	大洋洲	240		大洋洲	410
	欧洲	470		欧洲	696
	北美洲	4050		北美洲	5112
	南美洲	490		南美洲	580

现在，假定我们要从三维角度观察运输总额数据，例如，根据季度、地区和线路观察数据，线路是海路、航空、铁路和公路。三维数据如表 4-2 所示，该三维数据表以二维数据序列的形式表示，从概念上讲，我们也可以用三维数据立方体的形式来表示这些数据，如图 4-3 所示。

表 4-2 全球运输总额三维数据

时间维	海路		航空		铁路		公路	
	地区维	运输总额	地区维	运输总额	地区维	运输总额	地区维	运输总额
第一季度	非洲	40	非洲	40	非洲	50	非洲	60
	亚洲	40	亚洲	70	亚洲	180	亚洲	220
	大洋洲	32.5	大洋洲	42.5	大洋洲	62.5	大洋洲	72.5
	欧洲	105	欧洲	115	欧洲	135	欧洲	145
	北美洲	744	北美洲	754	北美洲	774	北美洲	784
	南美洲	130	南美洲	140	南美洲	160	南美洲	170

续表

时间维	海路		航空		铁路		公路	
	地区维	运输总额	地区维	运输总额	地区维	运输总额	地区维	运输总额
第二季度	非洲	33.75	非洲	43.75	非洲	63.75	非洲	73.75
	亚洲	130	亚洲	140	亚洲	160	亚洲	170
	大洋洲	40	大洋洲	50	大洋洲	70	大洋洲	80
	欧洲	97.5	欧洲	107.5	欧洲	127.5	欧洲	137.5
	北美洲	812.5	北美洲	912.5	北美洲	1112.5	北美洲	1212.5
	南美洲	102.5	南美洲	112.5	南美洲	132.5	南美洲	142.5
第三季度	非洲	20	非洲	30	非洲	50	非洲	60
	亚洲	110	亚洲	120	亚洲	140	亚洲	150
	大洋洲	55	大洋洲	65	大洋洲	85	大洋洲	95
	欧洲	71	欧洲	81	欧洲	101	欧洲	111
	北美洲	890	北美洲	990	北美洲	1190	北美洲	1290
	南美洲	58.75	南美洲	68.75	南美洲	88.75	南美洲	98.75
第四季度	非洲	40	非洲	50	非洲	70	非洲	80
	亚洲	175	亚洲	185	亚洲	205	亚洲	215
	大洋洲	82.5	大洋洲	92.5	大洋洲	112.5	大洋洲	122.5
	欧洲	154	欧洲	164	欧洲	184	欧洲	194
	北美洲	1078	北美洲	1178	北美洲	1378	北美洲	1478
	南美洲	125	南美洲	135	南美洲	155	南美洲	165

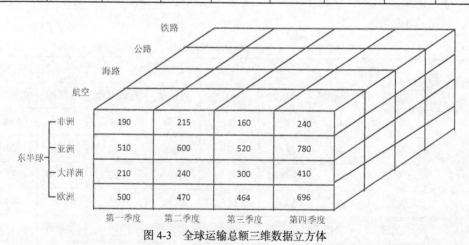

图 4-3 全球运输总额三维数据立方体

假设我们想从四维角度观察运输额数据，增加一个维度，如运营公司。观察四维事物变得有点麻烦，然而，我们可以把四维立方体看成三维立方体的序列，如图 4-4 所示。

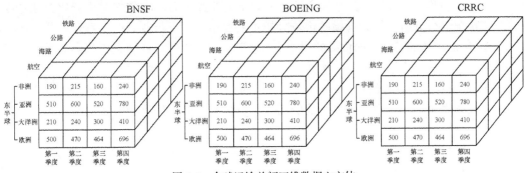

图 4-4　全球运输总额四维数据立方体

表 4-1 和表 4-2 显示不同汇总级别的数据。在数据仓库中，图 4-3 和图 4-4 所示的数据立方体被称为方体。根据给定维的集合，我们可以对给定维的每个可能的子集产生一个方体。结果形成方体的格，方体的格称作数据立方体。图 4-5 中显示形成季度维、地区维、线路维和运营公司维的数据立方体的方体格。

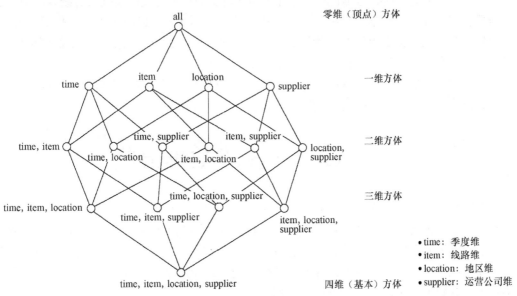

图 4-5　方体格

存放在最底层汇总的方体称作基本方体，例如，图 4-4 是给定季度维、地区维、线路维和运营公司维的基本方体。图 4-3 是季度维、线路维和地区维的三维方体，多个运营公司维的汇总。零维（0D）方体是存放最高层的汇总，称作顶点方体。在我们的例子中，这是总运输额在所有四个维度上的汇总，顶点方体通常用 all 标记。

4.1.3　OLAP 的应用

最早的 OLAP 产品可以追溯到 20 世纪 70 年代，但真正形成一个大的 OLAP 市场则是在 20 世纪 90 年代以后。目前，OLAP 的相应产品已经给社会经济带来了巨大的利润和效益。数据密集型行业（如生活资料、零售、金融服务和运输业等）是 OLAP 产品的主要需求者，OLAP 也给他们带来了巨大的好处。

（1）市场和销售分析：几乎每个商业公司都需要此类 OLAP 软件对市场形势和企业的业绩状况进行分析，但大规模的市场分析主要集中在以下行业。

① 生活消费品行业：如食品的生产商、服装厂。通常每月或者每周都会对市场的经营状况和产品的销售情况分析一次。

② 零售业：如各大超市、连锁店。这种行业一般每天都会对账单数据分析一次，且经常要求查看每一个客户的数据，他们的复杂分析并不多，但是随着时间的积累，面临的主要问题是数据量巨大。

③ 金融服务业：如银行、保险业。OLAP 主要用来对金融产品的销售情况进行分析，分析时要具体到每个客户。

（2）点击流分析：电子商务网站通常都会通过日志的形式记录客户在网上的所有行为，OLAP 为更精细地分析用户行为提供了可能。一个大型的商业网站每天会产生大量的数据，如淘宝每天产生的数据量已经超过 50TB，传统的处理方式对简单的分析也很难胜任，必须使用多维、分层 OLAP 技术才能从这些海量数据中提取出有用的指标。

（3）基于历史数据的营销：通过各种不同的历史数据，用数据挖掘或者统计的方法，找到某项服务或商品的销售对象。这种方式在传统上不属于 OLAP 的范围，但通过多维数据分析的引入，会取得较好的效果。例如，通过对客户浏览的历史网页以及订单可以找到客户的兴趣点，从而推荐客户想要的商品或服务。

（4）预算：预算制定者可以通过 OLAP 提供的工具浏览市场、销售、生产等全方位的企业数据，利用这些数据自动制定出建议方案。

4.2　OLAP 多维数据分析

多维分析是一种数据分析过程，在此过程中，将数据分成维度和度量两类。维度和度量的概念都出自图论，维度指能够描述某个空间中所有点的最少坐标数，即空间基数；度量指的是无向图中顶点间的距离。在多维分析领域，维度一般包括字段值为字符类或者字段基数值较少且作为约束条件的离散数值类型；而度量一般包括基数值较大且可以参与运算的数值类字段，一般也称为指标。

多维数据分析是以海量数据为基础的复杂数据分析技术。它是专门为支持复杂的分析操作而设计的，用来给决策人员和高层管理人员的决策提供支持，它可以更具体地根据分析人员的要求快速、灵活地进行大数据量的复杂处理，并且以一种直观易懂的形式将查询结果提供给决策人员，以使他们了解企业的经营状况和市场需求，制定正确方案，增加收益。

在实际决策过程中，决策者需要的数据往往不是某一指标单一的值，他们希望能从多个角度来观察一个或多个指标的值，并找出这些指标之间的关系。例如，决策者可能想知道"A 部门和 B 部门今年 8 月和去年 8 月在销售总额上的对比情况，并且销售额按10 万～20 万元、20 万～30 万元、30 万～40 万元，以及 40 万元以上的进行分组"。这个问题是比较有代表性的，决策所需数据总是与一些统计指标、观察角度和不同级别（如地区、统计值区间划分）的统计相关，我们将这些观察数据的角度称为维。

多维数据分析可以对以多维形式组织起来的数据进行切片、切块、向上钻取、向下钻取、旋转等各种分析操作，以便剖析数据，使分析者、决策者能够从多个角度、多个侧面观察数据库中的数据，从而深入了解包含在数据中的信息和内涵，辅助其决策。

4.2.1　切片和切块

切片（Slice）指在多维数据结构中，在一个维度上进行的选择操作。切片的结果是得到一个二维的平面数据。例如，将图 4-1 全球运输总额立方体沿着线路维"航空"进行切片，切片效果如表 4-3 所示。

表 4-3　　　　　　　　　　　　　　　　数据立方体切片

时间维	地区维	运输总额	时间维	地区维	运输总额
第一季度	非洲	190	第三季度	非洲	160
	亚洲	510		亚洲	520
	大洋洲	210		大洋洲	300
	欧洲	500		欧洲	464
	北美洲	3056		北美洲	4360
	南美洲	600		南美洲	315
第二季度	非洲	215	第四季度	非洲	240
	亚洲	600		亚洲	780
	大洋洲	240		大洋洲	410
	欧洲	470		欧洲	696
	北美洲	4050		北美洲	5112
	南美洲	490		南美洲	580

切块（Dice）指在多维数据结构中，在其两个或多个维度上进行的选择操作。切块的结果是得到一个子立方体。例如，将图 4-1 全球运输总额立方体沿着地区维由"东半球"进行切块，切块结果如图 4-6 所示。

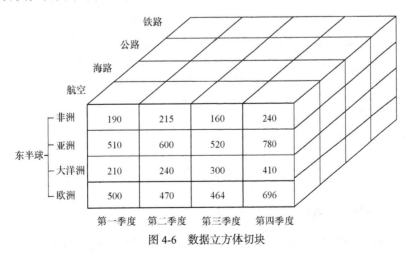

图 4-6　数据立方体切块

4.2.2 钻取

钻取（Drill）包含向下钻取（Drill-down）和向上钻取（Drill-up）操作，钻取的深度与维所划分的层次相对应。

向上钻取是在数据立方体中执行聚集操作，通过在维度级别中上升或通过消除某个或某些维度来观察更概括的数据。例如，将图4-1全球运输总额立方体沿着时间维由"季度"向上钻取为"半年"，向上钻取结果如图4-7所示。

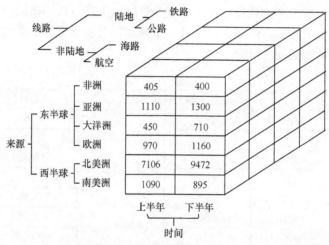

图4-7 数据立方体向上钻取

向下钻取是通过在维度级别中下降或通过引入某个或某些维度来更细致地观察数据。例如，将图4-1全球运输总额立方体沿着时间维由"第一季度"向下钻取为每月，向下钻取结果如图4-8所示。

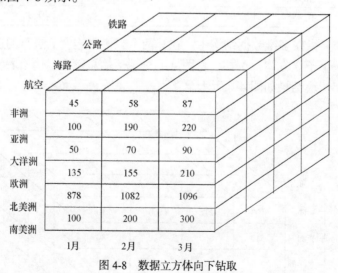

图4-8 数据立方体向下钻取

4.2.3 旋转/转轴

旋转（Rotate）/转轴（Pivot）：即改变维的方向，通过旋转可以得到不同视角的数据。

例如，将图 4-1 全球运输总额立方体通过旋转实现时间维和线路维的互换，旋转结果如图 4-9 所示。

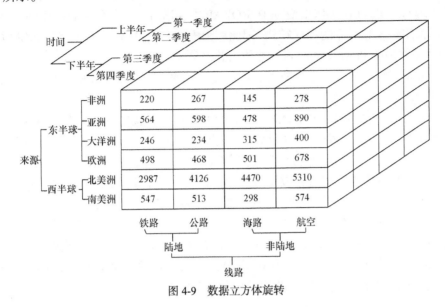

图 4-9　数据立方体旋转

4.3　OLAP 分类

OLAP 系统按照其存储器的数据存储格式可以分为关系 OLAP（Relational OLAP，ROLAP）、多维 OLAP（Multidimensional OLAP，MOLAP）和混合型 OLAP（Hybrid OLAP，HOLAP）3 种类型。

4.3.1　ROLAP、MOLAP 与 HOLAP

1. ROLAP

ROLAP 表示基于关系数据库的 OLAP 实现（Relational OLAP）。它以关系数据库为核心，以关系型结构进行多维数据的表示和存储。ROLAP 将分析用的多维数据存储在关系数据库中并根据应用的需要有选择地定义一批物理视图存储在关系数据库中，不必将每一个 SQL 查询都作为物理视图保存，只定义那些应用频率比较高、计算工作量比较大的查询作为物理视图。对每个针对 OLAP 服务器的查询，优先利用已经计算好的物理视图来生成查询结果以提高查询效率。同时用作 ROLAP 存储器的 RDBMS 也针对 OLAP 做相应的优化，如并行存储、并行查询、并行数据管理、基于成本的查询优化、位图索引、SQL 的 OLAP 扩展（如 cube、rollup）等。IBM Cognos BI 里的通过多维逻辑模型 DMR 访问关系数据库进行多维分析就属于 ROLAP。ROLAP 的最大好处是可以实时从源数据中获得最新数据，以保持数据实时性，其缺陷在于运算效率比较低，用户等待响应时间比较长。

2. MOLAP

MOLAP 将 OLAP 分析所用到的多维数据存储为多维数组的形式，形成"立方体"

的结构。维的属性值被映射成多维数组的下标值或下标的范围，而汇总数据作为多维数组的值存储在数组的单元中。由于 MOLAP 采用了新的存储结构，从物理层实现，因此又称为物理 OLAP（Physical OLAP）；而 ROLAP 主要通过一些软件工具或中间软件实现，物理层仍采用关系数据库的存储结构，因此称为虚拟 OLAP（Virtual OLAP）。IBM Cognos BI 里的通过物理的 PowerCubes 进行多维分析就属于 MOLAP。MOLAP 的优势在于，由于经过了数据多维预处理，在分析过程中数据运算效率高，其主要的缺陷在于数据更新有一定延滞。

数据如何实际地存放在 ROLAP 和 MOLAP 结构中？我们首先来看 ROLAP。如名称所示，ROLAP 使用关系表存放联机分析处理数据。注意，与基本立方体相关联的事实表称为基本事实表。聚集数据也能存放在事实表中，这种表称作汇总事实表。表 4-4 中显示了一个汇总事实表，它既存放了事实数据，又存放了聚集数据，表中 day、month、quarter 和 year 定义销售日期，dollars_sold 是销售额。RID 为 1001 和 1002 的元组数据在基本事实级，销售日期分别是 2010 年 10 月 15 日和 2010 年 10 月 23 日。RID 为 5001 的元组，day 的值被泛化为 all，因此对应的 time 值为 2010 年 10 月，也就是说，显示的 dollars_sold 是一个聚集值，代表 2010 年 10 月全月的销售，而不只是 2010 年 10 月 15 日或 10 月 23 日的销售。特殊值 all 用于表示汇总数据的小计。

表 4-4　　　　　　　　　　　　销售额数据表

RID	item	…	day	month	quarter	year	dollars_sold
1001	TV	…	15	10	Q4	2010	250.6
1002	TV	…	23	10	Q4	2010	175
…	…	…	…	…	…	…	…
5001	TV	…	all	10	Q4	2010	45786.08

那么，什么是数据泛化？从概念上讲，数据立方体可以看作一种多维数据泛化。一般而言，数据泛化通过把相对低层的值（如属性年龄的数值）用较高层概念（如青年、中年和老年）替换来汇总，或通过减少维数，在涉及较少维数的概念空间汇总数据。给定存储在数据库中的大量数据，能够把抽象层的数据通过间接的形式描述是很有用的。例如，销售经理可能不想考察每个顾客的事务，而愿意观察泛化到较高层的数据，如根据地区按顾客组汇总，观察每组顾客的购买频率和顾客的收入。

3. HOLAP

正是由于 MOLAP 和 ROLAP 各有优缺点（ROLAP 数据量大，但是处理性能低；MOLAP 处理性能高，但数据量不能太大），且它们的结构迥然不同，这给分析人员设计 OLAP 结构提出了难题。为此，一个新的 OLAP 结构——混合型 OLAP（HOLAP）被提出，它能把 MOLAP 和 ROLAP 两种结构的优点结合起来。这种新架构既能够保证类似于 MOLAP 方式的高性能，也能基于更大的数据量进行分析，还不用定期将数据库里的数据刷新到 OLAP 服务器中来保证数据的实效性。因此，HOLAP 凭借它的诸多优势受到了市场的追捧。很明显，HOLAP 结构不是 MOLAP 与 ROLAP 结构的简单组合，而是这两种结构技术优点的有机结合，能满足用户各种复杂的分析请求。例如，IBM Cognos

BI 通过将高度汇总的数据存在 Power Cubes 里，而明细数据使用 DMR 多维逻辑模型的方式存储，通过穿透钻取方式无缝地进行多维分析就属于 HOLAP 了。

4. ROLAP、MOLAP 与 HOLAP 的性能对比

具体使用过程中需要用到何种 OLAP 分析结构，要针对业务的具体情况进行选择，ROLAP、MOLAP 与 HOLAP 的性能对比情况如表 4-5 所示。

表 4-5　　　　　　　　　　　　ROLAP、MOLAP 与 HOLAP 的性能对比

对比内容	ROLAP	MOLAP	HOLAP
描述	基于关系数据库的 OLAP 实现	关系型数据库	关系型数据库
细节数据的存储位置	基于多维数据组织的 OLAP 实现	数据立方体	数据立方体
聚合后数据的存储位置	基于混合数据组织的 OLAP 实现	关系型数据库	数据立方体
效率	查询效率最低	空间换效率，查询效率高	查询效率比 ROLAP 高，但低于 MOLAP
聚合时间	由于存储在关系型的数据库中，所以聚合时间少	生成 Cube 时需要大量的时间和空间	聚合要比 ROLAP 花费更多的时间

4.3.2　多维数据模式

1. 基本概念

在多维分析的商务智能解决方案中，根据事实表和维度表的关系，可将常见的模型分为星形模型和雪花模型。在设计逻辑型数据模型的时候，就应考虑数据是按照星形模型还是雪花模型进行组织。

（1）星形模型：当所有维度表连接到事实表上的时候，整个图就像一个星星，故称之为星形模型。星形模型是一种非规范化的结构，多维数据集的每一个维度都直接与事实表相连，不存在渐变维度，所以数据有一定冗余。因为有冗余，所以很多统计不需要做外部的关联查询，因此一般情况下星形模型效率比雪花模型高。如在地域维度表中，存在 A 国家 B 省的 C 城市以及 A 国家 B 省的 D 城市两条记录，那么 A 国家和 B 省的信息分别存储了两次，即存在冗余，如图 4-10 所示。

（2）雪花模型：当有多个维度表没有直接连接到事实表上，而是通过其他维度表连接到事实表上时，其图形就像雪花，故称雪花模型。雪花模型的优点是减少了数据冗余，所以一般情况下查询需要关联其他表。一般在冗余可接受的前提下使用星形模型，雪花模型是对星形模型的扩展。它对星形模型的维表进一步层次化，原有的各维表可能被扩展为小的事实表，形成一些局部的"层次"区域，这些被分解的表都连接到主维度表而不是事实表。如图 4-11 所示，将地域维表又分解为国家、省份、城市等维表。它的优点是通过最大限度地减少数据存储量以及联合较小的维表来改善查询性能。雪花结构去除了数据冗余。

星形模型和雪花模型的区别在于维度表是直接连接到事实表还是其他维度表。

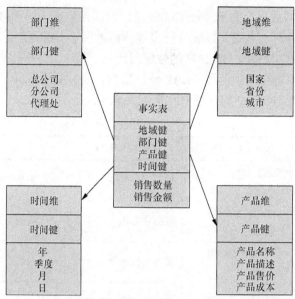

图 4-10　销售数据仓库中的星形模型

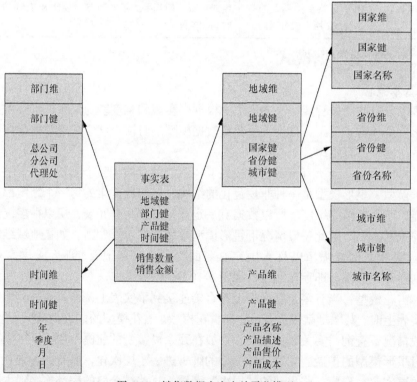

图 4-11　销售数据仓库中的雪花模型

2. 模型对比

星形模型和雪花模型在具体使用的时候需要根据业务特点具体选择，二者的对比如表 4-6 所示。

表 4-6   星形模型和雪花模型的对比

对比内容	星形模型	雪花模型
数据优化	反规范化数据，业务层级不会通过维度之间的参照完整性来部署	规范化数据，消除冗余，其业务层级和维度都将存储在数据模型之中
业务模型	所有必要的维度表在事实表中都只拥有外键	数据模型的业务层级是由一个不同维度表主键-外键的关系来代表的
性能	只将需要的维度表和事实表连接即可	雪花模型在维度表、事实表之间的连接很多，因此性能方面会比较低
ETL	星形模型加载维度表，不需要在维度之间添加附属模型，ETL 相对简单，而且可以实现高度的并行化	雪花模型加载数据集市，ETL 操作在设计上更加复杂，而且由于附属模型的限制，不能并行化

如表 4-5 所示，雪花模型使维度分析更加容易，如"针对特定的广告主，有哪些客户或者公司是在线的？"；星形模型用来做指标分析更适合，如"给定的一个客户的收入是多少？"。

4.3.3 OLAP 体系结构

不同的 OLAP 类型具有不同的体系结构。

1. ROLAP 体系结构

ROLAP Server 采用多维数据组技术存储数据，并对稀疏数据采用压缩技术处理，提供切片、切块和旋转等分析操作。为提高响应速度，对用户的查询需求进行预处理，在数据建立之初，将数据从数据库服务器中聚集到 ROLAP 服务器中。当需求分析变化时，数据结构需要在物理层面上重新组织，以适应用户需求变化。这给数据库的建立和维护带来困难，费用以及复杂性也相应提高。ROLAP 体系架构如图 4-12 所示。

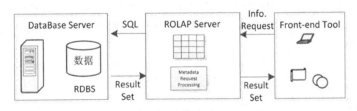

图 4-12 ROLAP 体系架构

2. MOLAP 体系结构

MOLAP 体系结构源于中间件技术和传统关系型数据库管理系统，不具有较强的可伸缩性。它以 ROLAP Server 为中间件，增加了 ROLLUP、CUBE 等操作，扩充了 SQL 为 Multiple SQL，支持复杂的多维分析。通常，采用非常规范的星形或雪花模型组织数据。用户的查询需求通过 OLAP 引擎动态翻译为 SQL 请求，然后由关系数据库来处理 SQL 请求，最后查询结果经多维处理后返回给用户。MOLAP 体系架构如图 4-13 所示。

3. HOLAP 体系结构

HOLAP 体系结构集成了 ROLAP 的可伸缩性和 MOLAP 的快速计算的特点，将大量详细数据存放在关系型数据库中，聚集数据存放在 MOLAP 中。为完成预先定义的计算操作，首先从关系型数据库管理系统中查询，然后将数据传输到 MOLAP 数据立方体并存储于其中，由 OLAP 引擎将结果返回给用户，以后用户便可以在立方体上直接进行多维分析操作。HOLAP 体系架构如图 4-14 所示。

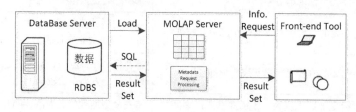

图 4-13　MOLAP 体系架构

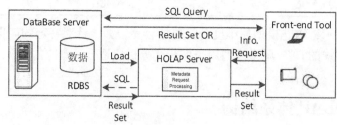

图 4-14　HOLAP 体系架构

4.3.4　OLAP 与 OLTP 的区别

介绍了 OLAP 相关的知识之后，下面对 OLAP 和 OLTP 两门技术进行综合比较。OLTP 是传统关系型数据库的主要应用，主要是基本的、日常的事务处理，如银行交易。OLAP 是数据仓库系统的主要应用，支持复杂的分析操作，侧重决策支持，并且提供直观易懂的查询结果。

OLTP 系统强调数据库内存效率，强调内存各种指标的命令执行效率、绑定变量、并发操作；OLAP 系统则强调数据分析、SQL 执行、磁盘 I/O、分区等。它们的具体区别如表 4-7 所示。

表 4-7　　　　　　　　　　　　　　　　OLAP 与 OLTP 的区别

对比内容	OLTP	OLAP
数据处理	原始数据	导出数据
数据存储	细节性数据	综合性和提炼性数据
存储数据的时间属性	当前值数据	历史数据
是否可更新	可更新	不可更新，但周期性刷新
数据量	一次处理的数据量小	一次处理的数据量大
用户和系统的面向性	面向应用，事务驱动	面向分析，分析驱动
数据库设计	面向操作人员，支持日常操作	面向决策人员，支持管理需要

4.4　从 OLAP 到数据挖掘

4.4.1　数据仓库应用

目前，很多企业已经使用数据仓库进行数据分析并做出战略决策。通常数据仓库使用的时间越长，它的数据模型构建就越完善，而且，数据仓库在使用过程中经历了多个阶段。最初，数据仓库主要用于产生报告和回答预先定义的查询。渐渐地，它被用于分析汇总，结果以报表和图表形式提供。之后数据仓库被用于决策，进行多维分析和复杂的切片及切块操作。最后，利用数据挖掘技术，企业从数据仓库中发现知识，为决策提供依据。在这种背景下，如何访问数据仓库的内容，如何分析数据仓库中的数据，如何从数据仓库中挖掘到隐藏在其中的信息并帮助企业进行决策，这些问题对现代企业来讲至关重要。信息处理、分析处理和数据挖掘这 3 类数据仓库应用可以帮助企业达到上述目的。

（1）信息处理支持查询和基本的统计分析，并使用报表或者图表的形式提供报告。数据仓库的访问工具一般与 Web 浏览器集成在一起，朝着低价格、易学习的趋势发展。信息处理基于查询，可以发现有用的信息。然而，这种查询的回答反映直接存放在数据库中的信息，或通过聚集函数可计算的信息；它们不反映复杂的模式，或隐藏在数据库中的规律。

（2）分析处理支持基本的 OLAP 操作，包括切片与切块、向下钻取、向上钻取和转轴。它一般在历史数据上进行汇总操作。与信息处理相比，联机分析处理的主要优势是能够提供数据仓库的多维数据分析。联机分析处理向数据挖掘走近了一步，因为它可以在历史数据上多维度地进行汇总信息。

（3）数据挖掘支持知识发现，从历史数据中发现潜在的有用信息，找出隐藏的模式和关联，构造分析模型，进行分类和预测，并对挖掘结果进行可视化展示。

4.4.2　OLAP 和数据挖掘的关系

OLAP 和数据挖掘从功能上可以视为两种不同的数据处理方向：OLAP 是数据汇总/聚集工具，帮助简化数据分析；而数据挖掘要求能够自动发现隐藏在海量数据中的有用信息和有价值的知识。OLAP 工具的目标是让交互式数据分析更简单、更方便，而且对海量数据的处理不仅仅考虑稳定性，还要兼顾时效性；而数据挖掘工具虽然允许用户指导这一过程，但它的目标是尽可能自动处理。在这种意义下，数据挖掘比传统的 OLAP 处理前进了一步。

关于 OLAP 和数据挖掘的关系，还存在另一种普遍的观点：数据挖掘过程包含数据描述和数据建模。由于 OLAP 系统可以提供数据仓库中数据的一般描述，OLAP 的功能基本是用户定义的一些指标汇总（通过向上钻取、向下钻取、切片、切块等其他操作）。尽管这些功能有限，但也属于数据挖掘功能的范畴。如果按照这个思路，那么数据挖掘的涵盖面要比简单的 OLAP 操作广泛得多，因为数据挖掘不仅包括数据的汇总和比较，而且能够实现数据关联、分类、预测、聚类、时间序列等分析任务。

数据挖掘不仅能分析数据仓库中的数据，还可以分析比汇总数据粒度更细的数据，也可以分析事务的、空间的、文本的和多媒体数据，这些数据很难用现有的联机分析处理技术实现。例如，数据挖掘能够帮助经理了解客户群的特征，并据此制定最佳定价策略，它不是根据直觉，而是根据客户的历史购买数据来发现客户的兴趣点，推荐客户需要的商品，从而提高企业销售的利润。

4.4.3　多维数据挖掘

目前在数据挖掘领域，对各种类型的数据挖掘已经做过很多研究，这些数据类型包括一般文件、关系数据、数据仓库的数据、事务数据、时间序列数据、文本数据和空间数据。多维数据挖掘（又称联机分析挖掘或 OLAM）把数据挖掘与 OLAP 集成在一起，扩展了 OLAP 的功能，使我们能够在多维数据库中发现有价值的信息。

在生产过程中，多维数据挖掘显得特别重要，主要表现在以下几个方面。

（1）数据的高质量：大部分数据挖掘工具需要在集成的、一致的且清理过的数据上运行，这需要昂贵的数据清理、数据变换和数据集成作为预处理步骤。这些预处理过的数据构造的数据仓库不仅充当 OLAP，而且也充当数据挖掘的高质量的、有价值的数据源。另外，我们也可以利用数据挖掘技术来进行数据清理。

（2）围绕数据仓库的信息处理基础设施：全面的数据处理和数据分析基础设施已经或将要围绕数据仓库而系统地建立。这个搭建过程包括多个异构数据库的访问、集成、合并和变换，ODBC/JDBC 连接，Web 访问和服务机制，报表和 OLAP 分析工具。为了达成这一目的，我们要尽量利用可用的基础设施，而不是一切从头做起。

（3）基于 OLAP 的多维数据探索：探索式数据分析是数据挖掘的一种有效方式。用户常常会使用不同的粒度分析数据库中的历史数据，并把汇聚的结果通过不同的形式展现出来。多维数据挖掘提供在不同的数据子集和不同的抽象层上进行数据挖掘的机制，在数据立方体和数据挖掘的中间结果上进行钻取、旋转、切块和切片。这些与数据可视化工具一起，将大大增强探索式数据挖掘的能力和灵活性。

（4）数据挖掘功能的联机选择：用户常常可能不知道他想挖掘什么类型的知识。多维数据挖掘通过将 OLAP 与多种数据挖掘功能集成在一起，为用户选择所期望的数据挖掘功能、动态地切换数据挖掘任务提供了灵活性。

从上面的内容可以看出，数据仓库与 OLAP 技术对于数据挖掘的研究是必要的，这是因为数据仓库为用户提供了大量清洁的、有组织的汇总数据，大大地方便了数据挖掘。例如，数据仓库不是存储每个销售事务的细节，而是为每个分店存放每类商品的汇总，或较高层（如每个国家）的汇总。OLAP 提供数据仓库汇总数据的多种多样动态视图的能力，为成功的数据挖掘奠定了坚实的基础。

此外，生产中数据挖掘应当也是以人为中心的过程。用户通常与系统交互，进行探测式数据分析，而不是要求数据挖掘系统自动地产生模式和知识。OLAP 为交互式数据分析树立了一个好榜样，并为探索式数据挖掘做了必要的准备。

4.5　OLAP 操作语言

利用 SQL 进行关系数据库查询有一定的局限性：查询因需要"join"多个表而变得比较烦琐；查询语句（SQL）不方便编程；数据处理的开销往往因关系型数据库要访问复杂数据而变得很大。关系型数据库管理系统本身有以下局限性：①数据模型上的限制，关系数据库所采用的两维表数据模型，在大多数事务处理和典型的多维数据分析的应用中不能有效地处理；②性能上的限制，为静态应用（如报表生成）而设计的关系型数据库管理系统，并没有经过针对高效事务处理而进行的优化过程；③扩展伸缩性上的限制，关系数据库技术在有效支持应用和数据复杂性上的能力是受限制的。关系数据库原先依据的规范化设计方法，对于复杂事务处理数据库系统的设计和性能优化来说，已经无能为力；关系数据库的检索策略，如复合索引和并发锁定技术，在使用上具有复杂性和局限性。

在这种基础上，Microsoft、Hyperion 等公司研究的多维查询表达式（MDX），是所有 OLAP 高级分析所采用的核心查询语言。

4.5.1　MDX

多维查询表达式（Multidimensional Expressions，MDX）是一种语法，支持多维对象与多维数据的定义和操作。MDX 在很多方面与结构化查询语言（SQL）语法相似，但它不是 SQL 的扩展；事实上，MDX 所提供的一些功能也可由 SQL 提供，但是不如 MDX 有效或直观。如同 SQL 查询一样，每个 MDX 查询都要求有数据请求（SELECT 子句）、起始点（FROM 子句），可以包含筛选（WHERE 子句）。这些关键字以及其他关键字提供了各种工具，用来从多维数据集析取数据的特定部分。MDX 还提供了可靠的函数集，用来对所检索的数据进行操作，同时还具有利用用户自定义函数扩展 MDX 的能力。同 SQL 一样，MDX 提供管理数据结构的数据定义语言（DDL）语法，其中有用于创建（和删除）多维数据集、维度、度量值以及它们的坐标对象的 MDX 命令。

1. 成员（Member）

成员代表维度中一次或多次数据出现的项。可以把维度中的成员看成基础数据库中的一个或多个记录，该列内的值归入该分类。成员是描述多维数据集中的单元数据时的最低参照层次。

例如，图 4-15 所示的立方体中阴影部分用来表示"时间.[上半年].[第一季度]"成员。

2. 元组（Tuple）

元组用于定义来自多维数据集的数据切片；由来自一个或多个维度的单个成员的有序集合组成。元组唯一标识多维数据集中的一部分；它不必指某个特定单元（切片或切块）。

例如，图 4-16 所示的立方体的阴影部分表示（来源.[西半球]）元组。

3. 集合（Set）

集合指元组的有序集合。

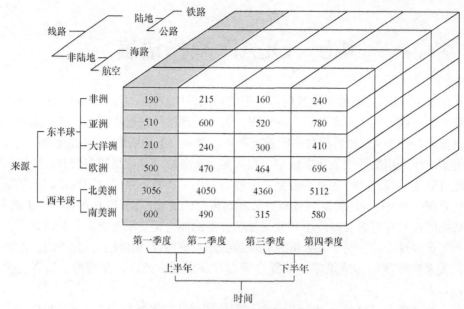

图 4-15　立方体多维数据集成员举例

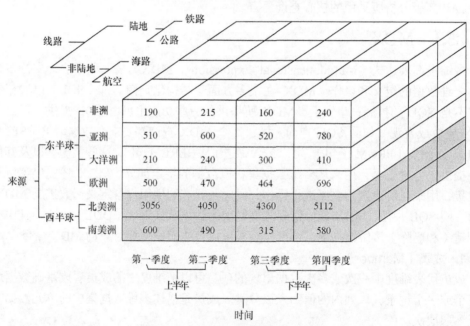

图 4-16　立方体多维数据集元组举例

例如，图 4-17 所示的立方体的阴影部分表示{(时间.[上半年].[第一季度]), (时间.[下半年].[第三季度])}。

4. 轴维度和切片器维度

SELECT 语句用来选择要返回的维度和成员，称之为轴维度（Axis Specification）。WHERE 语句用来将返回的数据限定为特定的维度和成员条件，称之为切片器维度（Slicer Specification）。轴维度预期返回多个成员的数据，而切片器维度预期返回单个成员的数据。

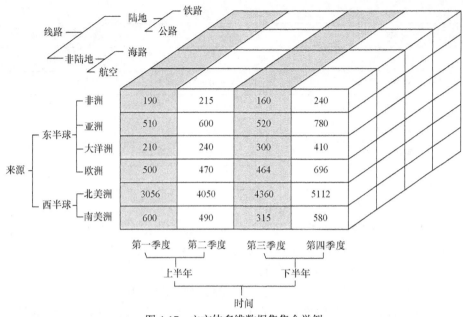

图 4-17 立方体多维数据集集合举例

4.5.2 MDX 查询语句

一个标准的 MDX 查询语句由我们前面介绍的 MDX 的 3 个基本对象构成，也就是 Member、Tuple 和 Set。

一个标准的 MDX 查询的语法如下：

```
SELECT [<axis_specification>,<axis_specification>…]
FROM [<cube_specification>]
FROM Cube [<slicer_specification>]
```

要制定数据集，MDX 查询必须包含下列各项信息。

（1）轴的数目。最多可在 MDX 查询中指定 128 个轴。

（2）要包括在 MDX 查询的各个轴上的来自各个维度的成员。

（3）设置 MDX 查询上下文的多维数据集的名称。

（4）来自切片器维度的成员，在该维度上对来自轴维度的成员进行数据切片。

例如，图 4-17 中立方体的名称为"route"，则阴影切片的 MDX 语句如下：

```
SELECT {[时间].[上半年].[第一季度],[时间].[下半年].[第三季度]} on columns,
  {[来源].[东半球].[亚洲],[来源].[东半球].[非洲] ,[来源].[东半球].[大洋洲],[来源].[东半
球].[欧洲],[来源].[西半球].[南美洲] ,[来源].[西半球].[北美洲]} on rows
FROM [route]
WHERE ([线路].[非陆地].[航空])
```

该查询返回的结果如表 4-8 所示。

表 4-8　　　　　　　　　　　　　MDX 查询结果

来源	第一季度	第三季度
非洲	190	160
亚洲	510	520
大洋洲	210	300
欧洲	500	464
南美洲	3056	4360
北美洲	600	315

从以上查询语法可以得到以下结论。

（1）MDX 使用花括号{}将引用某个维的一个或多个成员集成在一起，从而构成轴上的一个集合。在上例查询中，引用了时间维、来源维和线路维。

（2）在查询中，坐标轴是通过将维投影到不同的坐标来定义的。

（3）FROM 字句用于指定查询所基于的多维数据集的名称。

（4）WHERE 字句用于定义切片条件。在示例中，切片条件只有一个，是路线维度的"航空"成员。

4.5.3　SQL 和 MDX 的区别

SQL 和 MDX 之间最显著的区别在于 MDX 具有引用多个维度的能力，MDX 所提供的命令可以专门检索具有几乎任意多个维度的多维数据结构中的数据。此外 MDX 还支持用户自定义函数的创建和注册，可以创建用户自定义函数对多维数据进行操作，并按照 MDX 语法接收参数并返回值；而 SQL 则是查询关系数据库。虽然在很多方面，MDX 所提供的功能也与 SQL 相似，甚至经过努力可以在 SQL 中复制某些由 MDX 提供的功能，然而，SQL 处理查询时仅涉及列和行这两个维度。因为 SQL 只设计用来处理二维表格格式数据，所以"列"和"行"这两个术语在 SQL 语法中具有意义。

比较而言，MDX 在查询中则可处理一个、两个、三个或更多的维度。因为 MDX 中可以使用多个维度，所以每个维度称作一个轴。MDX 中的"列"和"行"这两个术语在 MDX 查询中仅用作前两个轴维度的别名，除了前两个轴维度，还有其他指派了别名的维度，但对于 MDX 这些别名本身没有真实意义。MDX 支持这些别名是为了显示，而许多 OLAP 工具不能显示具有两个以上维度的结果集。

在 SQL 中，SELECT 子句用于定义查询的列布局，而 WHERE 子句用于定义行布局。可是在 MDX 中，SELECT 子句可用于定义几个轴维度，而 WHERE 子句可用来将多维数据限制于特定的维度或成员。在 SQL 中，WHERE 子句用于筛选查询所返回的数据。在 MDX 中，WHERE 子句用于提供查询所返回的数据切片。虽然这两个概念相似，却不可等同。

SQL 查询使用 WHERE 子句包含符合条件的数据集，虽然筛选中的条件列表可以缩小所检索数据的范围，但是不要求子句中的元素必须产生清晰而简洁的数据子集。然而在 MDX 中，切片的概念意味着 WHERE 子句中的各个成员标识来自不同维度的数据的不同部分。由于多维数据的结构化结构，不可能请求同一维度的多个成员的切片。因为这一点，MDX 中的 WHERE 子句能提供清晰而简洁的数据子集。

创建 SQL 查询的过程也与创建 MDX 查询的过程不同。SQL 查询的创建者将二维行集的结构形象化并加以定义，并且为了对该结构进行填充，SQL 编写者会编写针对一个或多个表的查询语句。相反，MDX 查询的创建者通常将多维数据集的结构形象化并加以定义，并且为了对该结构进行填充，MDX 的编写者会编写针对单个多维数据集的查询语句，这样多维数据集就具有较多数量的维度。

SQL 结果集的视觉形象是直观的，集合是一个行与列组成的二维表格。但是，MDX 结果集的视觉形象并不直观。因为多维结果集可以有三个以上的维度，所以将该结构形象化比较困难。要在 SQL 中引用这些二维数据，在引用称为字段的单个数据单元时，可以使用适合于数据的任何方法，列名称和行的唯一标识均可。但是，MDX 在引用数据单元时，不管数据形成的是单个单元还是一组单元，都使用一种非常特定并且统一的语法。

尽管 SQL 和 MDX 具有相似的语法，但是 MDX 语法功能异常强大，而且，它还可以实现非常复杂的功能。因为设计 MDX 本来的意图是为了提供一种查询多维数据的简单而有效的方法，所以它采用了一致且易于理解的方式使用户认清二维查询和多维查询在概念上的区别。

SQL 与 MDX 的区别如表 4-9 所示。

表 4-9　　　　　　　　　　　　　　　　　SQL 与 MDX 的区别

对比内容	SQL	MDX
维数	行、列二维	任意维数
语法功能	简单易用	异常强大、非常复杂
填充数据结构	一个或多个表	单个多维数据集
数据控制	允许	不允许
数据查询	允许	允许
数据定义	允许	允许
SELECT 语句	定义列布局	定义多个轴维度
WHERE 语句	定义行布局并筛选查询返回的数据	限制特定的维度或成员并提供查询所返回的数据切片
结果显示	直观	不直观
引用数据	任意方法，列名和行名唯一标识	特定的语法，较为复杂

4.5.4　MDX 表示

OLAP 架构包括多维数据集、度量值、维度、级别、成员、层次结构以及成员属性的信息。所有这些项在 MDX 查询中都有相应的表示，因此为了能够更好地浏览多维数据，我们还需要对 MDX 的表示方法有一定的了解。

（1）方括号：在 MDX 中，引用架构中各个项名称的方法有两种：一种是使用方括号"[]"来引用,另一种是不使用方括号,直接引用各项的名称。如果引用的架构中各项的名称不包含空格,则可以不使用方括号;如果引用的架构中各项的名称包含空格,则必须使用方括号引用方式。所以,建议用户养成一个好的书写习惯,不管架构中项的名称是否包含空格,都使用"[]"的引用方式。方括号的规范使用同样适用于多维数据集、维度、度量值和成员属性的引用。如果成员的名称中含有方括号,则与我们使用其他语言编写程序一样,必须使用转义符。与其他语言不同的是,MDX 中的转义符也是方括号"[]"。例如,如果某个成员名称是 Air New [Zealand],那么在 MDX 查询中对该成员的引用就应该表示为[Air New [[Zealand]]]。

(2)点号:如果某个标识符由多个部分或者多个层级的名称组成,则 MDX 使用点号来分隔这些部分。例如,前面用到的全球运输总额数据集,为了引用"航空",应该表达为:[线路].[非陆地].[航空]。

(3)名称的唯一性——在引用架构中的名称时,名称应该是唯一的。在一个多维数据内部,为了保证名称的唯一性,建议使用以下规则统一命名。

① 维度和度量值:维度和度量值名称在同一个多维数据集中是唯一的,因此可以在多维数据集中直接使用它们的名称来表示它们。例如,[时间]和[来源]唯一地标识当前多维数据集中的时间维度和来源维度。

② 层次结构:对于不同的层次结构的名称,我们可以使用它所属的维(要写在方括号中)作为前缀,后面跟一个点号,再加上它自己的名称。例如,全球运输总额的数据集中,如果要引用上半年层次结构应该写成:[时间].[上半年]。对于 OLAP 架构中的级别名称和成员名称,同样可以采用这种规则来命名。只是在标识成员的名称时比其他几个名称要麻烦一点,这是因为必须沿着维度的层次体系逐一地添加将要访问的成员所属的所有级别成员的名称。例如,为了标识时间维度上半年层次结构中第一季度的第 3 个月,可以写成:[时间].[上半年].[第一季度].[三月]。

③ 成员属性:为了唯一地标识一个成员属性,需要将其名称加在它所属的级别之后,并用点号分隔。例如,为了得到航空公司的客流量,应该写成:[来源].[非陆地].[航空].Properties(客流量)。

4.5.5 成员属性和单元属性

前面介绍名称命名规则的时候提到了成员属性,在 MDX 中什么是成员属性?多维数据分析返回的数据集结果中,包含一些成员的基本信息,如成员名、父级别、子代数目等,这些信息即称为成员属性。成员常常具有与其相关的附加属性,并且成员属性对给定级别的所有成员均可用。就组织结构而言,成员属性可视为存储于单个维度上按维度组织的数据。

表 4-10 列举的内在成员属性,对所有维度和级别都支持,这些成员属性在特定维度或级别的上下文中使用,称为级别成员属性。

所有的成员也都支持表 4-11 中所列的内在成员属性。内在成员属性不能应用在特定维度或级别上,它们应用于多维表达式(MDX)查询中轴维度的所有成员。

表 4-10   级别成员属性

属性	描述
ID	成员的内部维护 ID
Key	存储于 MEMBERS 架构行集的 MEMBER_KEY 列中成员的值
Name	成员的名称

表 4-11   内在成员属性

属性	描述
CALCULATION_PASS_DEPTH	仅用于计算单元。计算公式的传递深度，此属性确定解析计算公式需要多少个传递
CALCULATION_PASS_NUMBER	仅用于计算单元。计算公式的传递号，此属性计算公式将分别在哪个传递上开始赋值和结束计算，该属性的默认值为 1，最大值为 65535
CATALOG_NAME	该成员所属的目录的名称
CHILDREN_CARDINALITY	成员具有的子代数目。它可为估计值，所以不应该依赖它进行确切计数。提供程序应尽可能返回最佳的估计值
CUBE_NAME	该成员所属的多维数据集的名称
DESCRIPTION	该成员所属的维度的唯一名称。对于通过限定生成唯一名称的提供程序，此名称的各个组件彼此分隔
DISABLED	仅用于计算单元。表明是否禁用计算单元的 Boolean 属性。DISABLED 默认值为 False
LEVEL_NUMBER	成员距层次结构的根的距离。根级为零
LEVEL_UNIQUE_NAME	成员所属的级别的唯一名称。对于通过限定生成唯一名称的提供程序，此名称的各个组件彼此分隔
MEMBER_CAPTION	与成员相关的标签或标题。它主要用于显示，如果不存在标题，则返回 MEMBER_NAME
MEMBER_GUID	成员 GUID
MEMBER_NAME	成员名称
……	……

　　自定义成员属性可添加到维度中的特定命名级别中，但不能添加到维度的"全部"级别，或添加到维度本身。

　　多维表达式（MDX）中的单元属性所包含的信息，是有关多维数据集的多维数据源中单元的内容和格式的信息。MDX 支持 MDX SELECT 语句中的 CELL PROPERTIES 关键字来检索内在单元属性（见表 4-12）。下列示例显示 MDX SELECT 语句的语法，其中包含 CELL PROPERTIES 关键字的语法：

```
SELECT  [<轴信息>, [,<轴信息>...]]
FROM  [<多维数据集>]
```

```
[WHERE  [<切片条件>]]
[<单元属性>]
```

表 4-12   内在单元属性

属性	描述
BACK_COLOR	显示 VALUE 或 FORMATTED_VALUE 属性的背景颜色
CELL_EVALUATION_LIST	适用于单元以分号分隔的一列求值公式，按从低到高的求解次序排列
CELL_ORDINAL	数据集中单元的序列号
FORE_COLOR	显示 VALUE 或 FORMATTED_VALUE 属性的前景颜色
FONT_NAME	用来显示 VALUE 或 FORMATTED_VALUE 属性的字体
FONT_SIZE	用来显示 VALUE 或 FORMATTED_VALUE 属性的字体大小
FORMAT_STRING	用来创建 FORMATTED_VALUE 属性值的格式化字符串
FORMATTED_VALUE	表示 VALUE 属性的格式化显示的字符串
NON_EMPTY_BEHAVIOR	用于在求解空单元时确定计算成员的行为的度量值
SOLVE_ORDER	单元的求解次序
VALUE	单元的未格式化值
……	……

<单元属性>的语法如下所示，它使用 CELL PROPERTIES 关键字以及一个或多个内在单元属性：

```
<单元属性>=CELL PROPERTIES <property>[,<property>...]
```

默认情况下，如果没有使用 CELL PROPERTIES 关键字，则返回的单元属性为 VALUE、FORMATTED_VALUE 和 CELL_ORDINAL（按此顺序）。如果使用了 CELL PROPERTIES 关键字，则只返回用此关键字显式声明的单元属性。

4.5.6　MDX 查询结构

介绍 MDX 的查询语法之后，下面讲解 MDX 的查询结构。MDX 单元集（或者称作 MDX 集合）是 MDX 语句中重要的部分，通常出现在 SELECT 子句中，反映查询返回的多维数据集的单元。与其他编程语言一样，MDX 有很多用于操作这些集合的操作符。例如，可以使用逗号和冒号来分隔单元集合中的成员，也可以使用点和.Member 操作符来返回某个维、级别和层次结构的成员。另外，在 MDX 查询中我们也可以使用查询函数（如 CROSSJOIN()和 Order()）来标识数据集。

（1）MDX 集合的分隔：逗号是最常用的操作符之一，几乎所有的 MDX 查询都要用它，我们用它来分隔集合（元组和子集）中的元素，如{[时间].[上半年].[第一季度], [时间].[上半年].[第二季度]}。

（2）定义范围：集合可能包含维、维级别或者层次结构中某个范围内的成员。例如，在时间维中只有 2017 年这一个层次结构,月份级别的成员往往按照 1~12 月的顺序排列。为了在 MDX 集合中表示这种范围,可以使用冒号(:),构造一个包含 2017 年所有月份的集合,可以这样写:{[时间].[1 月]:[时间].[12 月]}。需要注意的是,在我们常用的 OLAP 工具中,范围只有一个方向,也就是说,{[时间].[10 月]:[时间].[2 月]}并不会得到预想的从 2017 年 2 月到 10 月的范围,而是将返回从 2017 年 10 月到本层次结构中最后一个成员之间的范围,即 2017 年 10 月到 12 月这 3 个月的数据集合。另外,还需要注意的是,如果维中有多个层次结构,那么在构造集合时还要包含层次结构的定义,如果该维度只有一个层次结构,并且该层次结构没有名称,那么维的名称就可以表示集合中的成员。

(3)使用.Member 和.Children:如果一个维级别中的成员没有明确的逻辑顺序,而又不希望逐一引用其中的成员,那么在引用一个维、级别或层次结构的所有成员时,就需要使用".Members"操作符。该操作符返回维、级别或层次结构中的全体成员。例如,为了返回时间维"年"级别的所有成员,可以这样写:{[时间].[年].Members}。.Children 操作符,它可以返回某级别维度成员的下一级别的所有子成员。例如,[A 市].Children 返回的便是地级市 A 下属的所有子成员。.Children 与.Members 的区别在于使用.Members 操作符的对象是维、级别或层次结构,而使用.Children 操作符的对象是维度成员。

(4)CROSSJOIN 函数的使用:CROSSJOIN 函数的使用方法与 SQL 语法中的 Join 语法雷同。在 SQL 中我们可以使用 Join…On…函数来实现两个表的关联,在 MDX 中我们使用 CROSSJOIN 来实现多个维成员数据集合的关联。语法格式如下:CROSSJOIN ({Set1},{Set2}),该函数返回两个不同集合({Set1}和{Set2})成员的相交结果。

例如,为了得到银行各个分行在每个季度每种经济性质的贷款金额,可以这样写:

```
SELECT
    CROSSJOIN({[银行].[分行].Members},{[经济性质].Members}) ON COLUMNS,
  {[时间].Children}  ON ROWS
FROM 银行贷款分析
```

CROSSJOIN 函数一次只能处理两个集合,如果要计算多于两个集合的交叉相乘,则需要嵌套使用该函数。

(5)Order 函数:在关系型数据库中,对某张表按照某个属性排序的查询,我们可以使用 Order 函数,同样,在 MDX 中 Order 函数也可以把集合按某一特定的顺序对元组进行排列。该函数的语法是:

```
Order({Set},Criterion for ordering,Flag(DESC,ASC,BASC,BDESC))
```

其中,Set 是需要排序的集合;Criterion for ordering 是排序的依据;Flag 是标志位,用来指明是按升序还是降序排列。Order 函数返回一个根据指定排序条件排序的单元集,并且提供了多种可选的排序方式,可以按升序(ASC)或降序(DESC)排序,其中 ASC 和 DESC 操作符将保持层次体系的次序,而 BASC 和 BDESC 操作符将打破层次体系的界限,将结果集作为一个整体来排序。

4.6 主流的 OLAP 工具

4.6.1 OLAP 产品

OLAP 的概念是在 1993 年由埃德加 • 科德提出来的，但是目前市场上的主流产品几乎都是在 1993 年之前就已发布的，有的甚至已有 30 多年的历史了。目前市场上流通的主流 OLAP 工具主要包括 IBM Cognos Powerplay、Hyperion Essbase、Microsoft SQL Server Analysis Service（SSAS）以及 MicroStrategy 等。

1. IBM Cognos Powerplay

IBM Cognos Powerplay（以下简称 Powerplay）是著名的联机分析处理工具，是领先的商务智能工具，是企业的 OLAP（联机分析处理）解决方案。Powerplay 以用户理解业务的方式表达和展现企业数据，应用于企业决策的多维分析，让企业的每个管理者都能够访问企业数据，从而更有效地管理业务。其主要功能如下。

（1）高效的 OLAP 分析与报表

Powerplay 可以从任意角度迅速探察数据，并创建和分发动态报表，大大地提高了管理者和决策者跟踪、管理、改进业务运作的能力。

（2）强有力的立方体创建功能

Powerplay 把从各类数据源中筛选出来的有效信息，创建成称为 Powercube 的多维结构的立方体，并可同时保持数据的高度压缩，因此立方体易于分发和更新。

（3）灵活的部署能力

Powerplay Enterprise Server 是面向 Web、Windows 和 Excel 用户、可扩展的单 OLAP 应用服务器。它支持混合的硬件环境，在 UNIX 和 Windows NT 上都可以运行。

（4）轻松自如地探察数据

Powerplay 具有向下钻取、数据切片和旋转，以及交互式的图形分析能力，使用户可以从任意角度观察和研究数据。

（5）简便直观的显示方式和趋势分析

Powerplay 的用户界面便捷易用，使得数据探察导航快速简单，而交互式的图表显示更好地反映了业务的状态。高效的图形处理能力使用户容易做出时间上的趋势分析，并且可将图表放在一个页面上来探察数据趋势。

（6）快速高效地访问信息

Powerplay 中的 Transfomer 可以将平面文件或二维关系型数据生成一个或多个 Powercube。而 Powercube 在对数据进行索引化的同时，能够通过特殊技术有效地压缩数据尺寸，使 Powerplay 应用能对用户的分析要求做出快速的响应。

2. Hyperion Essbase

Hyperion Essbase 是 Hyperion 公司的企业绩效管理解决方案，集成了成套及定制的应用程序（2007 年，Hyperion 公司被 Oracle 公司以 33 亿美元收购），并具备高度集成的开放式商务智能平台。借助此平台，企业可以制定战略方针、构建业务模型并有效地规划企业资源。商务智能平台同时可以监控由上述因素所推动的业务改进流程，并提供详细报表。这样不仅可以分析出推动企业成长的主要动力，还可以预测核心业务的前景。其特点如下。

（1）以服务器为中心的分布式体系结构，有超过 100 个的应用程序。

（2）有 300 多个用 Essbase 作为平台的开发商。

（3）具有几百个计算公式，支持多种计算。

（4）用户可以自己构建复杂的查询。

（5）快速的响应时间，支持多用户同时读写。

（6）有 30 多个前端工具可供选择。

（7）支持多种财务标准。

（8）能与 ERP 或其他数据源集成。

3.　Microsoft SSAS

SSAS 是 SQL Server 数据库用于 BI 的组件，通过 SSAS 可以创建多维数据库，并在其上进行数据挖掘操作。商务智能提供的解决方案能够从多种数据源获取数据并且能够把各种数据转化成同一格式数据进行存储，最终达到让用户可以快速访问并解读数据的目的，为用户分析和制定决策提供有效的数据支持。SSAS 通过建立多维的数据集来为数据分析提供更快捷、更高效的数据挖掘。其主要特点如下。

（1）采用类似数组的结构，避免了连接操作，提高了分析性能。

（2）提供一组存储过程语言来支持对数据的抽取。

（3）用户可通过 Web 和电子表格使用。

（4）灵活的数据组织方式。

（5）有内建的分析函数和 4GL 用户自己定制查询。

4.　MicroStrategy

MicroStrategy 可以支持所有主流的数据库或数据源，如 Oracle、DB2、Teradata、SQL Server、Excel、SAP BW、Hyperion Essbase 等。核心的智能服务器（Intelligence Server）是提供报表、分发和多维分析服务的组件，同时也提供集群和多数据源的选项，用户可以用桌面来开发报表。其特点如下。

（1）开放的 API（包括 COM、XML、Java）。

（2）智能立方体（Intelligent Cubes）。

（3）支持大量用户及大数据量访问，支持 TB 级数据。

（4）ROLAP，提供 OLAP Server，以及零客户端的 Web 前端展现工具。

（5）适合二次开发以及大量复杂二次运算。

4.6.2　OLAP 的实现过程

通过对多维分析的学习，我们应该能体会到要设计和实现一个多维信息系统有许多工作要做。概括来说包括明确问题、选择工具和解决方案的实现。理想情况下，工具选择应该在明确问题之后，但实际生产中，工具选择很可能在对问题有全面理解之前进行，涉及的因素也是一些与问题的逻辑或物理层面无关的因素，包括工具的价格、供应商的位置、销售人员易于被人接受的程度、供应商的大小和声誉、供应商的服务质量，以及企业内是否有供应商的支持者等。因此，工具选择的过程将会对如何设计和实现 OLAP 模型产生影响。

不论各种影响工具选择的因素如何，不论为自己还是为他人建立模型，也不论是采用快速原型法还是在实现前先设计逻辑模型，都需要经过几个独立的步骤来定义立方体、维、层次、成员、公式和数据链接，这些过程称为模型建立步骤。虽然使用不同的工具，考虑和执行这些步骤的方式、步骤的组织过程及其执行的顺序都有一些细微的不同，但仍然要经过这些基本步骤。

在明确问题的过程中，我们要了解用户需求。无论如何着手设计模型，我们都需要理解问题的相关情况，包括实际情况和理想情况，逻辑层面和物理层面。例如，一组分析人员访问的是同一个工作表，或者访问许多个不同但又部分重叠的工作表；所分析的数据在一个可直接访问的数据仓库，或者是几个互联的数据库内，或在一个数据集市内；只有一个作为数据仓库的 SQL 关系数据库服务器，但在客户端有一堆 SQL 报表撰写工具，另外，很可能有一个很大的 IT 团队支持。了解业务规则，如性能阈值、数据访问或基于事件的信息发布等规则。这些规则可能以固定的格式记录，也可能只存在于某些关键人物的大脑之中。

当了解过用户和数据源的情况，明确了物理和逻辑问题以及当前状况，就可以考虑并提出系统要满足的客户需求是哪些，最终形成需求文档。

根据我们对当前状况的理解、已知问题、用户需求，接下来需要我们在这些给定的约束下，定义一个能够满足用户需求并解决所有已知问题的多维模型。定义 OLAP 解决方案的最常见顺序是直接在 OLAP 软件内从关系数据库的星形结构数据开始。典型的情况可能是把数据存放在一个或多个事实表及其关联的维表内。然后在 OLAP 环境内，数据仓库的数据被链接到 OLAP 模型，模型中建立了维表和 OLAP 立方体维定义之间的链接。这种链接通常也定义了大部分的维层次。在很多产品中，用户可以在此步骤处理维并建立产品相关的内部持久维和结构，再把维组合进立方体。然后用适当的默认聚合函数定义变量。这里可以激活链接并把数据加入立方体聚合。最后在 OLAP 环境内，可以定义和计算其他的派生数据。

建立 OLAP 解决方案就像建立一个连接峡谷两端的桥梁。一端是用户需求——使用立方体，另一端是数据源——源立方体。模型就是把两端连接在一起的桥梁。当工作于多立方体的情形时，通常有多个源立方体、多个中间立方体、多个最终用户立方体，这时最好从两端中的一端开始——数据源或用户需求，这样可减少出错的机会。

不管是基于已存在的数据源还是基于要进行建模的数据来定义的立方体，都应该在选择维的层次和成员固化之前，重新检查维度的设置。如果一个立方体非常稀疏，并且造成稀疏的维组合都是名词性的，而且如果所用的工具不支持自动稀疏管理，则需要把那些相互组合不是很有意义的维合并，并把有意义的组合包含在其中，生成一个基数比较高的维。维合并的好处是消除了无意义的值，并且降低了立方体中无意义的派生数据。维合并的主要不利之处是丧失了处理单一维中变化的效率。

实验 4　联机分析

【实验名称】联机分析
【实验目的】 　　1. 熟悉 Linux 系统、Insight 等系统和软件的安装和使用； 　　2. 了解联机分析的基本流程； 　　3. 熟悉利用可视化工具 Insight Saiku 对联机分析模型的查询。
【实验内容】 　　本实验利用 Insight Saiku 平台对联机分析模型进行查询。 　　本实验利用到两个数据源：预先准备好一份 Cube 文件、MySQL 数据库，要求包含与 Cube 文件配套的数据。
【实验环境】 　　1. Ubuntu16.04 操作系统。 　　2. Insight 平台。
【实验步骤】

（1）登录 IUC，打开 Google Chrome 浏览器，输入 IUC 网址 localhost:8080，按 Enter 键进入该网址。

（2）在下图所示的 Insight 登录窗口，输入用户名和密码。

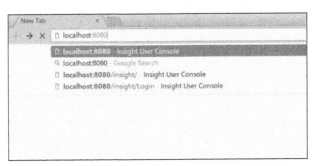

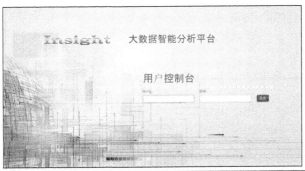

（3）登录显示主界面，单击管理数据源。

（4）单击设置图标，单击"New Connection"按钮，设置相关数据库信息。

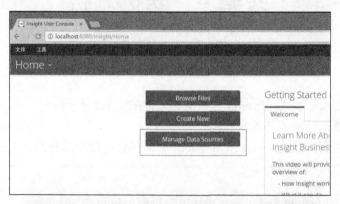

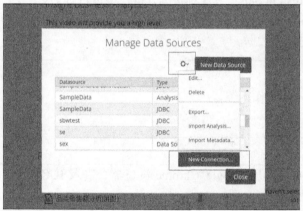

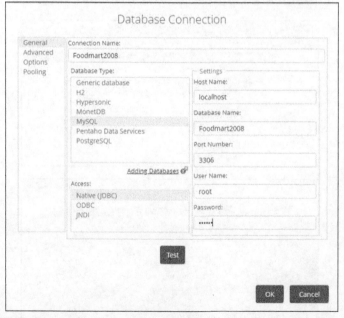

（5）单击设置图标，选择"Import Analysis"。

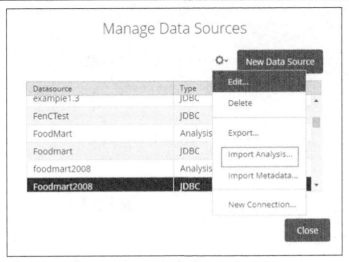

（6）选择第 3 章建立的 Cube 文件和刚刚建立的数据源。

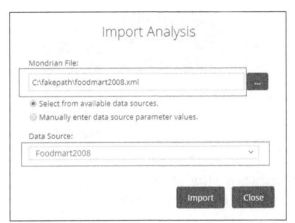

（7）选择上传的 Cube，单击设置图标，选择"Edit"，编辑上传的 Cube。

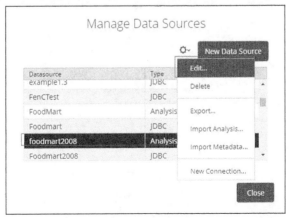

（8）将 EnableXmla 的 Value 设置为 ture，单击"Save"按钮保存。

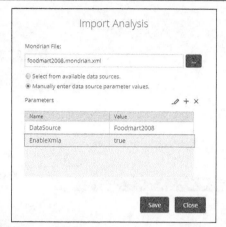

（9）使用 Saiku 打开 Cube，单击"Create New" 按钮，选择"Saiku Analytics"。

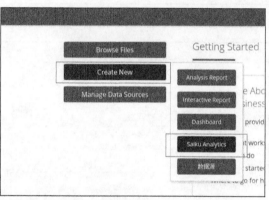

（10）单击"Create a new query"按钮。

（11）在下拉框中选择刚刚建立的分析文件。

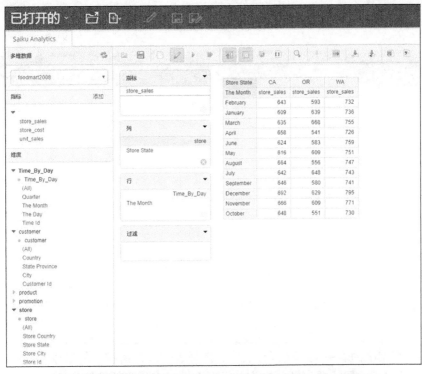

（12）首先，筛选数据，度量值选择的是单个商店销售额 store_sales，行选择的是月份 The Month，列选择的是商店地区 Store State，也就是使用商店地区维和时间维进行了切片。

（13）选择多个维度进行切块操作，在这里为了快速查询，需要添加详细的过滤条件。

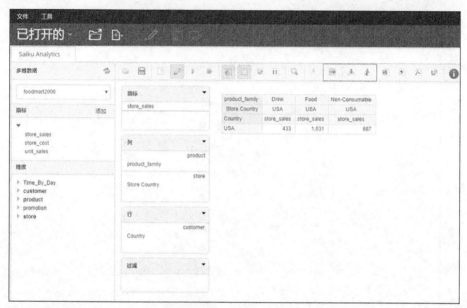

（14）在维度的表头上单击鼠标右键，选择去除或保留相应的层级（Level），可以进行相应的向上钻取或向下钻取操作，界面上方也有相应的钻取按钮。

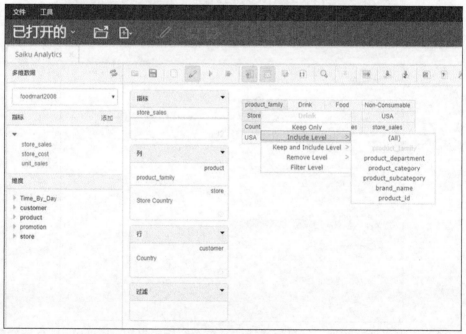

（15）单击下图所示按钮，可以进行行列轴转换。

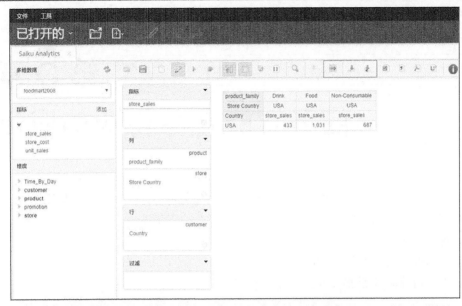

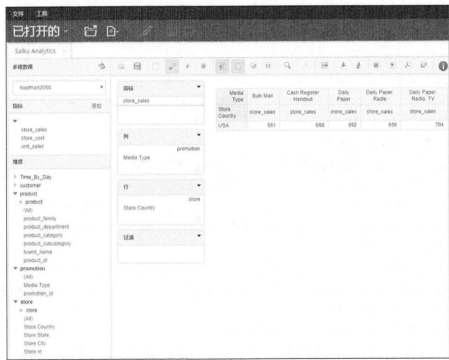

至此，就完成了对联机分析模型的查询。

第5章
商务智能在零售业的应用

本章首先从目前零售业的现状引出商务智能为零售业带来的益处，然后引入了商务智能在零售业中的具体应用，最后介绍一个零售业的案例。

本章重点内容如下。

（1）商务智能在零售业中的具体应用。

（2）零售业商务智能案例。

5.1 零售业商务智能现状

随着时代的进步，零售行业的发展瞬息万变，特别是在商超百货行业，数据分析变得越来越复杂。作为数据分析平台的商务智能系统的出现，为该行业提供了个性化的商务智能解决方案，从而推动了行业的长足发展。在零售业中，企业通过销售管理系统、客户资料管理系统、编码系统等，可以收集商品销售、客户信息、库存单位及店铺信息等信息资料。不同的数据从各种应用系统中采集，再经分类整理，存放到数据仓库中，供高级管理人员、分析人员、采购人员、市场人员和广告客户分析、使用，从而为管理者进行科学决策提供帮助。商务智能可实现如下功能：一方面可帮助零售商合理搭配商品摆放顺序、商品退换货、确定主推产品等提升业绩的手段；另一方面使消费者享受更便捷、更个性化的服务。

现在的零售行业，业务系统发展迅速，收集的数据粒度越来越细，门店、商品、客流等信息数据量巨大，从而给数据的清洗与分析带来诸多不便。此外，还存在数据统计口径不一、数据响应不及时等问题。

目前数据统计在零售行业存在的问题如下。

（1）数量庞大的门店、品种多样的商品以及客流、会员等信息量大，使数据的规范清洗和分析变得更复杂。

（2）各业务系统拥有自己独立的统计口径和统计指标，系统之间互不协调。

（3）报表多以静态数据的形式呈现，无法满足用户所需的灵活、动态的分析要求。

（4）人工报表消耗大量人力，且无法迅速而精准地响应业务异常情况。

而商务智能可以针对客户关系管理、零售管理业务优化、日常经营分析等方面给出实用有效的解决方案。

5.2　客户关系管理

随着客户需求越来越趋向于个性化，零售企业需要对客户潜在的需求进行预判，这也使得零售企业的分析难度越来越大。商务智能可帮助零售企业摆脱这一困境。

（1）商务智能可以动态监控并且及时采集、挖掘客户的行为、状态以及其他非结构化数据。

（2）商务智能可以有效地为零售企业分析客户消费心理、预估消费者的消费趋势。

（3）商务智能十分高效，可以通过客户注册的信息，包括性别、年龄、职业以及家庭住址等，对客户可能感兴趣的商品进行预估，方便零售企业及时对商品进行补充，从而使客户和零售企业的关系得到良好的发展。

（4）商务智能可以通过对客户的点击以及浏览方向的实时监控，筛选并整合大量的数据，整理出消费者可能感兴趣的商品以及需求方向，从而达到预估消费者需求的目的。

商务智能通过对客户进行长期的分析，用长期的数据对用户下一步的行为进行预测，从而更快速地建立供求关系，完善零售企业与客户关系的管理体系。具体可表现在如下几个方面。

（1）客户的维护与获取

老客户的维护及新客户的获取是零售业发展壮大的根本。零售企业之间激烈竞争，使企业获得新客户的成本不断上升，通常吸收一个新客户的成本是留住一个老客户成本的 6～8 倍，因此，维护原有客户就显得非常重要。商务智能技术可以帮助企业发现即将流失的客户，使企业根据该客户的特点及时采取适当的措施挽留这些客户。

（2）客户群体分类

商务智能技术可以把大量的客户分成不同的类，每个类里的客户具有相似的属性，而不同类里的客户的属性则尽量不同。例如，中国移动会把集团客户分为钻石、金牌、银牌及铜牌几个等级，企业可以对不同类的客户提供有针对性的产品和服务来提高客户的满意度。

（3）交叉销售

竞争的激烈性及选择的多样性，使现代零售业和客户之间的关系变动十分频繁。对零售业来说，与已建立关系的个人或团体维持和谐的关系尤为重要。交叉销售可以为原有客户提供新的服务。交叉销售是建立在双赢原则上的，企业会因销售额的增长而获益；客户则会受益于更多更好的产品和服务。商务智能可以帮助企业分析得出最优的销售匹配方式。

（4）客户诚信度分析

数据挖掘技术可以对客户进行差异性分析，从而发现客户的欺诈行为，并对客户的诚信度进行评级，使商家获得诚信度较高的客户。

5.3　零售管理业务优化

目前，零售店面的信息系统、后台管理、分析功能已经无法满足企业发展的需要。传统的销售系统面临着如下问题。

（1）传统的销售系统缺乏灵活的实现能力。

（2）各系统之间的数据缺乏一致性。

（3）企业缺乏有效的数据利用手段。

商务智能技术的引入可以帮助企业解决上述问题。商务智能可帮助企业实现库存管理、产品促销等功能，实现对零售企业的全面优化。具体体现在如下几个方面。

（1）单一零售行业解决方案

关键的零售功能在店铺级别、总部或各零售门店都可用。从店铺收集的信息首先经后台系统传递、合并后，再进行对账，之后这些信息才被发送至总账。总部生成的信息再被推送至店铺，由具体的店铺执行。

（2）帮助企业快速、准确地制定营销策略

快速搜集最底层的数据，生成准确、及时和全面的数据报告，帮助决策者快速准确地做出决策。

（3）推动企业连锁体系的扩张

针对行业的特殊需求，提供专业模块，优化客户业务流程，为企业的快速扩张提供强有力的、低成本的、高效率的零售管理平台。

（4）减少总体流通成本

通过系统的统筹调配，为企业制订准确的配送计划和促销手段，快速响应客户的需求；及时掌握最终消费者的需求动向，快速调整产品结构和销售策略，实现对客户需求的迅速响应；通过会员管理，支持企业为消费者提供高质量的服务，提高客户满意度，为企业发展培养稳定的客户群体。

（5）库存的合理分布

总部可以及时准确地了解总部和各零售门店的库存水平，以便将库存保持在一个合理的范围内，在保证畅销商品供应充足的同时，避免商品的库存积压。

（6）完善促销决策

针对产品已有的促销数据进行分析，制定产品促销策略，及时补充库存等，为零售经理有效地管理从总部到店铺的端对端运营提供支持。

5.4　日常经营分析

5.4.1　商品分析

商品分析的主要数据由商品基础数据和销售数据组成，据此产生以分析结构为主的分析思路。商品分析主要的数据有商品价格分析、商品流通周期分析、商品利润效率分析等，通过对这些数据进行分析，得出重点商品、畅销商品、滞销商品、季节商品、商品广度、商品深度、商品淘汰率等多种指标，再用这些指标来指导企业调整商品结构，加强商品的竞争能力。

商品分析主要包括如下几方面。

1．商品价格分析

商品价格分析主要是通过记录商品实时价格来分析单品价格走势。这一分析主要帮助企业实现如下功能。

（1）商品单价分析及预测。

（2）商品类型的销售结构。

（3）其他自定义应用。

2．商品流通周期分析

商品流通周期直接影响企业的经营效率。经营效率与商品流通周期成反比，商品流通周期越长，经营效率就越低。商品流通周期分析可以帮助企业对商品按照流通特征进行分类，合理安排商品采购，以减少商品库存，缩短流通周期，提高经营效率。

商品流通周期分析主要帮助企业实现如下功能。

（1）商品流通周期排行分析。

（2）其他自定义应用。

3．商品利润率分析

商品利润率分析主要是对商品毛利率、商品利润率等进行分析，主要帮助企业实现如下功能。

（1）利润率排行分析。

（2）毛利率排行分析。

（3）其他自定义应用。

5.4.2　销售分析

销售分析是指以商业销售数据为分析对象，分析商业销售情况、商品类型的销售结构、销售金额增长趋势、销售毛利增长趋势、供货商销售毛利贡献排行情况、品种毛利贡献情况、销售毛利率变化趋势、主打商品销售趋势、供应商销售金额区间、商品品种销售金额区间、库存区销售规模区间等。

其中，销售分析主要分析超市各项销售指标，例如，商品销售数量、商品销售金额、商品累计销售金额、销售金额同比、会员卡销售金额、会员卡销售比重、商品销售单价、商品销售单价同比等。虽然这些复杂指标十分重要，但在源数据库中无法实现。

直到商务智能技术的出现，这些指标才重新获得管理者和分析者们的重视。通过销售分析，管理者可以得知当前总体销售情况、销售增长情况、销售结构情况、销售模式结构情况（自营、代销、租赁的结构情况）以及销售结构变化情况等。

商务智能技术可帮助零售业在销售方面进行如下分析。

（1）商品类型销售结构分析。

（2）商品品种毛利贡献情况分析。

（3）主打商品销售趋势分析。

（4）销售金额增长趋势分析。

（5）销售毛利增长趋势分析。

（6）销售毛利率变化趋势分析。

（7）供应商销售毛利贡献排行情况分析。

（8）供应商销售金额区间分析。

（9）主体品种区间分析。

（10）会员卡消费趋势分析。

（11）经营类型结构分析。

（12）其他分析。

5.4.3　会员卡分析

会员卡分析主要是对会员卡消费情况进行分析，主要分析会员卡消费金额比重、会员卡消费走势、会员卡消费特征（会员卡主要消费哪些类别的商品）、会员卡资金流通周期等。

会员卡分析具体包括如下功能。

（1）会员卡消费份额分析。

（2）会员卡消费特征分析，即会员卡消费商品大类结构分析。

（3）会员卡资金流通周期分析。

（4）会员卡剩余金额走势分析。

（5）会员卡消费时间区间分析。

（6）其他自定义应用。

5.4.4　财务分析

财务分析是基于数据仓库技术，为满足企业管理者对各业务部门费用支出情况查询的要求而实现的对应收款、应付款的决策分析。企业管理者通过使用这一分析功能，可更加准确地从现金流量、资产负债、资金回收率等角度进行科学决策。

财务分析可实现如下几方面的功能分析。

1. 现金流分析

现金流量表指以现金为基础生成的财务状况变动表，是根据企业在一定时期内各种资产和权益项目的增减变化，来分析资金的来源和用途，说明财务动态的会计报表，或者是反映企业资金流转状况的报表。

现金流分析主要帮助企业实现如下功能。

（1）现金流量表一般分析。

（2）现金流量表水平分析。

（3）现金流量表结构分析。

（4）现金流量表与利润综合分析。

2. 账务分析

账务分析主要帮助企业实现如下功能。

（1）多角度、多层次、多条件立体账务查询。

（2）跨科目级别明细账务查询。

（3）各部门费用支出情况分析。

（4）账务历史数据查询。

3. 应收账务分析

应收账务分析主要帮助企业实现如下功能。

（1）客户欠款时间及细节查询。

（2）客户购货金额及付款情况查询。

（3）客户现金打折分析。

（4）欠款时间段分析。

（5）多条件、多角度查询应收款及欠款情况。

（6）客户信用等级分析。

4. 应付款分析

应付款分析主要帮助企业实现如下功能。

（1）多条件、多角度查询付款及欠款情况。

（2）企业对供应商欠款时间及细节查询。

（3）企业对供应商欠款时间段分析。

（4）各供应商采购情况分析。

5. 利润分析

利润分析应从以下几个方面进行。

（1）企业收入分析：收入是营销利润的重要因素，企业收入分析的内容包括企业收入的确认与计量分析、营销收入的价格因素分析、企业收入构成分析。

（2）成本费用分析：成本费用分析包括产品的销售成本分析和期间费用分析两部分。产品销售分析包括销售总成本分析和单位销售成本分析，期间费用分析包括销售成本分析和管理费用分析。

（3）利润增减变动分析：通过对损益表进行水平分析，从利润的形成和分配两方面反映利润额的变动情况，揭示企业在利润形成与分配环节的会计政策、管理业绩等方面存在的问题。

（4）利润结果情况分析：主要在对损益表进行垂直分析的基础上，揭示各项利润及成本费用与收入的关系，以反映企业各个环节的构成、利润及成本费用水平。

6. 成本分析

影响成本的因素都会产生相应费用，企业关注这些费用在总成本中所占的比重，尤其是管理费用占总成本的比重。成本分析的目的就是为了进一步加强成本的事前控制，同时有助于通过盈亏平衡分析，科学制定产品报价，发现生产与管理环节的不足，辅助决策者实施改进措施。商务智能的成本分析是成本与库存、生产、账务等 ERP 功能模块的集成。从成本 BOM（Bill of Material，物料清单）分析出发，对库存管理和生产过程产生的费用进行监控，并且结合销售过程产生的费用和销售收入进行分析，得出诸如目标成本、目标价格、保本成本、保本价格等决策信息，指导后续的成本控制和定价策略。

成本分析具体可实现如下功能。

（1）多角度成本分析。

（2）各种费用查询，各种费用在产品的总成本的比重分析。

（3）成本 BOM 查询和分析。

（4）给定量和给定售价下的利润分析。

（5）分摊在产品中的管理费用分析和量本利分析。

5.5　零售业案例

本节将使用商务智能技术，以在全国拥有几十家分店的某大型连锁超市为案例进行分析。该连锁超市的业务管理系统分为总部管理系统和分店管理系统。

总部管理系统作为信息管理中心，一方面可以全面掌控所有分店的数据和操作，另一方面可集中控制各分店的商品资料、供应商资料等信息，帮助分店完成订货、发货等日常操作。

分店则进行 POS（Point of Sale，销售时点信息系统）销售、订货、进货、退货以及库存、价格管理，并将所有的销售和明细汇总数据上传至总部服务器，业务架构如图 5-1 所示。

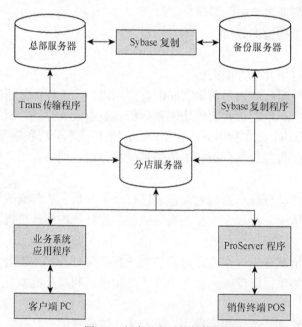

图 5-1　超市业务系统架构图

该超市作为一家大型连锁超市，每日产生的业务数据增量在 3GB 以上，而随着分店及业务的不断扩展，每日数据量还将不断增长。为帮助企业进行数据分析，信息管理系统中目前的报表已经包含上百张日常固定报表，如此多的报表，导致报表开发人员工作量巨大，报表使用人员无法从整体的视角来分析问题，即不能提供立体化、多维度、有渗透力的数据。在此背景下，本节将设计一个商务智能系统，用于分析连锁超市产生的数据，并对经营管理工作进行决策指导。

从业务系统的数据源到商务智能系统的数据分析及展现，我们采用的是自底向上的数据驱动的方式。构建商务智能系统，过程可包括如下 3 个步骤。

（1）构建数据仓库。数据仓库是 BI 系统的基础，搭建数据仓库前先要明确分析的主题，建立适当的数据模型，并通过 ETL（数据的抽取、转换、加载）将数据加载至数据仓库中。

（2）实现联机分析处理功能。以数据仓库为基础，实现 OLAP 多维分析。从业务分析出发，建立多维模型，然后以多维的方式，运用报表等展示技术将数据展现出来。

（3）实现数据挖掘功能。通过对超市的购物篮数据进行分析，建立数据挖掘模型，得出关联规则，促进超市的交叉销售。

5.5.1　数据仓库的搭建

数据仓库的建立以企业业务系统中的数据为基础，首先定义分析的主题，根据主题确定分析的粒度以及数据模型；其次将数据源通过抽取、转换、加载到数据仓库中，得到一个完整的、统一的企业视图；最后实现对企业数据的全局管理和分析决策。

通过对已有的业务系统进行分析，并且与用户进行深入交流，明确用户的目标宗旨和业务分析需求，制订如下计划。

（1）确定当前信息源

数据来源包括每个分店的业务系统和 POS 系统，以及总部的部分数据。因为 POS 系统中的数据每天都会上传到业务系统的数据库中，所以信息源即为总部和每个分店的业务系统数据库中的数据。通过对超市信息管理系统现有报表的分析，根据统计数据的获取方式、详细程度，对数据的可靠性、一致性和完整性进行初步评价。

（2）确定分析的主题

主题是指用户使用数据仓库进行决策分析时所关心的重点方面。零售业的数据仓库主要以商品、供应商以及客户等方面为主。本节的数据仓库只关注商品和供应商。

（3）明确关键性指标

关键性指标是用户希望跟踪和观测的变量，也是用户进行分析决策的依据。对不同主题域而言，关键性指标也会相应地有所不同。通过分析现有的统计报表，找出各主题域的关键性指标以及这些指标的推导计算过程。

5.5.2　粒度设计

粒度是指数据仓库中数据单元的细节程度或综合程度。数据综合程度越高，粒度就越大，级别也就越高；数据越详细，粒度就越小，级别也就越低。

粒度是数据仓库设计过程中需要重点考虑的问题，它会影响数据仓库中数据量的大小，以及数据仓库能提供的查询类型。在最低的粒度级别上，系统可以提供任何问题的查询，但是需要占用很大的存储空间，并且对汇总型的查询会耗费更多的时间；当粒度级别提高时，存储空间会相应减少，响应汇总查询的时间也会减少，但是性能也会随之降低。因此，在建立数据仓库时，要对数据量大小及需要提供查询的细节级别做出评估。不同来源的数据按综合程度，可分为如下种类：当前细节数据、轻度综合数据、高度综合数据。

① 当前细节数据：由数据源中的数据经首次综合进入数据仓库而形成的第一次综合数据。

② 轻度综合数据：由数据仓库中的第一次综合数据再进行综合而得到的第二次综合数据。

③ 高度综合数据：根据分析、决策需要将轻度综合数据进一步综合成更高层次的综合数据。

在数据仓库中，为了适应不同类型的分析处理，多重粒度数据的存在是必不可少的。因此在开始建设数据仓库时，需要确定合理的数据粒度，建立合适的数据粒度模型，指导数据仓库设计和解决其他问题。否则，将会影响数据仓库的使用效率，达不到预期的效果。

在本案例中，一个大型连锁超市每天产生的数据量非常巨大，如果以每笔订单为单位，进行粒度设定，过于庞大的数据会增大数据仓库的容量并影响查询效率。考虑到数据仓库大多以汇总型分析操作为主，很少涉及过多的细节，因此可适当选取较高粒度，而不必将数据仓库的粒度设定为每笔交易。

粒度的划分主要以时间为依据，根据零售业的特点，设定数据仓库时间维度的最低粒度为天，即把每天的销售情况按照商品汇总并记录到数据仓库的事实表中，如一行记录表示某天某分店某种商品销售记录的汇总。这种由数据源中的数据经过首次综合进入数据仓库形成的数据就是当前细节粒度。根据查询性能的要求，可以以天粒度为基础，进行月、年粒度数据的汇总，从而得到高级别综合数据。

5.5.3　星形模型设计

星形模型的特点在于其浏览查询性能高，每个维度只有一个维度表，提高了浏览查询性能；但是维度表可能包含会产生冗余的属性，从而增加了一些存储空间。相对于巨大的事实表，这种空间的增加是可以接受的。

本系统采用的星形模型建模方法，是一种多维的数据关系，它由一个事实表和一组维度表组成。每个维度表都有一个元素作为主键，所有这些维度表主键组合形成事实表的主键。事实表的主属性是度量，一般都是数值或者其他可进行计算的数据。

对商务智能的需求分析，一般会考虑业务问题，而这些业务问题都是面向商品的主题分析。因此，可为商品建立一个星形结构，主要业务问题如下。

（1）哪些商品是盈利的？

（2）某商品的会员成本是多少？

（3）某商品的销售成本是多少？

（4）某商品在某日的销售量是多少？

（5）某商品的日均销售量是多少？

（6）某类商品的进（退）货量是多少？

（7）某商品的会员销售量是多少？

（8）某商品的会员成本是多少？

（9）本月某类商品的销售额（量）是多少？

（10）本月该商品的库存调整量有多少？

（11）针对各家分店，商品的调入、调出情况如何？

（12）针对各家分店，最盈利的前 5 种商品是什么？

（13）去年最盈利的前 5 个分店有哪些？

建立星形模型的主要步骤如图 5-2 所示。

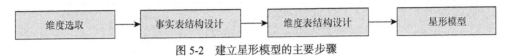

图 5-2　建立星形模型的主要步骤

1. 维度选取

维度是分类的、有组织的层次结构，通过它可以对数据仓库中的销售数据进行汇总或细化。维度数据来源于业务系统数据库，所以维度的选取要根据业务数据库所能提供的数据而定，不能任意选取。

2. 事实表结构设计

事实表包括用于销售数据汇总的度量属性字段，常见的度量有销售额、销售成本、销售数量等。事实表还包括用于和维度表联系的外键，该外键对应维度表的主键，如商品编号与商品分类维度表对应，分店编号用于与分店分类维度表关联。商品事实表结构如表 5-1 所示。

表 5-1　　　　　　　　　　　　　　　　商品事实表

字段名称	数据类型	字段含义
STORENO(FK)	VARCHAR(4)	分店编号
DATEID(FK)	INTEGER	时间编号
GOODID(FK)	INTEGER	商品编号
TRADEMODEID(FK)	INTEGER	交易模式编号
CUSTOMERCOUNT	DECIMAL(8,0)	来客量
SALEQTY	DECIMAL(16,3)	销售量
SALEMOUNT	DECIMAL(16,2)	销售额
SALECOST	DECIMAL(16,2)	销售成本
MEMSALEQTY	DECIMAL(16,3)	会员销售量
MEMSALEAMOUNT	DECIMAL(16,2)	会员销售额
SALERETURNQTY	DECIMAL(16,3)	销退量
SALERETURNAMOUNT	DECIMAL(16,2)	销退额
DMS	DECIMAL(16,3)	日均销量
PROMODMS	DECIMAL(16,3)	促销日均销量
ACPTQTY	DECIMAL(16,3)	进货量
ACPTAMOUNT	DECIMAL(16,2)	进货额
RETURNQTY	DECIMAL(16,3)	退货量

字段名称	数据类型	字段含义
RETURNAMOUNT	DECIMAL(16,2)	退货额
ADJQTY	DECIMAL(16,3)	调整量
ADJAMOUNT	DECIMAL(16,2)	调整额
TRANSINQTU	DECIMAL(16,3)	调入量
TRANSINAMOUNT	DECIMAL(16,2)	调入额
TRANSOUTQTY	DECIMAL(16,3)	调出量
TRANSOUTAMOUNT	DECIMAL(16,2)	调出额

3. 维度表结构设计

维度表的设计原则是尽可能地将分析时用到的属性包含在维度表内部，而将那些与分析无关的数据排除在外。维度表包含描述事实表中事实记录的特性。有些特性提供描述性信息，有些特性则用于指定如何汇总事实表数据，以便为分析者提供有用的信息。维度表包含有助于汇总数据的特性的层次结构，特定的层次结构也是多维数据集的一个维度。

（1）商品分类维度表

商品编号用于连接商品事实表，商品名称、小分类、中分类、大分类、部门、处用于指定如何汇总事实表数据。由此可看出商品维度层次，由小到大的顺序为：商品名称、小分类、中分类、大分类、部门、处，如表 5-2 所示。

表 5-2 商品分类维度表

字段名称	数据类型	字段含义
GOODID(FK)	INTEGER	商品编号
GOODSNAME	VARCHAR(30)	商品名称
LEVERID	VARCHAR(30)	分类编号
LEVEL1	VARCHAR(30)	小分类
LEVEL2	VARCHAR(30)	中分类
LEVEL3	VARCHAR(30)	大分类
LEVEL4	VARCHAR(30)	部门
LEVEL5	VARCHAR(30)	处

（2）时间维度表

时间单位的最小粒度以天为单位，将业务数据中每天的日期记录到独立的时间维度表中，通过日期编码区分每个日期并与事实表相连，该种做法既减轻了系统的存储容量，又通过增加更多的属性字段，达到提供更多的查询分析功能的目的。如表 5-3 所示，时间编号用于连接商品事实表，而年、季度、月、日则指定汇总事实表数据的级别。

表 5-3   时间维度表

字段名称	数据类型	字段含义
DATEID(FK)	NTEGER	时间编号
TRADEYEAR	VARCHAR(10)	年
TRADEQUARTER	VARCHAR(10)	季度
TRADEMONTH	VARCHAR(10)	月
TRADEDAY	VARCHAR(10)	日

（3）其他维度表

其他维度表包括分店维度表和交易模式维度表,前者包含编号字段用于连接事实表,后者包含描述性字段用于提供描述性信息。

4. 星形模型

（1）商品主题的星形模型

以商品为主题的星形模型设计如图 5-3 所示。

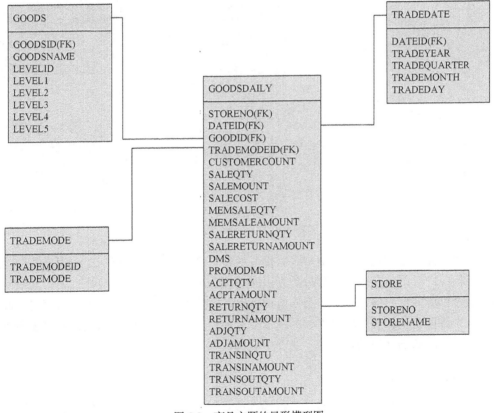

图 5-3　商品主题的星形模型图

以商品每日情况 GOODSDAILY 为事实表,维表包括商品分类表、时间表、分店信息表、交易模式表,事实表与维表为主外键关联。

（2）供应商主题的星形模型

由于每种商品对应的不只是一个供应商，因此不能直接从商品的数据得到供应商的信息，所以要对供应商进行分析。在业务管理系统中，供应商每天的销售量是按照批次计算得出的，通常是采用先进先出的原则。对于供应商，通常会分析其销售量、销售额、进送货、进货额、库存调整量、库存调整额、退换量、退换额以及分店商品的调入/调出情况。按照供应商提供的数据进行分析，在超市的管理决策上尤为重要，建立的供应商星形模型如图 5-4 所示。

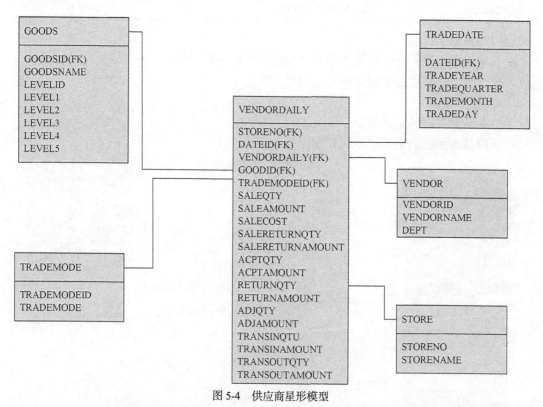

图 5-4 供应商星形模型

在供应商主题的星形结构图中，以供应商每日情况 VENDORDAILY 为事实表，维表包括供应商部门信息表、商品分类表、时间表、分店信息表、交易模式表，其中一个维度表是供应商部门信息表，包括供应商编码、供应商名称、供应商所属的部门名称。另外 4 个维度与前面所列商品主题的星形模式的维度表是共用的，因此，事实表的数据可以按照供应商的部门进行汇总，这个维度具有层次关系。

5.5.4 ETL 设计

本案例中连锁超市的业务系统数据均存放在 Sybase 数据库，而数据仓库使用的是 DB2，因此存在访问异构数据源问题。由于 DB2 具有联邦数据访问以及异构数据源的复制两个功能，因此本案例使用 IBM 公司的 DB2 来访问异构数据源。通过联邦数据访问技术，用户可以联合本地和远程数据源，并提供统一的 SQL 处理。DB2 支持的数据源包括关系型数据库（DB2、Sybase、Oracle、SQL Server 以及 ODBC 数据源等）和非关系性数据库（Web Server、Microsoft Access、Microsoft Excel、XML 文档等）。其原理如图 5-5 所示。

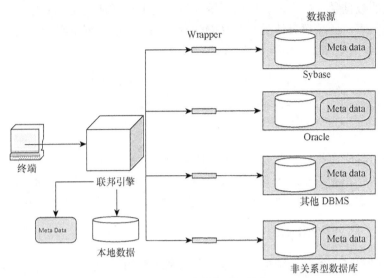

图 5-5　DB2 联邦数据访问功能

1. 数据抽取

超市业务系统中的 Sybase 数据源由总部服务器和各分店服务器两部分组成，DB2 通过专用的 Sybase 包装器（Wrapper）与各数据源进行通信。通过包装器，将 Sybase 数据源的表映射到 DB2 中，成为一个别名（Nickname），如总部的商品表 Vendor 映射到 DB2 中的 Nickname 为 Vendor。这样，就可以在 DB2 数据仓库对其直接访问，其目的数据是前面建立的两个星形模型中的事实表和维度表。对于商品主题的星形模型，事实表中的数据为商品每天的进、销、存、调等信息，用户可以从每个分店的"商品日进出表"GOODSDAILY 获取数据。维度表（商品分类、时间、分店、交易模式）在总部和分店中是统一的，可以直接从总部的服务器中获取，而时间维度表则不能直接从原系统中获取。

2. 数据转换

数据转换包括字段内容的转换和字段类型的转换。有一些字段需进行格式转换或者拼接。如原业务系统中的时间字段 dtradedate 为时间类型，而在数据仓库的事实表中使用的是整型的时间编号，便于与维度表进行连接。可使用 DB2 的 SQL 函数将时间字段的年、月、日分别取出，并拼接为整型数据，如 2007-02-18 转换为 20070218，转换方法为：

```
year(dtradedate)*10000+month(dtradedate)*100+day(dtradedate)。
```

字段类型的转换主要利用 DB2 中的 Sybase Wrapper，它支持异构数据库间数据类型的转换，就是将 Sybase 中的字段类型转换成 DB2 中相应的字段类型。有一些字段类型还要利用 SQL 的函数进行转换，如交易模式字段 TradeModeid 在某些表中是字符类型，而在另一些表中则是整型，内容均为"1，2，3，4"，在数据仓库中可将其统一为整型。对于字符类型字段，用户可使用 integer(sTradeModeid)转换成整型。

3. 数据加载

由于事实表和维度表之间需遵循完整性，因此，先加载维度表，再加载事实表的数据。维度表的数据量一般不大，所以系统建设的初期通常使用 insert 命令一次性加载维度数据。事实表"商品每日情况表"（GOODSDAILY）的数据量则十分巨大，需要根据时间定期加载。在 DB2 中使用 SQL 直接完成事实表的增量加载：

```
insert into goodsdaily (storeno,dateid,goodsid,trademodeid,customercount,
saleqty,saleamount,...)
select sstoreno,year(dtradedate)*10000+month(dtradedate)*100+day(dtradedate),
goodsid,integer(strademodeid),ncustomercount,nsaleqty,nsaleamount, ... from tgoodsdaily
where date(dtradedate)='2006-**-**';
```

事实表"供应商每日情况表"（VENDORDAILY）的处理方式与上面是相同的。

至此，该大型超市的 BI 系统的数据仓库已经构建完成，其中包括商品和供应商两个主题的星形模型，通过定期执行 ETL 将数据从数据源加载到数据仓库中。

5.5.5 OLAP 的实现

OLAP 报告将业务数据结构、过程、算法和逻辑的复杂性集成到它的多维数据结构中，然后以容易理解的维度信息视图的方式向用户呈现，让用户能够以非常自然的方式分析业务数据。OLAP 以维的方式识别复杂数据，并以十分易于理解的方式向数据消费者呈现数据，它并不在业务数据上添加额外的数据结构或维。

因此，用户无须专业人员的帮助即可利用 OLAP 服务，轻松地找到预定义的报告并分析业务数据，以建立新的专用业务报告。OLAP 报告使用户认识到业务数据维的存在，并获知哪些业务问题可以得到解答。

OLAP 分析可看作是数据仓库上层应用，OLAP 技术以交互的形式快速地弹出数据，用户看到的是经过转换后的原始数据的各种信息视图，这些视图可以反映业务的真实数据。

1. OLAP 多维模型的设计

OLAP 有多种实现方法，根据存储数据的方式不同可以分为 MOLAP、ROLAP、HOLAP。常用的为 MOLAP 和 ROLAP。

MOLAP 表示基于多维数据组织的 OLAP 实现（Multidimensional OLAP）。按照主题定义的 OLAP 分析所需的数据，生成并存储成多维数据库，形成"超立方体"的结构。生成的多维立方体经过计算并生成了一些汇总值，当用户发出请求时，从多维立方体而不是数据仓库中取得数据，响应时间快。但由于多维立方体的生成，需要的数据存储空间增大，并且在多维立方体中不可能存储大量的细节数据，综合数据较多，所以分析的粒度不会太小。

ROLAP 表示基于关系数据库的 OLAP 实现（Relational OLAP），以关系型结构进行多维数据的表示和存储。进行多维分析时，OLAP 服务器根据定义的模型和用户的分析需求，从数据仓库中取得数据，进行实时分析。这种方式增加了响应时间，但相对 MOLAP 节省了空间，并且可以分析具体细节数据，即考察数据的粒度较小。当分析应用的灵活性较大或需进行多因素分析预测时，应以 ROLAP 为主。

考虑到该连锁超市每日的新增数据量很多，需要的存储空间很大，并且用户希望具有非常灵活的操作功能，所以本系统采用基于关系数据库的 ROLAP 的方式实现多维分析。

在前面数据仓库的数据模型的建立过程中，我们定义了商品和供应商两个主题，并为其设计了星形模型。基于之前为商品和供应商建立的星形模型，这里针对商品分析设计了一个立方体（Cube），其中还包括度量和维的设计，表 5-4 列出的是度量的定义。

表 5-4　　　　　　　　　　　　　　立方体度量定义

度量（Measure）	对应字段	度量（Measure）	对应字段
来客量	CUSTOMERCOUNT	促销日均销量	PROMODMS
销售量	SALEQTY	进货量	ACPTQTY
销售额	SALEAMOUNT	进货额	ACPTAMOUNT
销售成本	SALECOST	退货量	RETURNQTY
会员销售量	MEMSALEQTY	退货额	RETURNAMOUNT
会员销售额	MEMSALEAMOUNT	调整量	ADJQTY
销退量	SALERETURNQTY	调整额	ADJAMOUNT
销退额	SALERETURNAMOUNT	毛利	SALEAMOUNT−SALECOST
日均销量	DMS	毛利率	[(SALEAMOUNT−SALECOST) / SALEAMOUNT]×100

维度（Dimension）的定义包括与事实表的连接关系，以及层次结构（Hierarchy）的定义。

（1）商品分类维度

Join 关系：以商品编号（GOODSID）连接事实表的 GOODSID，$1:n$。

Hierarchy 名称：GOODS Hierarchy。

Level 顺序：处、部门、大分类、中分类、小分类。

（2）时间维度

Join 关系：以时间编号（DateID）连接事实表的 DateID，$1:n$。

Hierarchy 名称：Time Hierarchy。

Level 顺序：年、季度、月、日。

本章没有对分店维度和交易模式维度设置多层的层次结构，但实际应用中需要进行设置。

2. OLAP 应用

构建完数据仓库，设计与实现 OLAP 后，已经能将报表展现出来，客户端直接使用 Web 浏览器即可。

用户可以在展示界面上以交互的方式进行数据访问，利用旋转、切片或切块、向上钻取、向下钻取等操作剖析数据，结果可用多种可视化方式呈现（包括表格与各种图形），使用户能从多个角度、多侧面观察数据，为用户进行决策提供指导。

在 ETL 的过程中，本系统加载了该超市 2006 年的部分数据作为测试，这里主要是为了展示 OLAP 的功能。下面来看几个例子。

（1）该大型连锁超市销售额前十名地区

图 5-6 所示是该大型连锁超市销售额前十名的地区信息，通过该数据可以得知哪些

地区的销售额成绩可观，针对相应超市数据进行分析，找到其提高销售额的方式，并将其良好的销售手段推广至其他地区分店，提高总体销售额。

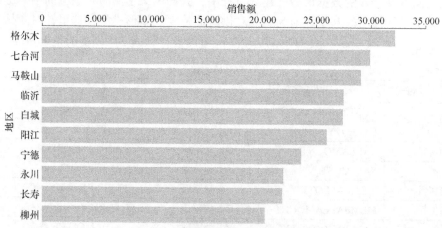

图 5-6　超市销售额前十名地区信息

（2）销售趋势图表

图 5-7 所示为某一地区 2009 年第一季度的销售趋势图，通过该图可分析查找出某些销售高峰的时间规律，并根据其规律对应配备库存、人员等，以最小的成本支出获取最大的收益，为决策者提供数据辅助。

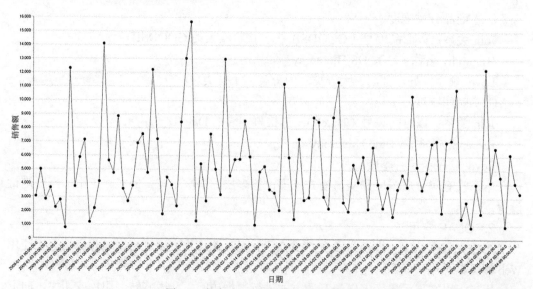

图 5-7　超市 2009 年第一季度销售趋势表

通过 OLAP 的前端展现，交互方式灵活、方便，用户可以从细节探询问题，也可以从大局了解状况。还有一些报表，如商品的成本分析、日均销量分析、商品的调入/调出分析、会员销售分析以及供应商主题的分析报表，这里不再对其逐一列出。

总的来说，对数据的分析一般有 3 种方法。

（1）切片和切块分析法。在多维数据结构中，按二维进行切片，按三维进行切块，可得到所需要的数据。

（2）钻取分析法。钻取是改变维的层次、变换分析的粒度，包含向下钻取和向上钻取操作，其深度与维所划分的层次相对应。

（3）旋转、转轴分析法。通过旋转维度或维度的层次，用户可以得到从不同视角观察到的数据。

5.5.6　数据挖掘

在数据挖掘领域，关联规则一直是重要的研究内容，尤其是在零售业，如超市的交叉销售管理。数据挖掘的任务是发现事务数据库中不同商品之间存在的某种关联关系。通过这些规则找出客户的购买行为模式，如购买了某一商品对购买其他商品的影响，从而应用于商品货架设计、库存安排以及商品推荐。

本节以关联性分析为例，展示数据挖掘功能，数据挖掘流程如图 5-8 所示。

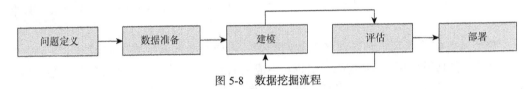

图 5-8　数据挖掘流程

1．问题定义

数据挖掘项目首先从理解业务问题开始。数据挖掘人员与业务人员共同研究，从业务的角度定义项目目标和需求，然后将项目目标转换为数据挖掘问题定义。

由于条形码技术的发展，超市前端收款机收集并存储了大量的售货数据，即购物篮数据。而超市为了能在下一次交叉销售活动中提供更好的产品推荐，希望更好地了解客户及其行为。因此，对这些历史事务数据进行分析，可为研究客户的购买行为提供极有价值的信息。

通过挖掘发现大量数据中项集之间的相关联系被称为关联规则，它在数据挖掘中是一个重要的课题，购物篮分析是近年来被业界广泛研究关联规则挖掘的一个典型实例。

例如，当顾客购买商品 A 时，超市将能够推荐商品 B，因为数据挖掘表明这两种商品之间存在某种联系。由此可见，从事务数据中发现关联规则，对于改进零售业商业活动的决策非常重要。本节将运用关联规则挖掘技术来分析顾客可能会同时购买哪些商品。

关联规则的定义：

```
[饮料]+[烧烤用品] ==> [清洁用品]
Support=0.98%. Confidence=35.24%. Lift=3.10
```

其中：

"+" 表示 AND；"==>" 表示 IMPLIES（蕴含）。

Support（支持度）：顾客购买饮料、烧烤用品以及清洁用品的交易数量，除以交易的总数量，乘以 100% 所得到的百分比值。

Confidence（置信度）：是指这条规则被满足的概率，就是在购买了饮料和烧烤用品的所有交易中，同时也购买了清洁用品的交易所占的百分比。

Lift（提升度）：一种量度，衡量该规则如何提高我们预测规则的能力。例如，肉和菜是连在一起购买的（规则肉==>菜），那么，如果我们有一个值为 10 的 Lift，则意味着在包含肉的交易中找出同时包含菜的交易的概率，是在所有交易中找出包含菜（不管是否购买了肉）的交易的概率的 10 倍。将其应用于前一条规则：在包含饮料、烧烤用品以及清洁用品的交易中找到包含清洁用品的概率，是在所有交易中找到包含清洁用品的概率的 3.10 倍。

因此，上面的公式含义可理解为：购买了饮料和烧烤用品的顾客，同时购买清洁用品的概率为 35.24%。同时购买这 3 类商品的交易占所有交易的 0.98%。此外，在购买了饮料和烧烤用品的交易中找到同时购买了清洁用品的概率，是在其他任何交易中找到购买了清洁用品的交易的概率的 3.10 倍。

本节将通过分析超市中的交易数据，挖掘出如同上面公式中的关联规则。

2. 数据准备

数据挖掘人员收集、净化和格式化数据，通过选择表、记录和属性来为建模工具准备数据。

这个步骤将准备用于解决业务问题的数据，主要是购物篮形式的数据。

对超市的数据分析，将考虑除了退货和不成功的所有的交易，系统关注的是每笔交易中连在一起购买的商品。对于关联规则，该模型的输入表或者视图必须包含两个列，一列是交易 id（可以认为是购物篮编号），另一列是商品 id，它包含想要用来获得规则的元素。

在业务 POS 系统中，销售明细表可以提供模型设计者所需的数据，当然，还需要经过数据的抽取、转换、加载过程，最终存放到 BI 系统的数据仓库中。ETL 过程如图 5-9 所示。

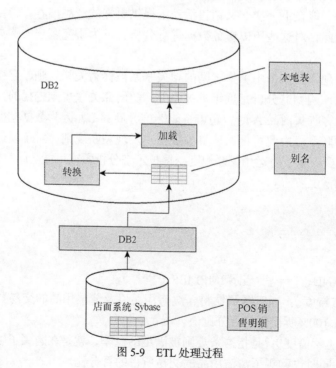

图 5-9　ETL 处理过程

通过使用 DB2 的联邦数据访问，在 DB2 中建立一个别名（Nickname），将其映射到业务系统 Sybase 中的销售明细表。通过 SQL 语句处理，将销售明细表的数据加载到 DB2 的本地表 PosSaleDtl。原销售明细表中包含多个字段，包括 POS 机号、POS 机当日的交易序号、交易时间、商品编号 GoodsID 等，舍去对挖掘没有意义的退货和不成功交易，将当天的日期、POS 机号及其当天的交易序号组织成购物篮编号 GROUPID，描述为 char(days(d.dtradedate)) || d.sposno||char(d.nserid)。

GOODSID 直接使用源表中的数据，然而仅此是不够的。GOODSID 本身只是一堆数字，如果没有商品名称，挖掘出来的规则将是一堆令人费解的数字。因此，还需要一个商品编号和商品名称的对照表。

另外，由于数据分布的分散性，用户可能很难在数据最细节的层次上发现一些强关联规则。在实际情况下，一种更有用的关联规则是泛化关联规则。因为物品概念间存在一种层次关系，如牛仔裤、运动裤属于裤子类，裤子、上衣又属于服装类。构建层次关系后，可以帮助 BI 工具使用者发现更多的有意义的规则，如"买裤子→买上衣"（此处，裤子和上衣是相对于较高层次上的物品或概念的，因而该规则是一种泛化的关联规则）。由于商店或超市中物品种类繁多，所以每种物品（如牛仔裤）的平均支持度很低，因此有时难以发现有用的规则；但如果从较高层次的物品（如裤子）考虑，则其支持度就较高，从而可能发现有用的规则。因此，需要准备好商品分类层次表，以便在较高的商品分类层次上进行挖掘。在数据仓库的星形模型结构中，有一张商品分类维度表（GOODS），其中，包括商品编号（GOODSID）、商品名称（GOODSNAME）、小分类名称（LEVEL1）、中分类名称（LEVEL2）以及更高层次的分类。在这里可以直接使用该表，其数据显示如表 5-5 所示。

表 5-5　　　　　　　　　　　　　　　　　商品分类及名称

GOODSID	GOODSNAME	…	LEVEL1	LEVEL2
269607	红富士独福枕套	…	素色枕套	床用单件
269616	优久无糖麦片	…	煮食麦片	麦片
269883	天诚闭路电视数码线	…	二芯线	电线
269884	真彩中性笔芯	…	0.35mm 中性笔笔芯	中性笔/笔芯
269886	奇强组合皂	…	洗衣皂	洗衣用品

至此，需进行挖掘的数据——购物篮数据和商品分类表，已经准备完毕。

3. 建模

应用各种挖掘技术来构建模型。建模阶段和评估阶段是相互结合的。可多次循环这两个阶段来更改参数，从而获得最优值，以得到一个高质量的模型。具体操作如下。

设置数据源以及一些关键参数。

（1）数据源。

购物篮数据 PosSaleDtl，提供 GROUPID 和 GOODSID。

商品分类表 GOODS，提供 GOODSID 的名称对照以及分类信息。

（2）关键参数。

Group 列名，这里为 GROUPID。

规则的长度，表示每个规则含有几项商品（或商品分类）。

规则的数量，可以生成多少个规则，0 表示无限。

Confidence，最小置信度。

Support，最小支持度。

作为初始步骤，已将 Confidence 设置为 10%，将 Support 设置为 1%。将 Confidence 和 Support 约束设置得越低，则能获得的规则就越多。如果认为该模型不适当，如发现该模型提供了太多的规则或是与业务不相关的规则等问题，则可以设置更高的 Support 或 Confidence 值来重新构建它。除此之外，还可定义名称和分类的映射。在本模型中，将把商品 id 转换为它的分类描述。这说明不是使用每件产品的商品 id 来获得规则，而是使用该产品所属分类的名称来获得规则。

在 DB2 中，用户可以通过在 SQL 语句中调用存储过程来调用这个模型。下面列出的 SQL 显示出一个挖掘过程。

```
CALL IDMMX. BuildRuleModel('BI_minin.IM_ASSOC',
'INPUT_080', 'GROUPID',1.0,10.0,2
,'DM_addNmp("nameMap","NAMEMAP_80", "GOODSID","GOODSNAME"
,DM_setFIdNmp("GOODSID", "nameMap")
,DM_addTax("catMap","CATMAP-080","GOODSID", "LEVEL1",CAST(null as char),0)
,DM_addTaxMap("catMap", "CATMAP1_080", "LEVEL1","LEVEL2",CAST(null as char),0)
,DM_setFIdTax("GOODSID", "catMap")');
```

在调用的参数中，有些临时表是根据 PosSaleDtl 和 GOODS 得来的，其中：

IM_ASSOC 是创建的模型名称；

INPUT_080 是要挖掘的表；

GROUPID 是表中记录的主键；

1.0 是指定规则必须具有的最小支持百分比；

10.0 是指定所生成的规则必须具有的最小置信度，它也是一个百分比值；

2 是指定设置某条规则可以具有的最大项数，包括头部和正文；

DM_addNmp 定义一个名称映射，这里通过指向某个表的引用和两个列来定义，其中一个列包含原始数据值，另一个列包含被映射的名称；

DM_addTax 定义一个分类，这里包括对一个表和包含子值和父值的两个列的引用；

在本模型中，定义了两个分类层次，一个是商品小分类 GOODSID→LEVEL1，另一个是商品中分类 LEVEL1→LEVEL2。

4. 评估

通过使用可视化工具来评估模型。如果模型无法满足预期，则需返回建模阶段，通过更改参数直至获得最优值来重新构建模型。

在创建模型时，以下方面经过了反复设置和调整。

（1）商品分类的层次，挖掘的关联规则的各项到底是在商品小分类一级，还是在中分类一级，甚至在大分类一级。

（2）关联规则的最小支持度 Support 和最小置信度 Confidence。

首先，需要对商品的分类层次只定义在小分类一级进行挖掘，将 Support 设为 1，Confidence 设为 10。这样挖掘出来的关联规则有 62 个，结果如表 5-6 所示，从中可得到规则体的内容，以及 Support、Confidence 和 Lift 值。

表 5-6　　　　　　　　　　　　　　商品小分类的关联规则

RULE	Support	Confidence	Lift
[SUBDEPT:果实类联销]==>[SUBDEPT:叶菜联销]	7.1596%	54.6463%	3.0094
[SUBDEPT:根茎类联销]==>[SUBDEPT:叶菜联销]	7.0726%	56.4186%	3.1070
[SUBDEPT:根茎类联销]==>[SUBDEPT:果实类联销]	5.6037%	44.7010%	3.4118
[SUBDEPT:鲜猪肉类]==>[SUBDEPT:叶菜联销]	4.8673%	55.5953%	3.0617
…	…	…	…
[SUBDEPT:面点类联销]==>[SUBDEPT:根茎类联销]	1.0287%	12.3246%	0.9831
[红萝卜]==> [SUBDEPT:叶菜联销]	1.0250%	61.1178%	3.3658
[老姜]==> [SUBDEPT:叶菜联销]	1.0016%	63.3596%	3.4893

从表 5-6 中可发现挖掘出来的关联规则主要集中在蔬菜一类的商品。在超市购物中，不同种类的蔬菜会被同时购买，由于设计者将商品类型分得很细，因而挖掘出这些规则。但这些分类太细的规则缺少相应的指导性的意义。

也可将商品的分类层次定义为可在小分类和中分类进行挖掘，依然将 Support 和 Confidence 设为 1 和 10。由于商品得到泛化，这样挖掘出了 226 个规则。如果将商品的分类层次再提高一级，如定义为可在小分类、中分类和大分类中进行挖掘，结果表明，这样挖掘出来的规则过于泛化，指导意义不强。

因此，可将商品的分类层次确定为在小分类和中分类中进行挖掘。下一步要调整的是 Support 和 Confidence。Support 表示在所有的交易中，同时购买了规则中的商品所占的比例，代表规则的影响力，这一参数非常重要，这里将其设置为 0.5。因为如果设置过高则可能会漏掉一些有用的规则。Confidence 是规则的可信度，经过大量数据对比，将其定为 20。这样，就得到了最后的模型。

5. 部署

将结果导入数据库表或者其他应用程序。

数据挖掘的最后一个过程是部署。这里是将挖掘出来的规则保存于 DB2 的 RULES 表中，供用户查询使用。

RULES 表中的内容包括规则体、Support、Confidence、Lift 字段等。

6. 数据挖掘应用

在本系统中，数据挖掘功能主要对购物篮进行分析，挖掘出数据背后隐藏的信息。设置关联规则可挖掘到商品的中分类，最小支持度为 0.5%，最小置信度为 20%，得到一系列关联规则，结果如表 5-7 所示。

在零售业中，通常认为影响较多交易的规则（即具有较高 Support 值）比影响较少交易的规则更有用。支持度 Support 用于衡量关联规则的重要性，可信度 Confidence 则用于衡量关联规则的准确度。支持度说明了这条规则在所有交易中有多大的代表性，显然支持度越大，关联规则越重要。有些关联规则可信度虽然很高，但支持度却很低，说明该关联规则并不实用。提升度 Lift 用于衡量规则的影响力的大小。一般来说，有用的关联规则的作用度应该大于 1，只有关联规则的可信度大于期望可信度，才说明规则具有促进作用。

表 5-7关联规则挖掘结果

RULE	Support	Confidence	Lift
[SUBDEPT:蔬菜联销]==>[SUBDEPT:水果联销]	7.2142%	54.6463%	3.0094
[SUBDEPT:水果联销]==>[SUBDEPT:蔬菜联销]	7.0726%	56.4186%	3.1070
[SUBDEPT:鲜家畜联销]==>[SUBDEPT:蔬菜联销]	5.6037%	44.7010%	3.4118
[SUBDEPT:蔬菜联销]==>[SUBDEPT:鲜家畜联销]	4.1905%	43.4704%	1.5327
[SUBDEPT:散装土特产类联销]==>[SUBDEPT:蔬菜联销]	3.6128%	62.3555%	2.1985
[SUBDEPT:鲜蛋类联销]==>[SUBDEPT:蔬菜联销]	3.2493%	73.6198%	2.5957
[SUBDEPT:鱼类联销]==>[SUBDEPT:蔬菜≤联销]	2.7659%	43.3393%	1.5281
[SUBDEPT:面包联销]==>[SUBDEPT:蔬菜≤联销]	2.0421%	27.5745%	0.9722
[SUBDEPT:调味料]==>[SUBDEPT:蔬菜联销]	1.9748%	57.3614%	2.0224
[SUBDEPT:面包联销]==>[SUBDEPT:水果联销]	1.8952%	25.5908%	1.3069
[SUBDEPT:调味料]==>[SUBDEPT:水果联销]	0.8187%	47.1689%	1.6631
[SUBDEPT:烧烤家禽 in 烧烤制品]==>[SUBDEPT:蔬菜联销]	0.7482%	33.3258%	1.1750
[SUBDEPT:烧烤制品]==>[SUBDEPT:熟食联销]	0.5915%	23.8289%	2.3497

分析表 5-7 中的第 9 行，规则为"[Dept:调味料]==>[Dept:蔬菜联销]，Support 为 1.9748%，Confidence 为 57.3614%，Lift 为 2.0224，含义为：购买调味料的顾客，在 57.3614% 的情况下也会购买蔬菜。这条规则影响所有交易的 1.9748%，在那些具有调味料的交易中找到蔬菜的概率，是在其他所有交易中找到蔬菜的概率的 2.0224 倍。这样的规则是合理的。

熟悉业务背景、具有丰富的业务经验、对数据有足够的理解，这几点是理解关联规则所需的重要条件。在发现的关联规则中，可能有两个主观上认为没有多大关系的物品，但它们的关联规则支持度和可信度却很高，这就需要用户根据业务知识、经验，从各个角度判断这是一个偶然现象，还是有其内在的合理性。

利用购物篮分析得出的这些关联规则，可以帮助超市的经营管理者挖掘顾客的购买习惯，掌握不同商品一起购买的概率，从而能够确定商品的最佳布置，促进交叉销售，提高商品销量。

实验 5　购物清单关联性分析

【实验名称】　购物清单关联性分析
【实验目的】 　　1. 熟悉并学会使用 Weka 智能分析环境； 　　2. 根据数据源建立数据模型； 　　3. 根据数据模型对购物清单的消费数据进行关联性分析。

【实验内容】

本实验利用 Weka 智能分析软件，对购物清单的销售数据进行关联性分析，从而得知超市如何摆放产品更有利于提高超市的销售额。

【实验环境】

1. Ubuntu 16.04 操作系统。

2. Weka 平台。Weka 的全名是怀卡托智能分析环境（Waikato Environment for Knowledge Analysis），是一款免费的、非商业化的（与之对应的是 SPSS 公司商业数据挖掘产品 Clementine）、基于 Java 环境的、开源的机器学习和数据挖掘软件。

Weka 作为一个公开的数据挖掘工作平台，集合了大量能承担数据挖掘任务的机器学习算法，包括对数据进行预处理、分类、回归、聚类、关联规则以及在新的交互式界面上的可视化。

3. Insight 平台。

【实验步骤】

（1）对数据进行关联规则挖掘，如购物清单的消费数据分析时，要了解要处理的数据的特性，购物清单数据是相当少的，超市的商品种类有上万种，而每个人买东西通常只会买几种商品。如果用矩阵形式表示数据，显然会浪费很多存储空间，因此，我们需要用稀疏数据表示，下面看购物清单示例（basket.txt）。

（2）数据集的每一行表示一个去重后的购物清单，进行关联规则挖掘时，可以先把商品名字映射为 id 号，这样挖掘的过程只有 id 号，以便进行标记，挖掘出来之后可以将对应的 id 号再转回商品名。retail.txt 是一个转化为 id 号的零售数据集，数据集的前面几行如下所示：

（3）这个数据集的商品有 16469 个，一个消费购物的商品数目远少于商品点数目，因此要用稀疏数据表，Weka 支持稀疏数据表示方式，但在运用 apriori 算法时会出现问题，先看 Weka 的稀疏数据要求：稀疏数据和标准数据的其他部分都一样，唯一不同就是@data 后的数据记录，示例如下：

```
@relation 'basket'
@attribute fruitveg {F, T}
@attribute freshmeat {F, T}
@attribute dairy {F, T}
@attribute cannedveg {F, T}
@attribute cannedmeat {F, T}
@attribute frozenmeal {F, T}
@attribute beer {F, T}
@attribute wine {F, T}
@attribute softdrink {F, T}
@attribute fish {F, T}
@attribute confectionery {F, T}
@data
{1 T, 2 T, 10 T}
{1 T, 10 T}
{3 T, 5 T, 6 T, 9 T}
{2 T, 7 T}
{1 T, 7 T, 9 T}
{0 T, 8 T}
{6 T}
{0 T, 5 T}
{0 T, 9 T}
{0 T, 1 T, 2 T, 3 T, 7 T, 9 T}
{0 T, 9 T}
{2 T, 4 T, 5 T, 9 T}
{8 T, 9 T}
{0 T, 2 T, 8 T, 9 T}
{5 T, 6 T, 8 T}
{0 T, 3 T, 9 T}
{9 T}
{6 T, 9 T}
{0 T, 3 T, 7 T, 9 T, 10 T}
{5 T, 9 T}
{7 T, 10 T}
{9 T}
{0 T, 1 T, 2 T, 3 T, 4 T, 5 T, 6 T, 7 T}
{6 T, 10 T}
{0 T, 2 T, 5 T, 6 T}
{1 T, 7 T, 10 T}
{1 T, 7 T, 9 T, 10 T}
{4 T}
{5 T, 6 T, 7 T, 9 T}
```

从上例中可以看到：

```
freshmeat  dairy       confectionery
freshmeat  confectionery
cannedveg             frozenmeal        beer      fish
dairy      wine
```

可将其表示为：

```
{1 T, 2 T, 10 T}
{1 T, 10 T}
{3 T, 5 T, 6 T, 9 T}
{2 T, 7 T}
```

（4）我们先尝试使用标准数据集 normalBasket.arff 进行数据预处理，这样便于使用 Weka 的 apriori 算法和 FPGrowth 算法数据集中的空值使用问号代替。

```
@relation 'basket'
@attribute fruitveg {T}
@attribute freshmeat {T}
@attribute dairy {T}
@attribute cannedveg {T}
@attribute cannedmeat {T}
@attribute frozenmeal {T}
@attribute beer {T}
@attribute wine {T}
@attribute softdrink {T}
@attribute fish {T}
@attribute confectionery {T}
@data
?  T  T  ?  ?  ?  ?  ?  ?  ?  T
?  T  ?  ?  ?  ?  ?  ?  ?  ?  T
?  ?  ?  T  ?  T  T  ?  ?  T  ?
?  ?  T  ?  ?  T  ?  T  ?  T  ?
?  T  ?  ?  ?  ?  T  ?  T  ?  ?
?  ?  ?  ?  ?  T  ?  T  ?  ?  ?
T  ?  ?  ?  T  ?  ?  ?  ?  ?  ?
T  T  T  T  ?  ?  T  ?  ?  T  ?
T  ?  ?  ?  ?  ?  T  ?  ?  T  ?
?  ?  T  ?  T  T  ?  ?  T  ?  ?
?  ?  ?  ?  ?  ?  T  T  ?  ?
?  T  ?  ?  ?  ?  T  T  ?
```

（5）打开 Weka 的 Explorer，打开文件"normalBasket.arff"。

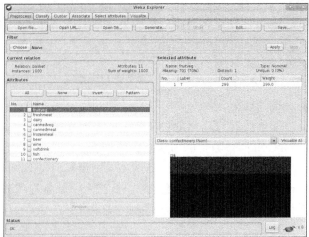

（6）选择关联规则挖掘，选择算法。

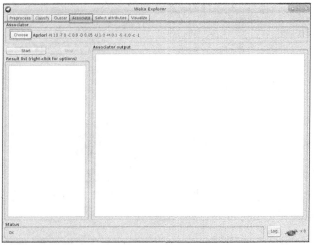

设置参数，参数说明如下。

car：如果为真，则进行挖掘类关联规则；若为假，则进行全局关联规则。

classindex：类属性索引。如果设置为−1，则最后的属性被当作类属性。

delta：以此数值为迭代递减单位、不断减小支持度直至达到最小支持度或产生了满足数量要求的规则。

lowerBoundMinSupport：最小支持度下界。

metricType：度量类型。设置对规则进行排序的度量依据、可以是置信度（类关联规则只能用置信度挖掘）、提升度（Lift）、杠杆率（Leverage）、确信度（Conviction）。

在 Weka 中设置了几个类似置信度（Confidence）的度量来衡量规则的关联程度，它们分别如下。

① Lift：P(A,B)/(P(A)P(B))　Lift=1 时表示 A 和 B 独立。这个数越大（>1），则表明 A 和 B 存在于一个购物篮中不是偶然现象，而是有较强的关联度。

② Leverage：P(A,B)-P(A)P(B)Leverage=0 时 A 和 B 独立，Leverage 越大，则 A 与 B 之间的关系越密切。

③ Conviction：P(A)P(!B)/P(A,!B)（!B 表示 B 没有发生）Conviction 也可以用来衡量 A 和 B 的独立性。从它和 Lift 的关系（对 B 取反，代入 Lift 公式后求倒数）可以看出，这个值越大，A 和 B 越关联。

minMtric：度量的最小值。

numRules：要发现的规则数。

outputItemSets：如果设置为真，则会在结果中输出项集。

removeAllMissingCols：移除全部为缺省值的列。

significanceLevel：重要程度。重要性测试（仅用于置信度）。

upperBoundMinSupport：最小支持度上界。从这个值开始迭代减小最小支持度。

verbose：如果设置为真，则算法会以冗余模式运行。

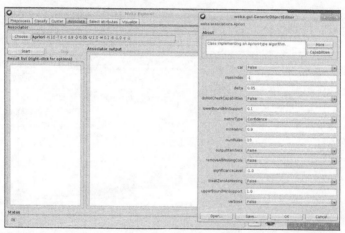

（7）将 minMetric 设置为 0.7，设置好参数后单击"Start"按钮运行，就可以看到 Apriori 的运行结果。

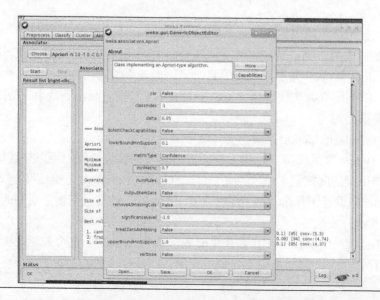

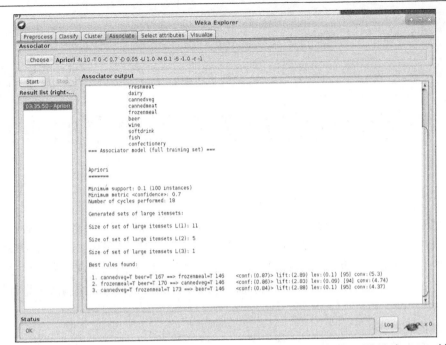

（8）然后使用 FPGrowth 再计算一次，同样地，将 minMetric 设置为 0.7，结果如下。

可以看出，运行的结果是一样的，前 3 种有强关联规则的商品是：①罐装蔬菜（cannedveg）和啤酒（beer）；②冻肉（frozenmeal）和啤酒；③罐装蔬菜和冻肉。由此可见，将罐装蔬菜、啤酒和冻肉摆放在一起能提高销售量。

第6章
商务智能在客户关系管理中的应用

本章首先介绍客户关系管理（CRM）的基本概念，以及客户智能和数据挖掘在客户关系管理中的应用；然后介绍客户细分的分类理论，深入探讨了数据挖掘在客户识别和客户流失中的应用；接着介绍多种客户维度的基本设计方法，包括日期、分割属性、重复出现的联系人以及聚集事实等；最后探讨复杂的客户行为，如客户行为类型分析、连续行为分析和行为分析模型等，同时还将介绍时间范围事实表与使用满意度指标标注事实表。

本章重点内容如下。

（1）客户关系管理概述。

（2）客户细分。

（3）客户识别和客户流失。

（4）客户维度与属性。

（5）复杂的客户行为。

6.1 客户关系管理概述

客户关系管理（Customer Relationship Management，CRM）是指企业为提高核心竞争力，利用相应的信息技术以及互联网技术协调企业与顾客在销售、营销和服务上的交互，从而提升企业的管理方式，向客户提供创新式的个性化的客户交互和服务的过程。它按照客户细分情况有效地组织企业资源，培养以客户为中心的经营行为以及实施以客户为中心的业务流程。企业为了进一步提升管理水平，长久维持企业和客户的关系，以及能从现有的客户关系中发现价值，需要借助 CRM 技术来协助企业识别新客户、保留旧客户、提供客户服务及进一步拉近企业和客户的关系。

6.1.1 客户智能

客户智能是指通过整合、分析客户的相关数据，得到洞察客户的信息和知识，帮助企业优化客户管理的决策能力，从而提升客户价值，增强客户满意度。客户智能是典型的商务智能技术应用的领域。客户智能的实施过程是由客户数据的集成、客户知识的获取和应用等阶段组成的一个闭环，使企业能预测和满足不断变化的客户需求，从而应对市场的变化，如图 6-1 所示。

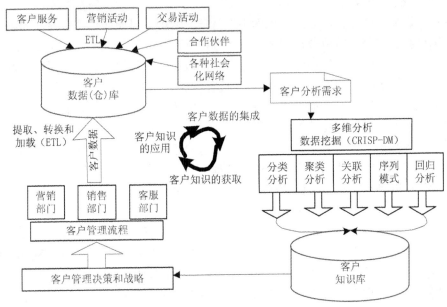

图 6-1　客户智能的过程

1. 客户数据的集成

要获取有价值的客户知识，首先需要利用有效的工具集成各种渠道、多个接触点的客户数据（统一的客户视图）；然后再借助多维分析和数据挖掘等方法，有时甚至还需要把这些数据通过以客户为中心的环境进行数据共享，以获取更大的价值。

2. 客户知识的获取

把客户的数据从简单的查询上升到提取知识的层次是客户知识发现的过程。客户知识发现的过程是把客户数据进行抽取、转换和分析等处理，从而揭示潜在的、对客户管理决策有效的规律。通常分析客户知识是建立在操作型的客户关系管理系统以及社会化网络积累的客户数据基础上的，应用数据挖掘工具，寻找数据项之间的关联、模式和趋势，发现客户数据中有用的规律。

客户知识的获取是客户智能的重要功能，也是客户管理的基础。例如，某客户经常在某家公司购物，却发现该公司并不熟悉他的消费偏好、选用的渠道等消费行为特征，这是因为公司并没有获取客户知识。

客户知识主要包括以下类别。

（1）客户的偏好知识。这种偏好知识可以由客户直接提供，如客户注册时填写的信息、使用相关业务系统的历史记录、在社区网站明确表达的购买需求等。通过对客户的消费行为、盈利能力进行分析，得到不同偏好的客户分类，然后给不同类别的客户提供差异化的服务。

（2）客户的隐性知识。这部分知识包括客户特征、客户的观点、隐含的态度和情绪、客户的关系网等，它们可以由客户的交易记录、在社会化网络发表的购物体验以及在购物平台的评论分析得到。

客户知识获取的过程，是对客户建模的过程，这也是本章讨论的重点。

3. 客户知识的应用

客户知识需要存储在动态的知识库中进行集中管理，以便能把这些客户知识应用到营销、销售和客户服务等业务流程上，嵌入客户管理业务系统，分发到需要的终端。在客户知识产生后，需要分发给营销、销售、客户服务、风险评估和欺诈识别以及客户维护等部门，才能更有效地实现客户知识的价值。例如，SAP 为线下的实体销售店提供客户智能应用软件，店员可以通过终端设备读取消费历史、个人信息和消费习惯等客户相关的知识，从而进行个性化的推荐服务。

把客户的知识嵌入业务系统，使营销、销售、客户服务、风险评估和欺诈识别以及客户维护在需要的时候能将其应用到业务处理上，提升客户管理决策的能力。例如，保险公司的保单处理员，在审批保险业务时，可以借助客户知识提供风险预测和保价计算的数据支撑，提高保单业务处理的效率和质量。

目前很多零售企业开始采用客户智能技术，通过分析客户的交易历史记录、购买产品的相关属性，如品牌、材质、尺寸、颜色、外观、价格和质量等，获得客户的偏好，从而为客户实施有效的个性化服务。克罗格（Kroger）和西夫韦（Safeway）是美国大型连锁零售企业，它们使用数据挖掘技术分析消费者的个人消费记录，并实施差异化的定价策略。例如，老客户莫妮卡经常在西夫韦购买一种 Refresh 牌子的矿泉水，一箱只需要付 2.71 美元，而其他人则需要 3.69 美元，莫妮卡对此很满意，打算通过购买更多的 Refresh 矿泉水以得到更低的购买价格。西夫韦也会考虑自己的收益，在消费者对价格不敏感的情况下，则会向他们推荐同类型较贵的商品。

客户智能可以被定义为一个动态管理客户与企业之间关系的过程，使企业在客户关系管理生命周期的每个阶段都能实现客户价值最大化。事实上，客户智能是围绕客户互动展开的，其目的是在增加企业收入的同时，提高客户满意度。

亚马逊（Amazon）公司在客户智能领域一直备受业界瞩目。除了传统的挖掘用户消费数据，为用户智能推荐相关产品外，还可以帮助商家改善销售计划，从而进一步降低商品的价格。

6.1.2 数据挖掘在客户关系管理中的应用

对客户关系管理中的客户价值管理而言，客户关系管理关注的是客户整个生命周期与企业之间的交互关系。客户数量越多，单个客户与企业交易或是接触次数越频繁，客户的生命周期越长，最终企业收集到的客户数据量就越大。对于海量的客户数据，企业需要用到数据挖掘技术来分析和处理，发现其中有价值的客户信息，支持企业的市场影响、销售或客户服务决策等。客户关系管理中的数据挖掘应用模型如图 6-2 所示。

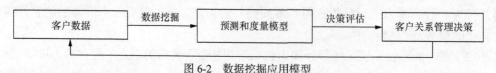

图 6-2 数据挖掘应用模型

随着企业业务需求的变化，CRM 系统不断拓展，客户数据不断积累。CRM 系统需要对收集的数据进行预处理，选择有用的数据，并根据这些数据建立元数据模型。预测和度量模型的构建需要从所收集的数据属性和要解决的业务问题展开，因此，数据模型的构建需要经历一个非常复杂的过程。这个过程还需要综合考虑多方面的因素，从多种建模方案中做出合理的选择，这样才能帮助企业实现发展目标，才能有效地解决企业在经营中面临的各种业务问题。一般在客户关系管理决策之前，我们需要再次对构建的模型进行评价，评价的过程需要通俗易懂。通常可以从两个指标展开评价：一个是支持度，验证的是结果的使用性；另一个是可信度，验证的是结果的准确性。如果评价的结果能够满足业务的需求，则可以进行管理决策。

数据挖掘在客户关系管理中的具体应用有以下几个方向。

1. 营销

目前在营销方面应用最成熟的是数据库营销（Database Marketing）。数据库营销的任务是通过交互式查询、数据分割和模型预测等方法来选择潜在的客户以便向他们推销产品。通过对历史客户数据的分析，企业将用户分为不同的级别；用户级别越高，其购买可能性越大。在进行营销分析时，首先应对已有的用户信息进行手工分类，分类的依据通常由专家根据用户的实际边线给出。得到训练数据后，再通过数据挖掘进行学习，得出用户分类模型。当新用户到来时，可以用训练好的模型得出其购买可能性的预测结果，从而可以根据预测结果对不同客户采取有针对性的营销措施。模型将预测不准确的数据加入训练数据集，适当地调整边线，重新学习，通过不断地修正模型来提高预测的准确度。

2. 销售

销售力量自动化（Sale Force Automation，SFA）是当前客户关系管理中应用最为成熟的部分。销售人员与潜在客户互动，将潜在客户发展为企业真正的客户并保持其忠诚度，是企业盈利的核心因素。在此过程中，数据挖掘可以对多种市场活动的有效性进行实时跟踪和分析，使销售人员能够及时把握销售机遇，缩短销售周期，极大地提高工作效率。例如，超市的购物篮分析（Basket Analysis）通过分析事务数据库来发现在购物活动中频繁出现的商品组合，以此识别客户的购买行为模式。目前购物篮分析已经在改善交叉销售比、楼层和货架安排、货物布置以及 Web 页面的目录层次安排等方面成效显著。

3. 客户服务

客户服务是客户关系管理中最关键的因素，企业要想做到吸引新客户、保留老客户、提高客户满意度和忠诚度，就必须要保证提供优质的客户服务。通过对客户的基本信息以及历史消费信息的数据挖掘分析，归纳出客户的个人偏好、消费习惯、需求特征等，企业就可以有的放矢地为客户提供快捷、准确的一对一定制服务。

4. 风险评估和欺诈识别

欺诈识别和风险评估主要是通过总结正常行为与欺诈等异常行为之间的关系进行，来得到非正常行为的特性模式，一旦某项业务符合这些特征时，就可以向决策人员发出警告。在商务领域中经常发生欺诈行为，如信用卡的恶性透支、保险欺诈、盗打电话等，给企业带来了巨大的损失。针对这类欺诈行为进行预测，尽管目前的预测准确率不理想，但也会降低企业受到诈骗的概率，从而减少损失。

若要将数据挖掘的方法运用到风险评估和欺诈识别中，则可以从以下几个方面进行分析。

（1）异常记录：检测具有不正常值的记录、相同或相近的记录等。

（2）类似的欺诈行为：已被证实的欺诈行为可以用于帮助确定其他可能的欺诈行为。基于这些历史数据找到检测欺诈行为的规则和评估风险的标准，将可能或者类似欺诈的事务识别出来，并将其记录下来。

通过数据挖掘决策树、回归技术、神经网络等进行欺诈的预测和识别，将有用的预测合并加入历史数据库中，并用来帮助寻找相近而未被发现的案例。随着数据库中知识的积累，预测系统的质量和可信度会大大提高。

5. 客户维护

现在各个行业的竞争越来越激烈，企业获得新客户的投入也越来越大，因此维护老客户对所有企业来说就显得越来越重要。有案例显示，在美国，移动通信公司每获得一个新用户的成本平均为 300 美元，而挽留住一个老客户的成本可能仅仅是一通电话。成本上的差异在各行业可能会不同，但无论什么行业，获得新客户的成本是维护老客户成本的 6～8 倍，这是业界公认的。而且，与新客户相比，老客户更稳定，贡献的利润更多。

近几年，国内一对一（One to One）营销正在被越来越多的企业接受。一对一营销是指企业的每一个客户，公司都有专员与之建立起长期持久的关系。这个看似很新的概念却一直采用很陈旧的方法来执行，甚至一些公司的一对一营销仅仅停留在每逢客户生日或纪念日寄一张卡片。在科技发展越来越快的今天，的确每个人都可以有一些定制独家的商品或服务。例如，按照自己的尺寸做一套很合身的衣服，但实际上营销不是裁衣服，企业可以知道什么样的衣服适合企业的客户，但永远不会知道什么股票适合企业的客户。一对一营销是一个很理想化的概念，想通过这种方式保留老客户，在大多数行业的实际操作中是很难做到的。

而数据挖掘可以把企业大量的客户根据某些属性分成不同的类，然后，企业针对不同类别的客户提供完全不同的服务来提高客户的满意度。而且，使用数据挖掘技术，还可以对数据库中大量的客户历史交易记录、人口统计信息及其他相关资料进行分析和处理，对流失客户群做针对性研究，分析哪些因素会导致客户流失。然后根据分析结果找到现有客户中可能会流失的客户，企业再据此制订相关计划或方案，改善客户关系，争取保留客户并提高企业效益。

6.2 客户细分

企业运营的前提是确定"谁是你的客户"，然而并不是每一个消费者都适合成为某品牌的忠诚用户。如果企业要最大化地实现可持续发展和获取长期利润，就要明智地向正确的客户群体投入更多资源。通过客户细分，企业可以更好地识别不同的客户群体，再据此采取差异化营销策略，从而能够有效地降低成本，获得更好的市场渗透效果。

客户是企业最重要的资源之一。现代企业之间的竞争主要表现为对客户的全面争夺，企业要改善与客户的关系，就必须进行客户关系管理。客户分析是客户关系管理的基础，而客户分析的重要基础是客户细分。

客户让渡价值（Customer Delivered Value，CDV）理论和客户生命周期价值理论从不同的角度对客户在与企业的交易过程中产生的价值感受提供了研究基础。客户让渡价值是从客户角度出发的感知效用，衡量的是客户感知收益（产品价值、服务价值、人员价值和形象价值）与感知付出（货币成本、时间成本、精力成本、体力成本）之间的比例。这种价值理论容易导致企业只考虑占有率，盲目追求客户让渡价值，而忽略企业利润。另外，这种价值理论是一种感知理论，会涉及大量主观成分，需要采用问卷调查、直觉判断等获得，难以付诸实践，度量也很难做到客观准确。从企业的角度出发，客户生命周期价值（Customer Lifetime Value，CLV）是客户在整个生命周期中各个交易时段为企业带来的利润净现值之和。客户生命周期价值分为客户当前价值（Customer Current Value，CCV）和客户潜在价值（Customer Potential Value，CPV）两部分，既反映了收益流对企业利润的贡献，又明确地扣除了企业为取得该收益流所付出的代价。同时，更重要的是，客户生命周期价值充分考虑了客户将来对企业的长期增值潜力，因此能客观、全面地度量客户在未来对企业产生的总体价值。

1. 传统的客户分类

传统的客户分类主要是指基于客户统计学特征的客户分类和基于客户让渡价值理论的客户分类。基于客户统计学特征（如年龄性别、收入、职业、地区等）的客户分类方法已为大家所熟悉，该方法虽然简单易行，但缺乏有效性，难以反映客户需求、客户价值和客户关系阶段，难以指导企业如何去吸引客户、保持客户，难以适应客户关系管理的需要。基于客户让渡价值理论的客户分类虽然比较全面地概括了客户对于企业的所有可感知的价值，但该细分方法容易导致企业只考虑市场占有率，盲目追求客户让渡价值，而忽略企业利润。另外，这种细分方法因为涉及大量主观感知成分，也导致了在实践中会出现难以操作实施、难以做到度量客观准确等问题。

2. 基于客户行为的客户分类

这种细分方法充分利用了企业大量存储的客户数据资源。当客户在公司产生了消费行为，他们的消费行为，如购买时间、产品和金额就会被记录下来。这些信息蕴含着消费者未来的消费行为的预测信息，我们可以通过数据挖掘来获得里面的规律，并预测这些客户的行为。但是，数据挖掘是对人员、技术、工具、时间要求很高的数据处理过程，需要投入的成本也很高。

3. 基于客户生命周期的客户分类

基于客户生命周期的客户分类是把客户关系划分为开拓期、形成期、稳定期和衰退期等几个阶段，可以帮助企业清晰地洞察客户关系的动态特征和不同阶段的客户行为特征，使企业针对客户所处阶段进行有针对性的营销，促使客户向稳定期发展，或者延长稳定期。

不过，该分类方法也存在不足，该方法难以识别相同生命周期阶段的客户差异。例如，同样是形成期的客户，客户价值存在差异，但该方法无法识别。

4. 基于客户生命周期价值的客户分类

基于客户生命周期价值（CLV）的细分理论从狭义上把 CLV 定义为客户在将来为企业带来的利润流的总价值，即未来利润，并认为客户当前价值（CCV）和客户潜在价值（CPV）从不同侧面反映了客户的这种未来利润，CCV 和 CPV 两项之和就是客户在未来可为企业带来的总利润，即 CLV=CCV+CPV。

该细分理论在全面衡量了客户当前价值（CCV）和潜在价值（CPV）后，对其中当前价值和潜在价值都较高的客户认定为最有价值的客户，重点投入，不遗余力地保持；相反，两项取值都较低的客户价值较小，可少投入或不投入任何资源。

该细分理论的不足在于，它没有考虑到客户忠诚度对 CLV 的影响。一个忠诚度低的客户，即使拥有高的当前价值及潜在价值，他的 CLV 也相对较低。企业如果对其进行重点投入就可能会造成损失，因为高的客户转换率会使企业的营销努力付之东流，因此，仅利用客户当前价值和客户潜在价值两个维度对 CLV 进行预测并进行客户价值细分也存在一定的局限性。

6.3　客户识别和客户流失

6.3.1　数据挖掘应用于客户识别

对于大多数企业而言，地球上 70 亿左右的人中只有很少一部分是真正的潜在用户，大部分人将根据地理、年龄、偿还能力、语言、产品或服务等各方面的因素而被排除在外。例如，提供房屋净值信贷额度的银行，它们会自然地把该服务限定为在银行所注册运行的辖区内的房屋所有者；一家出售后院秋千装置的公司会希望得到有孩子且很可能有后院的家庭的信息；一本杂志的目标人群是会适当地阅读，并且对其广告商感兴趣的人。

数据挖掘可以在发现潜在客户方面扮演多种角色，并有如下方式。

1. 识别好的潜在客户

好的潜在客户的最简单定义是那些至少表示有兴趣成为客户的人，这一定义被许多公司所采用。真正好的潜在客户不仅有兴趣成为客户，而且他们有条件成为客户，他们将会是有价值的客户，他们不太可能会欺诈公司，并且可能会支付账单。如果处理得好，他们将会是忠实的客户，并会推荐其他客户。

通过广告或是通过诸如电话或电子邮件等渠道发送信息，发现目标对象很重要。在某种程度上，甚至广告牌上的信息也是定向的：航空公司和租车公司的广告牌往往会出现去往机场的高速公路上，因为驶向机场的客户很有可能需要这些服务。

若要应用数据挖掘，首先定义什么是好的潜在客户，然后把满足这些特征的人群作为营销目标。对于许多公司而言，使用数据挖掘识别好的潜在客户的第一步是构建一个响应模型。

2. 选择合适的通信渠道

潜在客户需要通信，也就是说，企业会有几种不同的方式与潜在客户进行通信。一种方法是通过公共关系，即利用媒体介绍公司并通过口碑传播正面的信息。

从数据挖掘的观点来看，广告和直接营销效果较好。广告可以采用多种形式，如火柴盒封面、商业网站的赞助商、重大体育赛事期间的电视节目等。由此可见，广告基于共同特点定位目标人群，然而，许多广告媒介还不能对个体定制信息。

3．挑选适当的信息

即使是售卖同样的基础产品或服务，不同的信息也只适合不同的人。一个典型的例子是权衡价格和便利程度。有些人对价格很敏感，他们愿意在仓库购物，在深夜打电话，以及不断更改航班以获得更低廉的交易价格。而有些人则愿意支付额外的费用以获得最便捷的服务。基于价格的信息难以激发寻求便利的客户，而且还有把他们引向获利较少的产品的风险，即使他们乐意支付更多。

6.3.2　通过当前客户了解潜在客户

找到好的潜在客户的一种好办法是查看目前最好的客户来自哪里。这意味着使用某种方法来确定谁是当前最好的客户。这也意味着需要记录当前客户是如何获取的，以及在获取客户信息时他们的状态、满意度等信息。

为了发现潜在客户，了解当前客户在他们还是潜在客户时的特点很重要。理想情况下应该做到下面几点。

1．在客户成为"客户"以前开始跟踪他们

可以在潜在客户成为客户之前开始记录他们在第一次访问目标信息网站时发出的一个 Cookie，剖析访问者在该网站上所做的事情。当访问者再次登录信息网站时，该 Cookie 会被识别，同时剖析将会更新。最终访问者成为一个客户或者注册用户时，导致这种转变的活动将成为客户记录的一部分。

利用 Cookie 跟踪响应和响应者同样是好的做法。第一个需要记录的关键信息是潜在客户响应或者没有响应的事实。描述谁响应了、谁没有响应的数据是未来响应模型的一个要素。另外，只要有可能，响应数据还应该包括刺激响应的营销行为、响应的渠道、交易的时间以及响应进来的时间。

确定许多营销信息中的哪些信息刺激了响应是需要技巧的。在某些情况下，甚至不可能得知究竟是哪些营销手段得到了较大反馈。为了能够找到那些有用的信息，响应表单和目录中应包括标识代码（Identifying Code）。甚至连广告宣传活动也可以通过让用户输入电话号码、邮政信箱、Web 地址等来获取这些信息。如果还是无法确定，则可以采用最终手段——询问响应者来区分。

2．收集新的客户信息

当潜在客户开始成为客户时，存在一个收集更多信息的黄金机会。在从潜在客户转换为客户之前，关于潜在客户的数据往往都是简单的地理和人口统计数据。购买列表中除了姓名、联系信息以及列表源之外不可能提供其他任何信息。使用地址信息可以根据所在社区的特征推断出潜在客户的其他信息。根据姓名、地址以及从营销数据提供商购买的潜在客户家庭有关的信息，根据这类数据可以把潜在客户定位在一个较为宽泛的目标范围，如"年轻母亲"或"城市青少年"等一般性分组，但是它们不足以详细到形成个性化的客户关系。

　　在地理级别（邮政编码、人口普查域等）的人口统计信息非常强大。然而，这些信息不提供个人信息或家庭的信息，它只提供了潜在客户所在的社区信息。

其中，收集的对未来数据挖掘最有用的字段是初始购买日期、初始获取渠道、响应的优惠、初始产品、初始信用评分、响应时间和地理位置。这些字段可用于预测大量的结果，如预期的关系持续期、坏账以及额外购买等。应保持这些初始值，而不是随着客户关系的发展用新值来覆盖它们。

3. 获取时间变量可以预测将来的结果

通过获取客户的交易信息，在随后的时间跟踪客户，企业就可以使用数据挖掘将获取的时间变量与将来的结果相关联，如客户关系的寿命、客户价值和默认的风险等。然后，从这些信息中挖掘出可产生最佳结果的渠道，可用来指导营销工作。通常，有些渠道所影响的客户生存周期会是从其他渠道获取的两倍，企业可以通过采取最佳的渠道来延长客户关系的生存周期，从而达到提高企业的利润的目的。

6.3.3 客户流失

对于任何公司而言，客户流失都是一个重要问题，也是数据挖掘的一个主要应用方向。

1. 为什么流失是问题

损失的客户必须用新的客户来补充，然而获取新客户的代价很昂贵。通常，新的客户在近期内所产生的收益比老客户要少。对于市场相当饱和的成熟行业而言尤其如此，因为想要拥有产品或服务的人可能都已经是属于行业内某个公司的客户，所以新客户的主要来源是离开竞争对手的客户。

2. 识别流失

识别流失的动机是找出谁最有可能流失，其中最主要的工作是流失建模。流失建模的挑战之一是明确它是什么，并了解它何时会发生，这对于有些行业来说确实比较困难。一个极端的例子是处理匿名现金交易的业务。当一个曾经忠诚的客户放弃他经常喝咖啡的咖啡馆，去街区南边的另一家咖啡馆时，牢记客户订单的咖啡师可能会注意到这个客户的变化，但是这个事实不会被记录到任何公司的数据库中。即使在按名称标识客户的情况下，区分已经流失的客户和曾动摇过的客户之间的差异也可能很困难。如果一个忠诚于福特公司（Ford）的客户每五年会购买一辆新的福特牌汽车，但是他在第六年没有买，那么该客户是否已经流失到另一个品牌了？

3. 不同类型的流失

客户流失又分为自愿流失、非自愿流失和预期流失 3 种类型。

从数据挖掘的角度看，能够较好地区分开自愿和非自愿流失，这样就降低了客户被误判的风险。

当对流失建模时，对所有类型的流失进行建模是一个好办法。在他们彻底流失之前，用户都处于非自愿和自愿流失的风险中，对某一种风险得分较高的客户可能（或可能不）对其他的风险同样具有较高的分数。

4. 不同种类的流失模型

对流失建模有两种基本方法，第一种是把流失看成是二分结果，其中客户将离开或者留下；第二种估计客户的剩余生存周期。

（1）预测谁会离开

为了把流失建模成二分结果，必须选定某个时限。如果问题是"明天谁会离开？"，答案是几乎没有人。但是如果这个问题是"谁将在下一个百年里离开？"，那么大多数企业的答案几乎是每个人。二分结果流失模型通常有一个较短的时限，如 60 天、90 天或者一年。当然，时限也不能太短，否则将没有足够的时间实施模型预测。

可以使用通常用于分类的工具来建立这种模型，包括逻辑回归分析、决策树和神经网络等。描述某一刻客户人口的历史数据将带有一个标志，以显示客户在某个后续时刻是否依然是活跃的。建模任务是能够区分哪些客户会离开以及哪些会留下。

这种模型通常会根据客户离开的可能性对他们进行打分并排序。最自然的得分是简单地使用模型，得出客户在某个时期内离开的可能性。那些自愿流失得分超过某个阈值的客户将被包含在一个保留方案中；那些非自愿流失得分超过某个阈值的客户将被放在一个观察列表中。

（2）预计客户将保留多长时间

流失建模的第二种方法是生存分析，其基本思想是计算每个客户或者每组客户（他们具有相同的模型输入变量的值，如地理、信用等级以及获取渠道等）将在明天离开的可能性。对于任何阶段，这种灾难可能性（Hazard Probability）的发生概率都相当小，但是某些阶段的可能性会高于其他阶段。通过干预灾难，企业能够估算出客户留存到未来某个日期的概率。

6.4　客户维度与属性

一致性客户维度是建立高效客户关系管理的关键元素。维护良好的一致性客户维度是实现优秀客户关系管理的基石。

客户维度通常是所有 DW/BI（Data Warehouse/Business Intelligence）系统维度中最具挑战性的维度。在大的组织中，客户维度一般非常庞大，包含几十个甚至几百个属性，有时变化非常快。对于超大型的零售商、信用卡公司，其庞大的客户维度有时包含上亿条记录。更为复杂的情况是，客户维度通常表示的是融合了多个内部和外部源系统的集成数据。

如何增加客户多维度属性至关重要。可以使用名字和地址的分析以及其他公共客户属性（包括维度支架表）作为开端，逐步深入讨论其他主要的、有趣的客户属性。当然，客户属性列表通常包含相当多的内容。从客户处获得的描述性信息越多，客户维度就越稳健，越能分析出更有价值的东西。

6.4.1　姓名和地址的语法分析

无论处理的是个人还是商业实体，通常都需要获取客户姓名和地址属性。操作型系统对姓名和地址的处理太过简单，难以被 DW/BI 系统所利用。许多设计者随意设计姓名和地址列，如姓名 1 至姓名 3、地址 1 至地址 6 等，用于处理所有的情况。遗憾的是，要更好地理解和区分客户库，此类杂乱的列毫无价值。将姓名和地址列用上述一般的方法设计会产生质量问题。表 6-1 所示为用一般方法建立的列。

表 6-1   过于一般化的客户姓名和地址示例数据

列	示例数据值
Name	Ms. R. Jane Smith, Atty
Address 1	123 Main Rd, North West, Ste 100A
Address 2	PO Box 2348
City	Kensington
State	Ark.
ZIP Code	88886-2348
Phone Number	888-555-3333 x776 main, 555-4444 fax

　　这样设计的姓名和地址数据列将会受到太多限制，很难采用一致的机制处理称谓、标题和前缀。用户无法获悉某人的名，也无法知道如何对其进行个性化的问候。如果查看该操作型系统的其他数据，用户会发现多个客户具有相同的姓名属性，也可能发现姓名列中额外的描述性信息，如机密的受托人或未成年人。

　　在示例的地址属性中，不同位置采用的缩写形式不一。地址列空间足够大，可以容纳任何地址，但没有建立与邮局规则一致的规则，或者支持地址匹配和横向/纵向识别。

　　与其使用通用意义的列，不如将姓名和地址属性拆分为多个部分。抽取过程需要针对原先混乱的姓名和地址进行语法分析。属性分析完成后，可以将它们标准化。例如，"Rd" 将变为 "Road"，"Ste" 将变成 "Suite"。属性也可以被验证，如验证邮政编码和关联的地区组成是否正确。目前，市场上已经存在专门针对姓名和地址进行清洗的工具，帮助用户开展分析、标准化和验证工作。

　　表 6-2 所示的是美国人的姓名和地址属性。为方便理解，每个属性都包含一个示例数据，但真实的示例与展现的不同。

表 6-2   可进行语法分析的客户姓名/地址数据

列	示例数据值	列	示例数据值
Salutation	Ms.	Country	United States
Informal Greeting Name	Jane	Continent	North America
Formal Greeting Name	Ms. Smith	Primary Postal Code	88887
First and Middle Names	R.Jane	Secondary Postal Code	2348
Surname	Smith	Postal Code Type	United States
Suffix	Jr.	Office Telephone Country Code	1
Ethnicity	English	Office Telephone Area Code	888
Title	Attorney	Office Telephone Number	5553333
Street Number	123	Office Extension	776
Street Name	Main	Mobile Telephone Country Code	1
Street Type	Road	Mobile Telephone Area Code	509
Street Direction	North West	Mobile Telephone Number	5554444
City	Kensington	E-mail	RJSmith@ABC×××.com
District	Cornwall	Web Site	www.ABC×××.com
Second District	Berkeleyshire	Public Key Authentication	X.509
State	Arkansas	Certificate Authority	Verisign
Region	South	Unique Individual Identifier	7346531

商业客户可能包含多个地址，如实体工厂地址和商店地址，每个地址都应该遵守如表 6-2 所示的地址结构的逻辑规则。

6.4.2　国际姓名和地址的考虑

国际化展示和打印通常需要表示成各种语言文字的字符，不仅包括来自西欧的重音字符，也包括斯拉夫文、阿拉伯文、日文和中文，以及其他一些并不为人所熟悉的书写系统。重要的是不要将这一问题理解为字体问题，而是要将它视为字符集合的问题。字体仅仅是艺术家对一组字符的渲染。标准英语包含上百种可用的字体，但是标准英语仅包含相对小的字符集合。除非专业从事印刷工作，否则对一般人来说，这一字符集合基本能够满足他们的所有使用需求。这些小字符集合通常都被编码到美国信息交换标准码（ASCII）中，该标准采用 8 字节编码方式，最多可以包含 255 个字符。这 255 个字符中仅有大约 100 个字符有标准解释，并可用普通英语键盘来输入。对以英语为母语的计算机用户来说，这通常已经足够了。但 ASCII 对于非英语写作系统所包含的成千上万字符来说，就显得远远不够了。

Unicode 协会定义了一个称为 Unicode 的标准，用于表示世界上几乎所有国家的语言和文化所涉及的字符和字母。具体的标准内容可以通过访问 Unicode 的官网获取。Unicode 标准 6.2.0 版本为 110 182 种不同的字符定义了特殊解释，目前基本覆盖了世界上大多数国家和地区的主要写作语言。Unicode 是解决国际化字符集合的基础。

需要注意的是，实现 Unicode 解决方案的操作位于系统的基础层，要求操作系统必须支持 Unicode（目前主流操作系统的最新版本都支持 Unicode）。

除了操作系统，所有用于获取、存储、转换和打印字符的设备都必须支持 Unicode。数据仓库后端工具必须支持 Unicode，包括封装类包、编程语言和自动 ETL 包。DW/BI 应用，包括数据库引擎、BI 应用服务器和它们的报表编写器和查询工具、Web 服务器、浏览器都必须支持 Unicode。DW/BI 架构师不仅要与数据管道中包含的每个包的提供商交流，还需要指导各类端到端的测试（获取一些遗留应用中符合 Unicode 的姓名和地址数据，并将它们发送到系统中。将它们在 DW/BI 系统的报表中或浏览窗口中打印出来，并观察特殊字符是否符合要求）。这一简单的测试将会消除一些混乱。注意，即使开展了此项工作，同样的字符（如某个元音变音）在不同的国家（如挪威和德国）也有不同的分类。

如果要处理的客户来自多个国家，客户地理属性会变得相当复杂。

有时客户维度可能包括完整的地址块属性。该列是特别制作的，组合了客户邮寄地址，包括邮件地址、邮政编码和满足邮寄需要的其他属性。该属性可用于那些有当地特色的国际位置。

除了前面讨论的名称和地址分析需求以外，还需要牢记以下目标。

（1）通用型和一致性。如果用户希望使设计的系统能够适合国际环境，让它能够在世界各地工作，则需要仔细考虑，BI 工具是否产生多种语言的报表转换版本。可以考虑为每种语言提供维度的转换版本，但是转换维度也带来一些敏感的问题。

如果属性粒度在跨语言环境下未能保留，则要么分组统计会出现差异，要么不同语言的某些分组将包含不正确的表头。为避免出现这些问题，需要在报表建立后转换维度。报表首先需要以单一的基本语言建立，然后将报表转换为所需的目标语言。

所有 BI 工具的消息和提示符需要进行转换以方便用户使用，这一过程被称为本地化。

（2）端到端数据质量以及与下游的兼容性。在整个数据流程中，数据仓库不是唯一需要考虑国际化姓名和地址的地方。从数据清洗和存储步骤开始，到最后一步执行地理和人口统计分析及打印报表步骤的整个过程，都需要提供设计方面的考虑，以实现对获取名称和地址的支持。

（3）文化的正确性。在多数情况下，国外客户和合作伙伴将以某种方式获取 DW/BI 系统的最终结果。如果不知道姓名的哪个部分是姓，哪个部分是名，就不知道该如何称呼人，那么将会冒不尊重他人的风险。而且，外国客户和合作伙伴通常会选择与更了解他们的公司做生意。

（4）实时客户响应。DW/BI 系统可以通过支持实时客户响应系统，扮演操作型角色。客户服务代理可以接听电话，或者在不多于 5 秒的等待时间后从屏幕上得到数据仓库推荐使用的问候。此类问候通常包括适当的称呼，包含恰当的用户头衔和姓名。这种问候代表一种完美的热响应缓存，它包含预先计算好的对每个客户的响应。

（5）其他类型的地址。我们正置身于一场通信与网络的革命中，如果设计的系统能够处理国际姓名和地址，则必须预先考虑处理电子姓名、安全标志和网络地址。

与国际地址类似，电话号码必须根据呼叫源以不同方式表示，需要提供属性表示完整的国外拨号方式、完整的国内拨号方式以及本地拨号方式（需要注意，不同国家的电话拨号方式之间存在一定的差异）。

6.4.3　以客户为中心的日期

客户维度通常包含多种日期，如首次购买的日期、最近一次购买的日期、生日等。尽管这些日期最初可能是 SQL 日期类型的列，但如果希望根据特定的日历属性汇总这些日期（如按照季节、季度、财务周期等），则这些日期必须转变为引用日期维度的外键。需要注意，所有此类日期将会按照日期维度划分。这些日期维度将按照不同语义视图被定义，例如，包含唯一列标识的首次购买日期维度。图 6-3 所示的设计是一种日期维度支架表，将在 6.4.7 小节讨论。

图 6-3　日期维度支架表

6.4.4　基于事实表汇聚的维度属性

商业用户通常喜欢基于指标查询或者汇聚的性能度量客户维度，例如，从所有用户中过滤出那些在上一年度花费超过一定数额的客户。也许他们希望按照客户购买产品数量的多少进行约束统计，然后将查询结果作为维度属性再次进行汇聚，最后计算出客户满意的指标。他们也会提出在所有用户中找到那些满足判断标准的用户，然后在查询的结果之上提出另外一个查询，分析满足条件的客户的行为。但并非所有情况都是这样，建议不要将事实表的汇聚结果当成维度属性来存储。这样，商业用户可以方便地约束属性。这些属性可用于约束和标识，但不能用于数字计算。虽然把事实表的汇聚结果当作后面计算的维度属性能够优化计算过程，但主要的负担都落到 ETL 过程中，ETL 过程需要确保属性的精确性，确保它们是最新的，并与实际的事实表保持一致。如果选择将这些事实的汇聚结果当成维度属性，则这些事实表一定是频繁使用的（一般事实表的数据量很大），这也往往会给服务器带来一些不必要的资源开销。

6.4.5　分段属性与记分

客户维度中最强有力的属性是分段类。在不同的商业环境下，这些属性的变化范围显然比较大。对某个个体客户来说，可能包括以下内容。

（1）性别。

（2）民族。

（3）年龄或其他生命分段方式。

（4）收入或其他生活类型分类。

（5）状态（如新客户、活跃客户、不活跃客户、已离去客户）。

（6）参考源。

（7）特定业务市场分段（如优先客户标识符）。

类似地，许多组织为其客户打分以刻画客户情况。统计分段模型通常以不同方式按照积分将客户分类，例如，基于他们的购买行为、支付行为、客户流失趋向或默认概率。每个客户用所得的分数进行标记。

1. 行为标记时间序列

一种常用的客户评分及系统分析方法是考察客户行为的相关度（R）、频繁度（F）和强度（I），该方法被称为 RFI 方法。有时将强度替换为消费度（M），因此也被称为 RFM 度量。相关度是指客户上次购买或访问网站的天数；频繁度是指客户购买或访问网站的次数，通常是指过去一年的情况；强度是指客户在某一固定时间周期中消费的总金额。例如，在处理大型客户数据库时，某个客户的行为可以按照图 6-4 所示的 RFI 多维数据库建模。在此图中，某个轴的度量单位为 1/5，1～5 代表某个分组的实际值。

如果在多维数据库中有上百万个点，要理解不同分组的含义就比较困难。此时，进行有意义的分组就非常必要。数据挖掘专家会利用下列行为标识，在更复杂的场景下，则可能会包含信用行为和回报情况。

① 高容量常客户，信誉良好，产品回报一般。

② 高容量常客户，信誉良好，产品回报多。

③ 最近的新用户，尚未建立信誉模式。

④ 偶尔出现的客户，信誉良好。

⑤ 偶尔出现的客户，信誉不好。

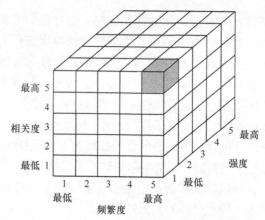

图 6-4　相关度、频繁度和强度（RFI）多维数据库

⑥ 以前的优秀客户，最近不常见。

⑦ 只逛不买的客户，几乎没有效益。

⑧ 其他客户。

至此，可以根据客户时间序列数据，将某个客户关联到报表期间的最近分类中。数据挖掘技术可以实现这一功能。例如，在最近的 10 个考察期间，一位名为约翰的客户情况可以表示如下。

约翰：CCCDDAAABE

这一行为时间序列标记是有特点的，因为它来自于固定周期度量过程，观察值是文本类型的。行为标记不是数字型的，不能计算或求平均值，但是它们可以被查询。例如，可以发现在以前的第 5 个、第 4 个或第 3 个周期中获得 A，且在第 2 个或第 1 个周期中获得 B 的所有用户。也许通过这样的进展分析，可以发现那些可能会失去的有价值的客户，这样的分析可用于提高产品回报率。

行为标记可能不会被当成普通事实存储。行为标记的主要作用在于为类似前一段描述的例子制定复杂的查询模式。如果行为标记被存储在不同的事实表行中，此类查询将非常困难，需要串联关联的子查询。推荐的处理行为标记的方法是在客户维度中建立属性的时间序列，这样我们可以通过建立时间戳索引来提高查询的性能。

除了为每个行为标记时间周期建立不同的列外，建立单一的包含将所有行为标记连在一起的属性也是非常好的一种方法，如 CCCDDAAABB。该列支持通配符搜索外部模式，例如，D 后紧跟着 B。

除了客户维度时间序列行为标记外，在微型维度中包含一个当前行为标识值也是非常合理的。这样，在事实行被加载后，可以通过有效的行为标记分析事实。

2. 数据挖掘与 DW/BI 之间的关系

数据挖掘小组是数据仓库的重要客户，是客户行为数据的重要用户。然而，数据仓库用户发布数据的速度与数据挖掘用户使用数据的速度存在不匹配的情况。例如，决策树工具每秒可以处理几百条记录，但是建立"客户行为"的大型横向钻取报表无法以这样的速度发布数据。考虑下列从 7 个方面横向钻取一个报表的情况，包括基本信息统计、人口统计、外部信用、内部信用、购买、回报和 Web 数据等，可能会产生几百万条客户行为记录。

```
SELECT Customer Identifier, Census Tract, city, County, State, Postal Code,
Demographic Cluster,
    Age, Sex, Marital Status, Years of Residency, Number of Dependents,
    Employment Profile, Education Profile, Sports Magazine Reader Flag,
    Personal Computer Owner Flag, Cellular Telephone Owner Flag, Current Credit Rating,
    Worst Historical Credit Rating, Best Historical Credit Rating, Date First Purchase,
    Date Last Purchase, Number Purchases Last Year, Change in Number Purchases vs.
Previous Year,
    Total Number Purchases Lifetime, Total Value Purchases Lifetime,
    Number Returned purchases Lifetime, Maximum Debt, Average Age Customer 's Debt
Lifetime,
    Number Late Payments, Number Fully Paid, Times Visited Web site,
    Change in Frequency of Web Site Access, Number of Pages Visited Per Session,
    Average Dwell Time Per Session, Number Web Product Orders, Value Web Product Orders,
    Number Web site visits to Partner Web Sites, Change in Partner Web Site visits
FROM*** WHERE*** ORDER BY*** GROUP BY***
```

数据挖掘小组可能会喜欢这样的数据，例如，包含上百万此类查询结果的大型文件可以用决策树工具分析。在此分析中，决策树工具将决定哪些列可用于预测目标字段的变化。有了这个答案，企业就可以使用简单方法预测谁将成为优秀客户，而不需要知道其他的数据内容。但是数据挖掘小组希望反复使用此类查询结果，用于不同种类的分析工具。与其反复让数据仓库小组建立复杂的查询来产生庞大、昂贵的查询结果，不如将查询结果集合写入一个文件中，让数据挖掘小组在他们自己的服务器上进行分析。

6.4.6　客户维度变化的计算

在业务上，企业通常希望基于客户的属性，而尽可能少地与事实表连接来实现对客户维度的计算。如果要跟踪客户二维变化，则需要注意避免重复计算。因为在客户维度中可能针对同一个体存在多行数据，需要针对唯一的客户标识执行 COUNT DISTINCT 操作，或者 GROUP BY 操作，条件是属性必须是唯一的、持久的。客户维度的当前行为标识也有助于开展客户实时计算的工作。

如果要针对客户的历史时间窗口进行分析，则需要使用客户维度中的有效日期和失效日期进行计算。例如，如果需要知道 2013 年 11 月客户数量，假设当前日期是 2013 年年初，则需要约束行为有效期>='1/11/2013'且失效期>='30/11/2013'，这样的约束可以限制结果集。需要注意的是，在执行这样的操作的时候，要参考设置有效/失效日期的业务规则。

6.4.7　低粒度属性集合的维度表

在通常情况下，设计者应避免使用雪花模型。雪花模型将维度中低粒度的列放入不同的规范化表中，然后将这些规范化表与原始维度表关联。一般来说，在 DW/BI 环境中不建议使用雪花模型，因为雪花模型总是会让用户的展示变得更复杂，还会对浏览性能带来负面影响。针对这种对雪花模型的限制，我们可以采用支架模型。支架模型类似于雪花模型，它们都是用来处理多对一的关系的。支架模型是指维度表之间的连接，它并不是完全标准的雪花模型，而是从事实表中派生的一个或多个层次，支架模型通常在一个标准维度被另一个维度引用的情况下应用。

如图 6-5 所示，维度支架表是来自外部数据提供者的数据集合，包含 150 个与客户居住县有关的人口与社会经济属性。居住在指定县的所有客户的数据是相同的。与其为每个在同一县中的客户重复保留该类数据，不如将其建模为支架表。支持"不采用雪花模型"的原因在于：首先，人口统计数据与主维度数据相比，它存在几种不同的粒度，并且具有分析价值。与客户维度的其他数据比较，在不同的时间被多次加载。其次，如果基本客户维度非常大，则采用该方法可以节省大量的空间。如果使用的查询工具仅包含经典的星形模型，而没有雪花模型，则支架表可以隐藏在视图定义之后。

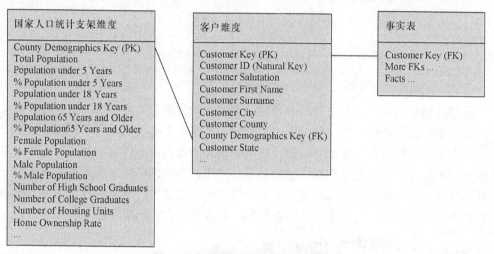

图 6-5　分类低粒度属性的维度支架表

可以使用维度支架表，但只可偶尔为之，不要经常使用。如果设计中包含大量的支架表，就应该提高警惕。开发者可能会陷入过度规范化设计的麻烦之中。

6.4.8　客户层次的考虑

商业客户问题中最具挑战性的问题之一是对企业组织的内部层次建模。商业客户往往都存在实体的嵌套层次，范围涉及个人位置或组织的地区办事处、业务部门总部以及终端母公司等。这些层次关系可能会因为客户内部重组或者参与收购与资产剥离而经常发生变化。

尽管不常见，偶尔还是能遇到层次结构比较稳定、不经常变化的企业客户。假设开发者遇到的是最大层次为 3 层的情况，如地区办事处、业务部门总部和终端母公司。在此情况下，在客户维度上包含 3 个不同的属性来对应这 3 个不同的层次。对那些具有复杂组织结构层次的商业客户或者层次结果经常发生变化的商业客户来说，最好将这 3 个层次适当地表示为与每个层次相关的 3 个不同实体。

在多层级的企业客户中，客户数据的流转过程一般为：所有地区办事处的数据将汇总到所有业务部门总部的数据中，然后汇总到终端母公司的数据中。终端母公司在进行数据汇总时，可以按照数据来源打上企业的层次标签或者分层次进行存储，保证每个层次都有完整的数据库，方便对这些数据进行各层级的指标分析。终端母公司也可以根据汇总的数据计算企业的某一综合业务指标，然后与行业中的指标做对比，为企业的战略决策提供支持。

在多数情况下，复杂的商业客户层次都具有无法确定层次深度和参差不齐的特性，因此需要采用参差不齐的、可变深度的层次建模技术。例如，如果某一公共事业公司正在制订一个税率计划，用于所有公共消费者，而这些消费者是涉及多个层次的不同办事处，以及不同分支位置、制造位置和销售位置的大量消费者的一部分，则此时不能使用固定层次。最坏的设计是采用通用层次集合，命名为层次 1、层次 2 等。当面对一个参差不齐的可变深度层次时，采用该方法会导致客户维度无法使用。

6.5　复杂的客户行为

客户行为可能非常复杂，本节将讨论客户行为类型分析、连续行为分析以及行为分析模型，同时还将包括事实表的准确时间范围问题和用客户满意度或异常情况的指标标注事实事件。

6.5.1　行为类型分析

在分析客户时，类似在某个地理区域内已经从上一年向客户卖出多少产品这样的简单查询，快速发展到在上个月有多少客户的购买量比他们在上一年的平均购买量要多多少这样的复杂查询。若要让商业客户用一条 SQL 语句来表达这样的复杂查询实在是太困难了。常见的做法是嵌入子查询，或者采用横向钻取技术，将复杂查询分解为多条查询语句并分别执行，然后将查询结果合并为最终结果。

在某些情况下，用户希望通过某个查询获得有相似行为的客户集合或异常情况报告（例如，去年最出色的 1100 个客户、上个月消费超过 1000 美元的客户或接受了特殊测试要求的客户），然后使用客户行为类型分析，对某种行为的客户群体进行分析。通过运行一系列查询或者采用数据挖掘技术，对客户行为深入分析，把客户分为不同的类型，然后从客户集合中选择某个属性来作为行为类型表的唯一标识。通常会选取能标识客户唯一性的持久键或者其他能与客户持久键关联的属性。行为类型维度不会受制于客户维度的变化，但是会随着客户的年龄、地址等其他基本属性值的改变而发生变化。

建立复杂行为类型分析的关键在于获取需要跟踪的客户或产品行为的主键。然后使用获取的主键在其他的事实表上建立约束，而不需要返回原始的行为。

图 6-6 所示是客户行为类型分析的简单使用。

行为类型分析表附带一个客户维度持久键（参考图 6-6 所示的 Customer ID）的等值连接，通过这个表用户就能够清楚地根据行为类型维度把客户的行为显示在视图中。采用该方法形成一个看起来在行为上相似且不那么复杂的星形模型。

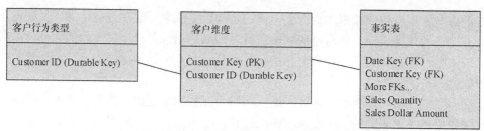

图 6-6　通过客户维度持久键与客户维度链接的行为类型分析表

由于行为类型分析表异常简单，可以对它们执行交集、合并和差集等操作。例如，本月问题客户的集合可以与上月问题客户求交集以获得连续两个月的问题客户的集合。

通过加入客户行为发生的日期属性，行为类型分析将变得更加强大。例如，行为类型分析可以指导某个客户的购买行为，当他们发现客户购买的花生酱品牌发生变化时，对客户进行研究分析，然后进一步跟踪购买的品牌，观察他们是否再次选择了新的品牌。要正确完成上述工作，跟踪这些购买事件时必须具有正确的时间戳，以便获得准确的行为结果。

这种策略在实际生产中有一定的局限性。首先，该方法需要有获取数据仓库中实际行为表的数据接口，并且要有人来管理和维护这些接口。当某个复杂的行为报告定义后，为了能方便地引用这一分析结果，需要从实际行为表选择某一个客户属性来作为行为维度的主键。这些行为类型分析表必须与主事实表使用同一种方式来存储，因为它们要直接与客户维度表关联，这显然会增加数据库管理员的工作量。

6.5.2　连续行为分析

企业在生产过程中有时候需要了解特定客户某段时间的行为动向，借此来改变对该客户的销售策略，这就需要用到连续行为分析。多数 DW/BI 系统都有实现连续过程的良好示例。通常，从特定位置开始，来考察用户流或产品动向。相比之下，连续性度量需要跟踪客户或产品的一系列步骤，通常通过不同的数据获取系统来度量。有关连续行为分析的典型实例，就是通过客户的 Cookie 获取客户在连续多个 Web 页面的会话信息。在分析连续过程时，最困难的就是理解在整个序列中什么是个体有效的步骤。

步骤维度，即客户在整个会话环境中的具体操作，如图 6-7 所示。

步骤维度是一个事前定义的抽象维度。维度中的第 1 行只能用于一个步骤的会话，其中，当前步骤是第 1 步并且没有其他多余的操作。步骤维度中第 1 行后紧接的两行用于标记随后两步的会话。其中第 1 行（步骤键=2）的步骤号为 1，包含不止一个步骤，下一行（步骤键=3）的步骤号为 2，该步骤后没有其他步骤。步骤维度可以被方便地扩充至 100 个步骤的会话。从图 6-7 中可以发现，步骤维度可以与事务事实表关联，其中事实表的粒度是个体页面事件。在该例中，步骤维度有 3 种角色：第 1 种角色是整个会话；第 2 种角色是连续的购买子会话，其中页面事件的序列产生确认的购买；第 3 种角色是被遗弃的购物车，购买没有发生时，页面事件的序列即被终止。

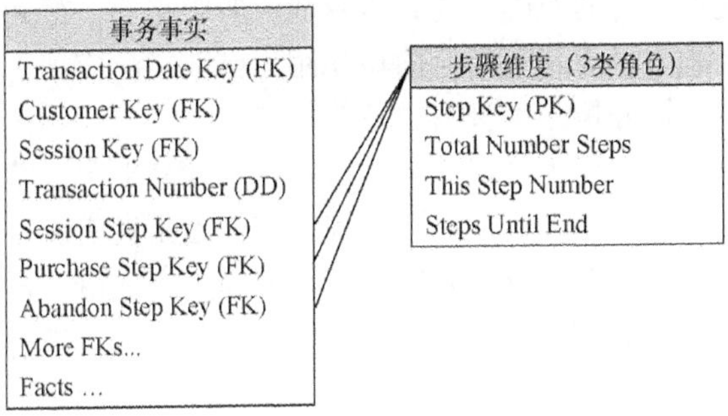

事务事实
Transaction Date Key (FK)
Customer Key (FK)
Session Key (FK)
Transaction Number (DD)
Session Step Key (FK)
Purchase Step Key (FK)
Abandon Step Key (FK)
More FKs...
Facts ...

步骤维度（3类角色）
Step Key (PK)
Total Number Steps
This Step Number
Steps Until End

步骤键	步骤总号	该步的步骤号	该步到结束的步骤数
1	1	1	0
2	2	1	1
3	2	2	0
4	3	1	2
5	3	2	1
6	3	3	0
7	4	1	3
8	4	2	2
9	4	3	1
10	4	4	0

图 6-7　获取连续活动的步骤维度

使用步骤维度，可以在特定的某个页面快速地找到页面所属的角色（整个会话、连续购买、抛弃的购物车），可以查询每个步骤客户连续购买的页面。通过这个经典的 Web 时间步骤维度分析，来确定连续会话的"引导"页。还可以查到客户抛弃购物车时的最后一个页面，抛弃购物车之后客户又访问了哪个页面。

建模连续行为的另一种方法是为每个可能出现的步骤建立特殊的固定编码。如果需要跟踪零售环境中的客户购买产品的行为，并且如果每个产品可以被编码，如以 5 位数字号码编码，那么，能够为每个客户建立包含产品代码序列的文本列。使用非数字的字符来分割代码。这样的系列如下所示：

11254|45882|53340|74934|21399|93636|36217|87952|……

现在使用通配符可以搜索特定的产品购买序列或与其一起购买的产品的情况，或者在卖出某个产品的同时，另外某个产品未被卖出的情况。现代关系数据库管理系统也具备存储和处理这些长字符文本的能力，并且也提供很多利用通配符的搜索。

6.5.3　行为分析模型

企业针对客户的不同行为，会采用几种常用的分析模型，通过数据分析方法的科学应用，经过理论推导，能够相对完整地揭示用户行为的内在规律。通过这些分析，可以帮助企业建立快速反应、适应变化的敏捷商务智能决策系统。常用的分析模型有行为事件分析、漏斗分析和行为路径分析。

1. 行为事件分析

在现在的互联网模式下，事件的传播的速度之快，是我们无法想象的，但是事件能给企业带来的影响也是很难评估的。例如，某电商平台发现某个时间段内商品的销售量有所降低，据客服反馈说有几个客户在平台上买到了假货，发表了一些不好的评论，给平台的声誉造成了坏的影响。这种针对某一事件的分析，我们可以采用行为事件分析法。

行为事件分析法研究某行为事件的发生对企业价值的影响以及影响程度。企业通过对用户的业务行为进行追踪，如用户注册、浏览产品详情页、成功投资、提现等，研究与事件发生关联的所有因素来分析用户这种行为的原因、背景以及造成的影响等。行为事件分析法具有强大的筛选、分组和聚合能力，逻辑清晰且简单易用，已被广泛应用。行为事件分析法一般有事件定义与选择、下钻分析、解释与结论等环节。

现在以"网络爬虫的识别"案例来说明客户行为事件分析的过程。某社交平台运营人员发现，某段时间以来某一地市的 PV 数异常高，因此需要快速排查原因是真实流量还是网络爬虫。企业可以先定义事件，通过"筛选条件"限定流量来源为这个地市，再从其他多个维度进行细分下钻，如"时间""访问地址""操作系统""浏览器"等。当进行细分筛查时，网络爬虫就会现出原形。

2. 漏斗分析

从启动 App 到用户最终支付成功，为什么转化率很低，这也是产品经理很关注的问题。这就需要我们对用户的整个行为过程重点关注，所以"营销管理重在过程，控制了过程就控制了结果"也逐渐成为很多管理者的营销理念。漏斗分析模型是企业实现精细化运行、进行用户行为分析的重要数据分析模型，其营销管理的精细化程度以及用户行为有着重要影响。

漏斗分析是一套流程式数据分析模型，它能够科学地反映用户行为状态以及从起点到终点各阶段的用户转化率情况。例如，在一款游戏产品中，玩家从下载 App 开始到花钱进行游戏，一般的用户会经过 5 个阶段：激活 App、注册账号、进入游戏、体验游戏、购买道具或服务。漏斗模型能展现出各个阶段的转化率，通过对各环节相关数据进行比较，直观地发现和说明问题所在，从而找到优化的突破口。现在漏斗分析模型已经广泛应用于流量监控、产品目标转化等日常数据运营与数据分析中。

漏斗分析模型仅仅是简单的转化率的呈现吗？答案是否定的，科学的漏斗分析模型能够帮助企业获得以下有价值的信息。

（1）企业可以监控用户在各个层级的转化情况，聚集用户选购全流程中的最有效转化路径；同时找到可优化的短板，提升用户体验。

保留客户、降低客户流失率是企业自始至终都要关注的重要问题，通过研究不同层级的转化情况，快速、直观地定位到客户流失的环节，针对性地对薄弱环节进行优化，这样就可降低客户的流失率。

（2）多维度切分与呈现用户转化情况。通过漏斗分析还能够展现转化率趋势的曲线，帮助企业洞察客户的行为变化。提升转化分析的精度和效率，对企业的营销策略调整有着科学的指导意义。

（3）对不同属性的用户群体进行漏斗分析比较，从差异角度找出优化思路。当企业需要对不同客户群体（如新注册用户、老客户、不同渠道来源的客户）的行为过程做分析的时候，我们可以采用漏斗分析，分别对每个客户群体画出漏斗分析模型，对比各个环节的转化率、各流程步骤的转化率，了解转化率最高的客户群体，根据分析结果对不同的客户群体实施差异化的营销措施。

3. 行为路径分析

我国某个社区的 O2O 服务平台，在一次评估客户总体转化率的过程中，通过漏斗分析发现，登录社区 App 后，提交订单的商超客户仅有 30%。问题已经暴露得很清楚，提交订单这一环节的转化率太低。但是如何才能有效地提高客户在这一环节的转化率，应该从哪些方面来分析这些客户行为才是有效的。客户的行为路径分析是其中一种行之有效的解决方法，它为企业实现理想的数据驱动与布局调整提供科学指导，具有重要的参考价值。

客户行为路径，顾名思义，是用户在业务实现过程中的路径，在这里就是指用户在 App 或网站中的访问行为路径。为了验证网站业务流程是否合适，衡量网站优化或者营销活动的效果，时常要对客户的访问路径的转换数据进行分析。以刚才提到的 O2O 平台为例，客户从登录网站或者 App 到支付成功需要经过首页浏览、搜索商品、加入购物车、提交订单、支付订单等过程。而用户的选购过程掺杂了很多个人情感，是一个复杂的、难以推测的过程，例如，客户提交订单后，很可能会返回首页继续搜索商品，也可能取消订单，不管哪种路径都有客户的出发点和动机。综合其他分析模型，对客户行为进行深入分析后找到客户的动机，从而引导客户走到企业期望的路径上来，这是行为路径分析希望达到的最终结果。

客户行为路径分析以目标事件为起点，详细分析后续或者前置的行为，最终还原整个目标事件的流向。科学的客户行为路径分析能够给企业带来如下价值。

（1）可视化用户流，帮助企业全面了解用户整体行为路径。通过用户行为路径分析，可以将业务流程中某个特定事件以及上下游事件进行可视化展示。企业可以清楚地查看事件的相关信息，如事件的分组属性值、后续事件列表、后续事件统计、客户流失等。运营人员通过这些事件信息去找到客户行为的规律，从而判断当前的业务流程是否合适、营销策略是否有效。

（2）定位影响转化的主次因素，使产品设计的优化与改进有的放矢。行为路径分析对网站的优化、产品的设计有着重要的指导意义。它清晰地展现了从客户登录到购买整个行为流程中各个环节的转化率，发现客户行为和偏好，判断影响转化的主要因素和次要因素，找到当前推荐路径中存在的问题，最终优化推荐路径。

6.5.4　时间范围事实表

在大量的操作型应用中，企业可能希望检索获取客户在过去任意时刻的确切状态。例如，在被拒绝贷款延期后，客户是否处于欺诈警告状态？客户处于该状态多长时间了？过去两年来该客户处于欺诈警告的次数是多少？在过去两年中的某个时间点，有多少客户处于欺诈警告状态？若仔细管理包含客户事件的交易事实表，上述所有问题都能得到解答。关键是在建模步骤包括一对日期/时间戳，如图 6-8 所示。第 1 个日期/时间戳是事务的准确时间，第 2 个日期/时间戳是另外一个事务的准确时间。如果正确执行的话，客户事务的时间历史将维护一个无缝的日期/时间戳的连续序列。每个实际事务保证用户能够关联到客户人口的统计信息和状态信息。高密度操作的事务事实表的隐含操纵非常多，因为使用者可以在关联的事务发生时重新进行原始事务的统计，如在使用时重新进行人口统计等。

关键的理解在于给定事务的日期/时间戳，对指定时间范围的数据，其人口统计和状态是常量。查询可以利用此类"静态"的时间范围。如果希望找到客户"Jane Smith"在 2013 年 6 月 18 日上午 6 点 33 分所处的状态，则可以编写下列查询语句来实现。

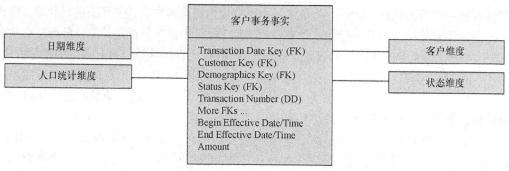

图 6-8　时间表的双日期/时间戳

```
Select Customer. Customer _ Name, Status
From Transaction _ Fact, Customer _ dim, Status _ dim
Where Transaction _ Fact _ Customer _ Key= Customer _ dim. Customer_ key
    And Transaction _ Fact. Status _ key= Status _ dim. Status _ key
    And Customer _ dim. Customer _ Name= ' Jane Smith '
    And #July 18, 2013 6: 33: 00# >= Transaction _ Fact. Begin _ Eff _ DateTime
    And #July 18, 2013 6: 33: 00# < Transaction _ Fact. End _ Eff _ DateTime
```

这样的日期时间戳可用于执行针对客户库的棘手的查询。如果希望查询所有在 2013 年曾经处于欺诈警告状态的客户，则可以编写如下 SQL 语句。

```
Select Customer. Customer _ Name
From Transaction _ Fact, Customer _ dim, status _ dim
Where <joins>
    And status _ dim Status _ Description = ' Fraud Alert '
    And Transaction _ Fact. Begin _ Eff _ DateTime <= 12/31/2013: 23: 59: 59
    And Transaction _ Fact. End _ Eff _ DateTime >= 1/1/2013: 0: 0: 0
```

需要注意的是，该查询在处理所有结束有效日期是跨越 2013 年的情况，默认为包含在 2013 年内。

也可以计算每个客户在 2013 年处于欺诈警告的天数，编写如下语句。

```
Select Customer. Customer _ Name,
    sum ( least(12/31/2013: 23: 59: 59, Transaction _ Fact. End_ Eff _ DateTime)
    -greatest ( 1/1/2013: 0: 0: 0, Transaction _ Fact. Begin _ Eff _ DateTime))
From Transaction _ Fact, Customer _ dim, Status _ dim
Where <joins>
    And Status _ dim Status _ Description = ' Fraud Alert '
    And Transaction _ Fact. Begin _ Eff_ DateTime <= 12/31/2013: 23: 59: 59
    And Transaction _ Fact. End _ Eff _ Datetime >= 1/1/2013: 0: 0: 0
Group By Customer. Customer _ Name
```

对某个给定的客户，事务序列中的日期/时间戳必须构成完整的无缝序列。需要注意的是，如果某个事务的结束有效日期/时间戳比下一个事务的开始有效日期/时间戳要早，则使用类似上述展示的查询可能会导致查询失败。通常，只需事务的结束有效日期/时间戳精确地等于下一个事务的开始日期/时间，即可避免这一问题。

当某个新事务行加入时，使用成对日期/时间戳需要如下两步。

第 1 步，当前事务的结束有效日期/时间戳必须被设置为未来的虚拟日期/时间。尽管在日期/时间戳上插入 NULL 从语义上可能是正确的,但当在约束中遇到空值时处理起来会非常麻烦。因为在询问该字段是否等于某个特定值时,可能会导致数据库出错。通过使用虚拟日期/时间,就可以避免该问题的出现。

第 2 步,在将新事务插入数据库后,ETL 过程必须检索先前的事务,并设置其结束有效日期/时间戳为新事务最新插入的日期/时间。这两个步骤明显增加了成本,但该方法是在增加后端额外的 ETL 开销与减少前端查询复杂性之间典型的权衡方法。

6.5.5　使用满意度指标标记事实表

在多数机构中,盈利是最重要的关键性指标,客户满意度通常是处于第 2 位的指标。但在那些不考虑盈利的组织中,如政府机关,满意度是(或应该是)最重要的指标。

满意度类似于盈利指标,需要集成多种资源。实际上,每个面向过程的客户都是满意度信息的潜在来源之一,无论这一资源是销售、退货、客户支持、计费、网上活动、社会媒介,甚至是地理定位数据。

满意度数据可以是数值,也可以是文本,还可以用两种方式同时对客户满意度建模。度量可以是可加的数值事实,也可以是服务级别维度的文本属性。满意度的其他纯数字度量包括产品退货的数量、失去客户的数量、支持呼叫的数量,以及来自社会媒体的产品态度度量。

图 6-9 展示了航空领域常旅客位置满意度维度,该维度可以被加入描述飞行活动事实表中。文本满意度数据一般以两种方式建模,主要看满意度属性的数量和输入数据的稀疏性。当满意度属性的列表有界且相当稳定时,采用图 6-9 所示的维度设计是非常有效的。

满意度维度
Satisfaction Key (PK) Delayed Arrival Indicator Diversion to Other Airport Indicator Lost Luggage Indicator Failure to Get Upgrade Indicator Middle Seat Indicator Personnel Problem Indicator

图 6-9　航空领域常旅客位置满意度维度

6.5.6　使用异常情景指标标记事实表

累积快照事实表依赖一系列实现流水线过程的"标准场景"的日期。对订单实现来说,包含的步骤有订单建立、订单发货、订单交付、订单支付和订单退货等标准步骤。累积快照事实表的设计在超过 90%的情况中都会成功。

但是如果偶尔出现偏离正常的情况,目前没有好的办法用于揭示发生了什么情况。例如,也许是当订单处于交付期时,送货的卡车轮胎瘪了。于是将货物卸载并重新装载到另外一辆卡车上,但这时开始下雨,货物被雨淋湿了,客户拒绝收货,最终不得不对簿公堂。在累积快照的标准场景中往往没有考虑对此类情况建模。

描述针对标准情况的异常情况的方法是在累积快照事实表上增加一个发送状态维度。针对此类异常的交货场景，可使用状态异常标记该订单完成列。如果分析人员希望查看整个过程，则可以通过订单号和整个过程所涉及的列表号连接伙伴事务事实表进行查看。事务事实表连接事务维度，表明该事务的确出现轮胎漏气、货物损坏和诉讼等。尽管该事务维度将会随时间不断增长，但整体仍将呈现出有界且稳定的状态。

实验 6　航空客运信息挖掘

【实验名称】　航空客运信息挖掘

【实验目的】

1. 熟悉并学会使用 Weka 智能分析环境；
2. 掌握建立数据模型的方法，并学会数据分析。

【实验内容】

本实验利用 Weka 智能分析软件，从航空客运信息源数据中挖掘处理数据，建立数据模型，根据数据模型预测潜在客户。根据业务逻辑，按照 LRFMC 模型进行数据变换，并且使用数据进行分类并预测客户的流失率。

本实验利用到的数据源：数据库中的 custumer 表代表客户信息表；TRANSACTION_DATE 表示航空公司客运数据。

【实验环境】

1. Ubuntu16.04 操作系统。
2. Weka 平台。
3. I9000 平台。
4. Insight 平台。

【实验步骤】

1. 实验题目 1　预测潜在客户模型的创建
（1）打开 "Weka GUI Chooser" 界面，如下图所示，单击 "Explorer" 选项。

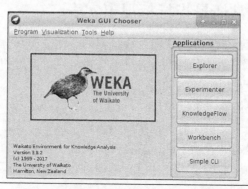

（2）打开"Weka Explorer"界面如下图所示，因为这里的数据源是数据库，所以选择"Open DB"选项。

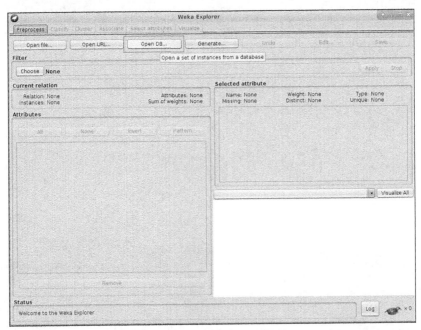

（3）填写参数如下图所示，链接到数据库，图中的 URL 为 jdbc:mysql://localhost:3306/Foodmart2008? characterEncoding=UTF-8。

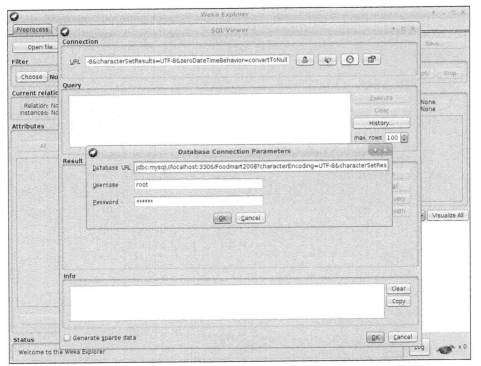

（4）单击链接按钮测试数据库链接是否连通，若如下图所示则表明已经连通成功。

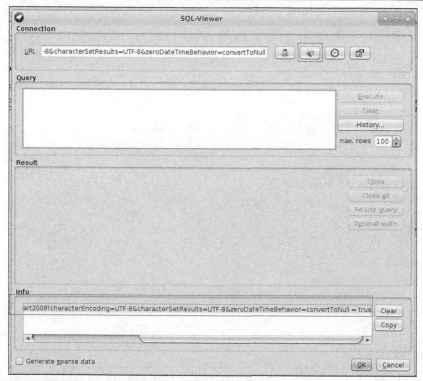

（5）在文本框中写入查询数据的 SQL 语句，然后单击右侧的"Execute"按钮，就会显示相应的数据，如下图所示，单击最下方的"OK"按钮导入数据。

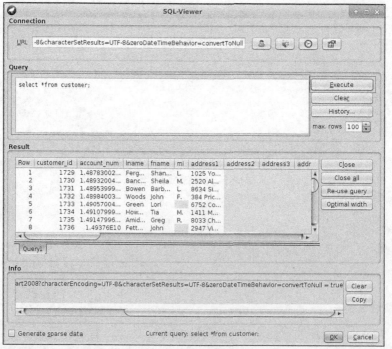

（6）筛选字段。去除不必要的字段，如下图（b）所示为筛选后剩余的字段。

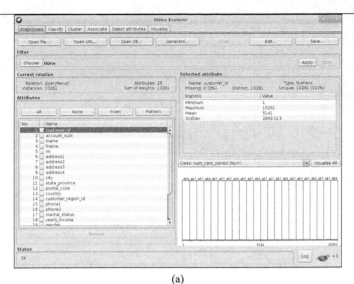

(a)

No.	Name
1	customer_id
2	city
3	state_province
4	country
5	marital_status
6	yearly_income
7	gender
8	total_children
9	num_children_at_home
10	education
11	member_card
12	occupation
13	houseowner
14	num_cars_owned

(b)

（7）如下图所示，进行建模操作。选择聚类的方式，选择界面上方的"Classify"选项卡，在此界面中单击"Choose"按钮，选择相应的算法，此处选择的是 j48 决策树，在"Test options"选项卡中选择的第一项，并在分类的列中选择的"(Nom)member_card"选项。

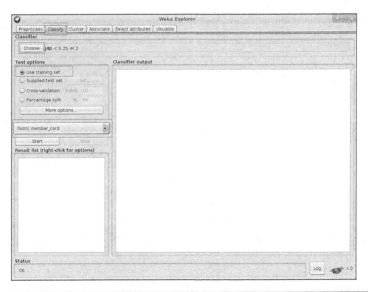

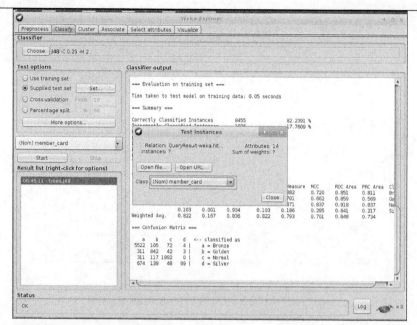

（8）单击"Start"按钮开始训练，如下图所示，右侧会显示一些输出信息。

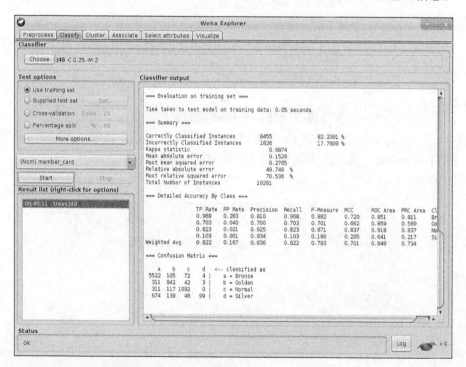

（9）使用刚刚创建的数据模型来进行预测，在"Test options"中选择第二项"Supplied test set"。选择数据文件，class参数选择member_card，单击"Start"开始预测，数据文件如下图（a）所示，使用"?"作为占位符代替要预测字段所在的位置。

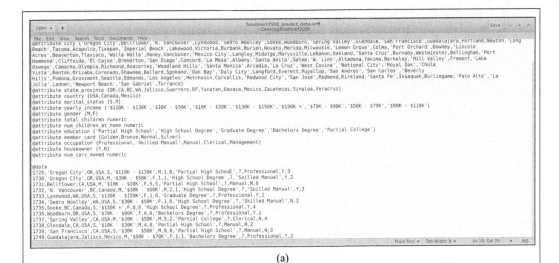

(a)

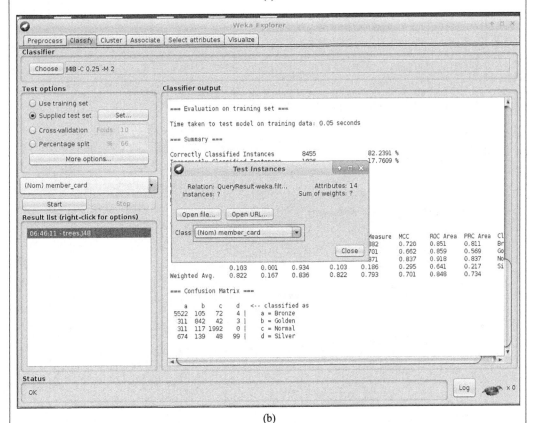

(b)

（10）如下图所示，右键单击 "Result list"（right-click for options）中的结果选项，并选择 "Visualize classifier NTR" 选项。

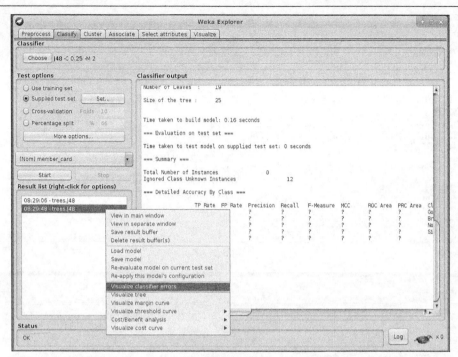

（11）如下图所示单击"Save"按钮保存结果。

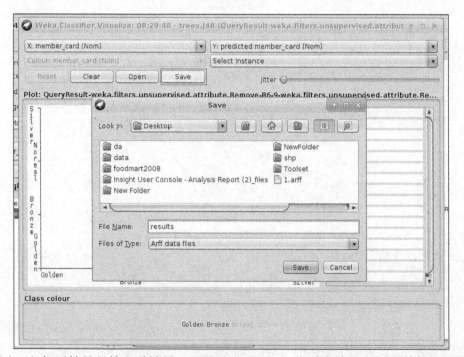

（12）打开结果文件查看结果，下图（a）和（b）分别为结果和预测数据。预测数据使用"?"代替要预测的字段，在原来问号前先出现了两列数据，数字为预测概率，字符为预测结果，即这个顾客办 Bronze 等级的会员卡概率为 0.71。

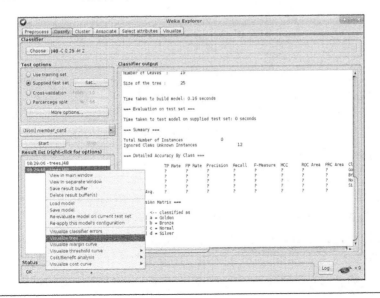

（a）

（b）

（13）如下图所示，右键单击"Result list lright-click for options"中的结果选项，并选择"Visualize tree"选项，就可以查看决策树的结构。

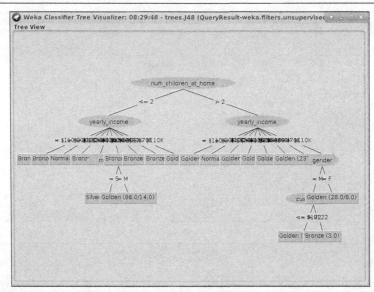

（14）如下图所示，单击"Select attributes"选项卡，可以预测出对目标字段影响最大的 4 个字段。

基于上述步骤的预测潜在客户的模型创建成功，当获得新的客户信息时，就可以根据已有模型判断客户会办理某种会员卡的可能性。

至此，就完成了预测潜在客户模型的创建。

接下来，使用一个航空公司数据集来预测客户流失的可能性。

2. 实验题目 2   利用航空公司数据源预测客户流失的可能性

（1）首先要对数据进行预处理，根据具体业务逻辑，发现在这 44 个字段中真正能用到的只有 FFP_DATE（入会时间）、LOAD_TIME（观测窗口结束时间）、FLIGHT_COUNT（乘机次数）、SUM_YR_1（票价收入 1）、SEG_KM_SUM（飞行里程数）、LAST_FLIGHT_DATE（最后一次乘机时间）、AVG_DISCOUNT（平均折扣率）。

同时，还要对数据进行清洗，清洗规则如下。

① 丢弃票价 SUM_YR_1 为空的记录。

② 在步骤①的基础上，丢弃平均折扣率 AVG_DISCOUNT 为 0.0 的记录。

③ 在步骤②的基础上，丢弃票价 SUM_YR_1 为 0、平均折扣率 AVG_DISCOUNT 不为 0、总飞行里程数 SEG_KM_SUM 大于 0 的记录。

最终的 ETL 流程图及清洗后的数据结果分别如下图（a）和（b）所示。

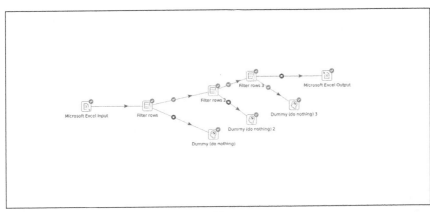

(a)

A	B	C	D	E	F	G
FFP_DATE	LOAD_TIME	FLIGHT_COUNT	SUM_YR_1	SEG_KM_SUM	LAST_FLIGHT_DATE	AUG_DISCOUNT
2000/4/7 0:00	2008/4/1 0:00	9.00	7981	20,660.00	2007/12/9 0:00	.52
2000/8/10 0:00	2008/4/1 0:00	12.00	5793	23,071.00	2008/1/8 0:00	.51
2002/2/7 0:00	2008/4/1 0:00	3.00	6970	2,897.00	2008/3/2 0:00	.95
2004/9/16 0:00	2008/4/1 0:00	3.00	2480	4,608.00	2007/12/28 0:00	.65
2005/4/28 0:00	2008/4/1 0:00	2.00	584	3,390.00	2008/2/14 0:00	.48
2006/3/9 0:00	2008/4/1 0:00	8.00	1549	11,797.00	2006/10/14 0:00	1.35
1999/9/29 0:00	2008/4/1 0:00	54.00	2070	62,170.00	2007/11/29 0:00	.79
2003/1/30 0:00	2008/4/1 0:00	13.00	17618	19,517.00	2008/3/20 0:00	.72
2003/1/30 0:00	2008/4/1 0:00	10.00	6180	12,686.00	2008/1/22 0:00	.55
2003/2/13 0:00	2008/4/1 0:00	13.00	2987	10,992.00	2008/3/30 0:00	1.33
2003/6/12 0:00	2008/4/1 0:00	19.00	566	37,415.00	2007/11/14 0:00	.63
2004/3/25 0:00	2008/4/1 0:00	13.00	13671	24,156.00	2007/1/9 0:00	.79
2004/5/20 0:00	2008/4/1 0:00	2.00	7488	1,870.00	2008/3/22 0:00	.60
2004/7/8 0:00	2008/4/1 0:00	30.00	5931	46,621.00	2008/2/12 0:00	.93
2005/3/10 0:00	2008/4/1 0:00	4.00	1526	7,999.00	2006/6/4 0:00	.58
2002/2/27 0:00	2008/4/1 0:00	7.00	1128	13,298.00	2006/5/7 0:00	.48
2005/11/10 0:00	2008/4/1 0:00	6.00	28728	12,194.00	2008/1/14 0:00	.70
2006/1/26 0:00	2008/4/1 0:00	2.00	1870	1,970.00	2007/11/16 0:00	.73
2003/9/30 0:00	2008/4/1 0:00	4.00	5830	6,684.00	2007/3/13 0:00	.54
2003/10/29 0:00	2008/4/1 0:00	2.00	4982	1,630.00	2008/1/12 0:00	.91
2003/11/4 0:00	2008/4/1 0:00	24.00	1453	33,064.00	2006/12/1 0:00	.55
2003/11/18 0:00	2008/4/1 0:00	7.00	3223	7,784.00	2006/7/9 0:00	.62
2003/11/24 0:00	2008/4/1 0:00	4.00	1065	5,500.00	2007/9/17 0:00	.55
2003/11/24 0:00	2008/4/1 0:00	3.00	9676	5,267.00	2008/2/22 0:00	.60

(b)

（2）然后，根据业务逻辑，按照 LRFMC 模型进行数据变换，LRFMC 模型的指标如下。

L 的构造：会员入会时间距离观测窗口结束时间的月数=观测窗口的结束时间-入会时间 [单位：月]，L = LOAD_TIME-FFP_DATE。

R 的构造：客户最近一次乘坐公司飞机的时间距观测窗口结束时间的月数=观测窗口结束时间的时长-最后一次乘机时间[单位：月]，R = LAST_TO_END。

F 的构造：客户在观测时间内乘坐公司飞机的次数=观测窗口的飞行次数[单位：

次], F = FLIGHT_COUNT。

　　M 的构造：客户在观测时间内，在公司累计的飞行里程=观测窗口总飞行里程数[单位：千米], M = SEG_KM_SUM。

　　C 的构造：客户在观测时间内乘坐舱位所对应的折扣系数的平均值 = 平均折扣率 [单位：%], C = AVG_DISCOUNT。

　　进行 ETL 处理后的数据如下图所示。

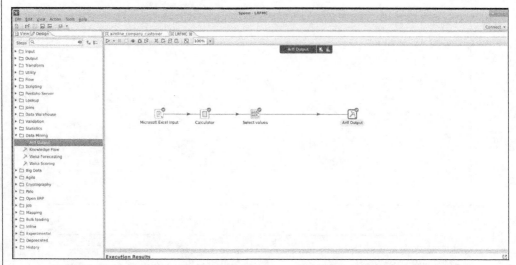

　　（3）数据处理完成后，就可以进行分类，并预测客户的流失率，打开 "Weka Explorer" 界面（见下图（a）），选择 "Open file"，导入数据（见下图（b））。

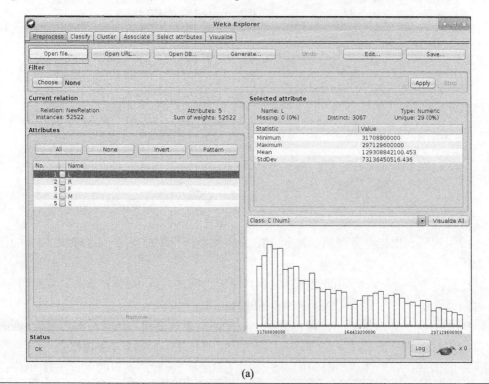

(a)

(b)

（4）使用 k-Means 聚类算法进行建模分析，实现客户价值分群。根据业务逻辑，确定将客户大致分为 5 类，即 $k=5$，k 的含义是中心簇的个数，首先进入"Cluster"选项卡，选择"SimpleKMeans"算法如下图所示。

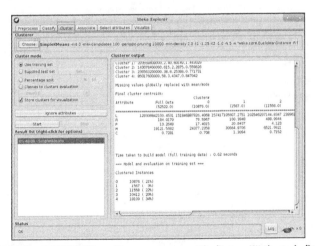

（5）单击算法键，选择参数，将 nubClusters 改成 5，即为 5 个集群，等于 k 的数值，如下图所示。

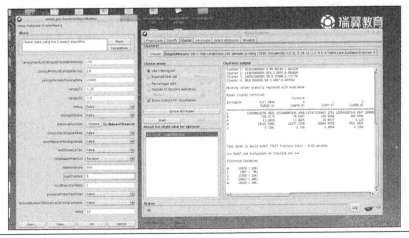

（6）开始计算，最终结果如下图所示分为5类，这5类含义如下表所示。

客户群	排名	排名含义
客户群1（F和M值对应最高，C值最高）	1	重要保持客户
客户群3（C值次高）	2	重要发展客户
客户群0	3	重要挽留客户
客户群4	4	一般客户
客户群2	5	低价值客户

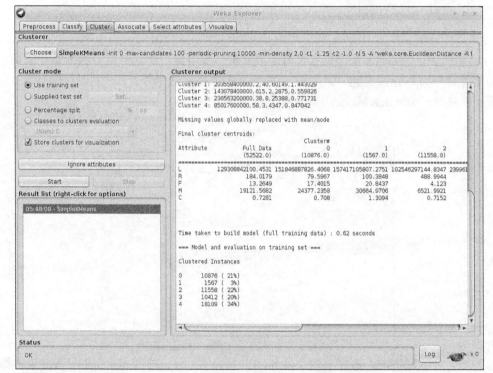

从数据中可以看出客户群2占比为22%，即初步预测客户流失率为22%。
至此，就完成了利用航空公司数据源预测客户流失的可能性。

第7章
商务智能在电子商务领域的应用

本章首先介绍商务智能在智能搜索方面的应用，然后介绍商务智能在电子商务情感分析方面的应用以及商务智能在智能推荐技术方面的应用，最后提供了一个关于如何处理消费者评价数据的实验，帮助读者加深对商务智能在电子商务领域应用的理解。

本章重点内容如下。

（1）商务智能在智能搜索方面的应用。

（2）商务智能在电子商务情感分析方面的应用。

（3）商务智能在智能推荐技术方面的应用。

7.1　智能搜索

在互联网时代，无论是经常使用的搜索引擎，还是日常购物的电商平台，人们如果想要获取所需知识，必须利用智能搜索。而智能搜索的关键就是搜索引擎。

搜索引擎在用户访问互联网时是不可或缺的，它可以帮助用户快速、准确地找到所需的信息或资源。目前的主流搜索引擎大多是基于关键词的查询（如百度、谷歌等），这种方法仍然存在以下问题。

（1）基于关键词的查询方式受到网页更新频率的限制。如果有关网页信息无法及时更新，就会不可避免地影响搜索结果，这就要求搜索引擎定期更新，更新不及时还会造成链接失效等问题。

（2）搜索引擎的智能化程度还不足以满足用户的精确度需求。在用户的搜索结果中，经常会存在大量与所需信息无关的干扰信息，用户从这些结果中再过滤出需要的信息，会耗费更多时间。

（3）搜索引擎优化空间变大，但是难度没有降低。搜索引擎广告位置减少，预示着同样位置排名的搜索引擎优化（Search Engine Optimization，SEO）流量正在稳步提升，但是各大搜索引擎都加大了与行业大站的合作力度，这种变相的广告位置正在抢夺 SEO 小站流量；PC 流量移动化趋势明显，未来移动端流量将越来越重要，SEO 未来将从重视 PC 端转向 "PC+移动"。虽然只是增加了一个移动端，但是工作量增加了，操作的难度也在变大，毕竟移动端屏幕小，操作简单、快速，在 PC 端首页 10 个 SEO 排位或许可以得到客户垂青，但在移动端这个情况已发生改变。

通过 Web 挖掘技术，不仅可以提高搜索结果的准确率，而且能够提高搜索效率。搜索引擎由信息抽取系统和用户界面组成。在信息抽取系统中，由网络机器人获取互联网页面，经过文本分析处理（通常为提取索引项、自动摘要、自动文档分类等）后建立索引库系统，利用文档相似性算法来完成相关文档的查找。

搜索引擎通过用户界面接收用户的查询要求，按照特定的算法在事先建立的索引库中查找出满足用户要求的数据集合，经排序后把搜索结果返回给用户，通常包含所查找出的文章的标题、简介、文档创建日期、文档所在网站的链接等信息。

搜索引擎可以分为全文搜索和目录搜索两种。全文搜索通过从互联网上提取的各个网站的信息（以网页文字为主）建立的数据库，检索与用户查询条件匹配的相关记录，然后按一定的排列顺序将结果返回给用户，采用全文搜索的搜索引擎主要有 Google、Fast/AllTheWeb、AltaVista、Inktomi、Teoma、WiseNut 和百度（Baidu）等；目录搜索是按目录分类的网站链接列表搜索内容，用户完全可以不用进行关键词（Keywords）查询，仅靠分类目录也可找到需要的信息，如 Yahoo 提供了 14 个主题类别、Google 提供网站的主题分类目录进行搜索等。目前，大多数搜索引擎将两种搜索方式结合使用，既可以按照某一类别进行搜索，也可以进行网页级的搜索。

同时，产品搜索、新闻搜索、多媒体信息搜索等各种新型搜索服务也在不断产生，下面介绍搜索引擎的相关技术。

7.1.1 网络机器人

网络机器人（也称为网络蜘蛛、网络爬虫等）在针对互联网的数据统计、数据搜索、链接维护等方面被广泛使用。分析、获取互联网的链接和读取各链接所对应的网页内容是网络机器人的两个主要功能。网络机器人为完成任务必须具备一定的智能，可以概括为以下几方面。

（1）对无效的死链接、黑洞式链接等具有分析处理能力。

（2）判断某一页面所含链接的重要性。

（3）提取网页中的有效链接，剔除广告等无意义链接，处理文档中链接的书写错误。

（4）链接内容发生变化时，具有迅速、及时的更新机制。

（5）识别访问过的链接。

（6）控制向服务器目标发送请求的频率或速度。

在特定领域进行信息搜索，网络机器人应能够对文档的相关性进行判断，过滤掉不适宜的文档，从而降低索引的混乱程度，使搜索结果更加纯净。

当网络机器人被用于特定范围（如某一网站）信息搜索时，还应能够滤去超出范围的链接。

信息的更新是上面所列举的这些要求中最重要的。海量互联网站点和页面数量，给索引库的及时更新带来了极大的困难，搜索引擎能够查询的网页数量在互联网的全部网页数量中所占比例正逐渐减小。所以，一种有效的内容更新机制和变化控制机制的建立是一个极其现实而又重大的问题。

网络机器人的另一个不容忽视的事实是服务器的资源消耗及带宽占用，所以在运行中需要加以控制和监视。随着服务器性能的提高和带宽的增加，这个矛盾将会有所缓解。但无论如何，设计对服务器影响小的、高智能的网络机器人仍是技术人员需要解决的一个难题。

在抓取网页的时候，网络机器人一般有广度优先和深度优先两种策略。

（1）广度优先是指网络机器人会先抓取起始网页中链接的所有网页，然后再选择其中的一个链接网页，继续抓取在此网页中链接的所有网页。这是最常用的方式，因为这个方法可以让网络机器人并行处理，提高其抓取速度。

（2）深度优先是指网络机器人会从起始页开始，逐个链接跟踪下去，处理完这条线路之后再转入下一个起始页，继续跟踪链接。这个方法的优点是设计网络机器人的时候比较容易。

优秀的网络机器人的搜索算法需要经得起长时间的实践检验。例如，广度优先算法能够较好地解决搜索面的问题，但往往会在一处停留过久；而深度优先算法更便于发现新的站点，但信息面的增长相对要慢一些，两种方法各有优缺点，需要根据具体情况进行权衡和折中。

动态网页抓取一直是网络机器人面临的难题。动态网页是相对静态网页而言，由程序自动生成的页面，它可以快速统一更改网页风格，也可以减少网页所占服务器的空间，但会给网络机器人的抓取带来一些麻烦。由于开发语言不断增多，动态网页的类型也越来越多，如 ASP、JSP、PHP 等。这些类型的网页对于网络机器人来说，可能还稍微容易一些。网络机器人比较难处理的是一些脚本语言（如 VBScript 和 JavaScript）生成的网页。如果要适当地处理好这些网页，网络机器人需要有自己的脚本解释程序。对于许多数据存储在数据库的网站，需要通过该网站的数据库搜索才能获得信息，这给网络机器人的抓取带来很大的困难。对于这类网站，如果网站设计者希望这些数据能被搜索引擎搜索，则需要提供一种可以遍历整个数据库内容的方法。

提取网页内容一直是网络机器人的重要技术。整个网络机器人系统一般采用插件的形式，通过一个插件管理服务程序，遇到不同格式的网页采用不同的插件处理。这种方式的好处在于扩充性好，以后每发现一种新的类型，就可以把其处理方式做成一个插件补充到插件管理服务程序之中。

由于网站的内容经常在变化，因此网络机器人也需要不断地更新其抓取网页的内容。这就需要网络机器人按照一定的周期去扫描网站，查看哪些页面是需要更新的页面，哪些页面是新增页面，哪些页面是已经过期的死链接。

搜索引擎的更新周期对搜索引擎搜索的查全率有很大影响。如果更新周期太长，则总会有一部分新生成的网页搜索不到；周期过短，技术实现会有一定难度，而且带宽、服务器的资源都有浪费。搜索引擎的网络机器人并不是对所有的网站都采用同一个周期进行更新，对于一些重要的更新量大的网站，更新的周期短，如有些新闻网站，几个小时就更新一次；相反对于一些不重要的网站，更新的周期就长，可能一两个月才更新一次。

一般来说，网络机器人在抓取网站更新内容的时候，不用把网站网页重新抓取一遍。对大部分的网页，只需要判断网页的属性（主要是日期），把得到的属性和上次抓取的属性相比较，如果相同则不用更新。

7.1.2　文本分析

互联网上存在着多种格式的文件，如文本、图像、音频、视频等。人们使用搜索引擎时基本都是进行文本搜索。搜索引擎可以提供多媒体文件（如图像、MP3 等）的搜索，但这些搜索的处理方式还是依赖于超文本文件中的标记和文本信息，对于基于视频文件的基本内容的搜索技术距离实际应用也还有很大的差距，所以当前网络数据挖掘领域还是以研究文本分析为主。

文本分析是指对文本的表示及其特征项的选取。文本分析是文本挖掘、信息检索的一个基本问题，它把从文本中抽取出的特征词进行量化来表示文本信息。文本（text）与信息（message）的意义大致相同，指的是由一定的符号或符码组成的信息结构体，这种结构体可采用不同的表现形态，如语言、文字、影像等。文本是由特定的人制作的，文本的语义不可避免地会反映人的特定立场、观点、价值和利益。因此，由文本内容分析，可以推断文本提供者的意图和目的。

文本分析所研究的内容包括：提取索引项、自动摘要、自动分类器、文本聚类等。文本分析所依据的主要是文本中所包含的词汇、超文本标记和超链接。

索引项是数据搜索时的主要依据，也是计算机能够进行搜索的必要条件。网页中出现的词汇通常被用作索引项，根据文档所包含的概念来确定索引项是另一种更复杂的技术。很多搜索引擎是对网页的全文进行检索，即将文本中的所有词汇作为索引，从而产生了另一个很难解决的问题，即索引的更新和检索速度。为了有利于索引的更新、快速执行搜索以及节省存储空间，就需要设计一个良好的数据结构。

文本的分类和聚类都是将文档分类，只不过分类是在文档分类前已经有了明确的概念类别或标准，而聚类是根据实际文档间的相似性来完成分类归组工作。常用的分类算法包括后向反馈神经网络、K-近邻算法、贝叶斯分类器、模式识别和其他各种统计技术；常用的基本聚类算法是平面划分法和层次凝聚法。这些方法的组合使用可以获取更加满意的效果。

文本表示模型是将网络文本从一个无结构的原始文本转化为结构化的计算机可以识别处理的信息，即对文本进行科学的抽象，建立它的数学模型，用以描述和代替文本。使计算机能够通过对这种模型的计算和操作来实现对文本的识别。由于文本是非结构化的数据，要想从大量的文本中挖掘有用的信息就必须首先将文本转化为可处理的结构化形式。目前人们通常采用向量空间模型来描述文本向量，但是如果直接用分词算法和词频统计方法得到的特征项来表示文本向量中的各个维，那么这个向量的维度将是非常大的。这种未经处理的文本向量不仅给后续工作带来巨大的计算开销，使整个处理过程的效率非常低下，而且会损害分类、聚类算法的精确性，从而使所得到的结果很难令人满意。因此，必须对文本向量做进一步净化处理，在保证原文含义的基础上，找出对文本特征类别最具代表性的文本特征。为了解决这个问题，最有效的办法就是通过特征选择来降维。

特征词选择算法的选取：用于表示文本的基本单位通常称为文本的特征或特征项。特征项必须具备一定的特性：①特征项要能够确实标识文本内容；②特征项具有将目标文本与其他文本相区分的能力；③特征项的个数不能太多；④特征项分离要比较容易实现。

在中文文本中可以采用字、词或短语作为表示文本的特征项。相比较而言，词比字具有更强的表达能力，而词和短语相比，词的切分难度比短语的切分难度小得多。因此，目前大多数中文文本分类系统都采用词作为特征项，称作特征词。这些特征词作为文档的中间表示形式，用来实现文档与文档、文档与用户目标之间的相似度计算。如果把所有的词都作为特征项，那么特征向量的维数将过于巨大，从而导致计算量太大，在这样的情况下，要完成文本分类几乎是不可能的。特征抽取的主要功能是在不损伤文本核心信息的情况下尽量减少要处理的单词数，以此来降低向量空间维数，从而简化计算，提高文本处理的速度和效率。文本特征选择对文本内容的过滤和分类、聚类处理、自动摘要以及用户兴趣模式发现、知识发现等有关方面的研究都有非常重要的影响。通常根据某个特征评估函数计算各个特征的评分值，然后按评分值对这些特征进行排序，选取若干个评分值最高的作为特征词，这就是特征选择。

除了作为搜索引擎的核心技术，文本分析技术在数字图书馆方面也是一种重要技术。只不过相对于网络，数字图书馆的文档更规范，数据的结构化程度要高一些。

7.1.3　搜索条件的获取和分析

当前的多数搜索引擎更注重易用性，导致在用户查询请求的获取和分析上投入较少。通常搜索引擎支持最多的是关键词搜索及在此基础上的逻辑运算、在初步搜索结果中再搜索和限制条件较为复杂的高级搜索。个别搜索引擎宣称支持自然语言查询，实际上还是以关键词为核心的简单句查询。在分析算法不是很有效的情况下，这种简单的用户信息获取方式势必直接影响搜索结果的准确性和相关性。

搜索引擎需要将用户提供的查询条件进行预处理后，才能转换为系统所能够识别的查询条件，其预处理主要包括下面两种。

（1）提取查询条件中词汇和逻辑关系等有效成分。

（2）通过知识库来获取关键词的同义词、近义词及相关词。

可以看到以上主要是针对词汇的分析。当用户给出一个逻辑关系相对复杂的搜索条件时，搜索引擎就比较难于用关键词组合出搜索条件；同样地，当用查询条件变为由自然语言进行描述时，搜索引擎的分析又面临更大的挑战。因此，搜索条件的获取和分析是搜索引擎从处理一开始就面对的难题。

用户的搜索意图一般分为 3 种类型：导航类、信息类和资源类。雅虎的研究人员在此基础上做了细化，将用户搜索意图划分为如下类别。

（1）导航类：用户明确地要去某个站点，但又不想自己输入 URL，如用户搜索"新浪网"。

（2）信息类：又可以细分为如下几种子类型。

① 直接型：用户想知道关于一个话题某个方面明确的信息，如"地球为什么是圆的""哪些水果维生素含量高"。

② 间接型：用户想了解关于某个话题的任意方面的信息，如搜索"黄晓明"。

③ 建议型：用户希望能够搜索到一些建议、意见或者某方面的指导，如"如何选股票"。

④ 定位型：用户希望了解在现实生活中哪里可以找到某些产品或服务，如"汽车维修"。

⑤ 列表型：用户希望找到一批能够满足需求的信息，如"陆家嘴附近的酒店"。

（3）资源类：这种类型的搜索目的是希望能够从网上获取某种资源，又可以细分为以下几种子类型。

① 下载型：希望从网络某个地方下载想要的产品或者服务，如"USB 驱动下载"。

② 娱乐型：用户出于消遣的目的希望获得一些有关信息，如"益智小游戏"。

③ 交互型：用户希望使用某个软件或服务提供的结果，如用户希望找到一个网站，在这个网站上可以直接计算房贷利息。

④ 获取型：用户希望获取一种资源，这种资源的使用场合不限于计算机，如用户希望搜到某个产品的折扣券，打印后可在现实生活中使用。

7.1.4 信息的搜索和排序

获取最相关的信息既是所有查询最基本的要求，同时又是一个最难以满足的要求。专家的经验在判断哪个文档可以满足特定用户的查询要求时尤为重要，这类似于中医开药方。目前搜索引擎所实现的只是通常意义上的相关信息搜索。

相似性函数法、归类（组）法是常用的相关信息查找方法。索引项在文档内出现的频率、位置、相应的 HTML 标记（如字体、链接）等都会影响文档相似性，这些数据的统计在为文档建立索引的时候就已经完成。对各因素进行适当的加权处理，可以避免单一因素对搜索结果产生过大的影响。各因素的权重还需要在实践中进行反复地调整，以获得一个较好的结果。

主题目录是按照等级排列的主题类索引，排列的方法有字母顺序法、时间顺序法、地点法、主题法等，也可以将各种方法综合使用。主题目录能让用户通过主题浏览 Web 站点列表检索相关信息。

主题目录主要是依靠图书馆和信息专业的专家对已知的网站根据其主要内容进行筛选、组织和评论，从而编制的等级式的目录。有时也允许网站拥有者对他们自己的网站加以归类或进行类别描述，有的网站则干脆邀请随机的网站访问者来对网址进行分类。这些主题目录以超文本链接的方式，将不同学科、专业、行业和区域的信息按照分类目录的方式组织起来，类目之间按照等级系统排列，然后将待收录的网页与相应的类目或主题相连。这样，用户就可以通过主题目录的指引，在相应的等级结构中逐层浏览，直到找到与自己的需求相关的信息。

由于主题目录要由人工编制和维护，在信息的收集、编排、HTML 编码以及信息注释等方面要花费大量的人力和时间。人工干预虽然减少了主题目录下不切题结果的可能性，但也往往会造成某一主题下的站点不够多、不够全面的缺陷。同时由于 Internet 上的网页数量庞大，并且在不断变化，所有的主题类别都跟上站点内容的发展也很难办到，所以碰上部分站点为"死链"或已经过期也就不奇怪了。

总体而言，主题目录特别适合于一般性的、比较笼统的主题的浏览和检索。其等级式分类令用户可以自由选择检索范围，并且从大到小的范围逐级浏览也十分方便。但是使用主题目录很难检索到较为专业的信息，且由于人类的分析判断带有主观性，网址分析归纳者的网站分类方法也不一定与用户的需要相适应。如果用户的思路碰巧与网址分析归纳者的思路合拍的话，这些主题目录可能会对用户有巨大的价值；但假如情况相反，用户则会感到它们牵强而且不可捉摸，精心分析和归纳的数据与实际需求风马牛不相及。在许多时候，用户需要的信息会分散在好几个不同的主题类别下，用户容易错过交叉的信息。另外，不同的网站提供的主题目录的分类和结构不尽相同，用户有时要找到合适的类别也有相当的难度。

查找效果的评价指标通常采用召回率和精度。召回率是被抽取的相关文档占实际的相关文档的比例，反映的是查全率；精度是被抽取的相关文档占抽取文档的比例，反映的是查准率。通常召回率增加，精度也会随之增加。

我们应该注意到，这些方法基本没有涉及文本的语义分析，所以还不能从根本上解决相关性的问题。

通常搜索引擎的用户希望尽快得到按重要性（相关性）顺序排列的搜索结果。而目前的搜索引擎都没有提供搜索结果的分类，于是导致公司介绍、新闻报道、技术文章等混杂在一处，给用户带来了很大的不便。实际上，对于文档类别的判断还是有很多线索的，如网页标题、文档名、文档中所含的链接、文档所在文件夹等。比较符合人们认知习惯的方法是按照学科、知识（概念）层次来进行分类。毫无疑问，这种类别明确、层次清晰的搜索结果是绝大多数用户所需要的。

相对于传统方法，现在有如下一些较为新型的方法。

（1）Pagerank 方法和 Authority and Hub 方法是在这一研究领域的两种比较有影响的方法，这两种方法都是利用页面中的链接来对文档的重要性进行判断。

Pagerank 方法将整个网络看作由超链接所联系起来的有向图，链接就如同民主投票。即如果某一网页被另一个网页引用，则表示该网页向引用的网页投了赞成票，从而使 Pagerank 成为基于网页链接的页面重要性评判依据。凭借这一技术，Google 搜索引擎迅速成为行业的先锋。

Authority and Hub 方法是由乔恩·克莱因伯格（Jon Kleinberg）提出的，在 IBM 公司的 CLEVER 系统中得到应用。该方法将搜索与特定的查询要求相结合。权威（Authority）是指被众多查询相关的页面所引用的页面，而包含多个权威网页链接的页面则称为中心（Hub），权威页面和中心页面当然是用户最想要得到的查询结果。

（2）元搜索引擎（Metasearch Engine）又称多元搜索引擎或者并行搜索引擎，也称为大容量搜索引擎，是近年来才出现的新型搜索引擎。它是为弥补搜索引擎的不足而出现的一种辅助检索工具。一般搜索引擎的检索范围仅局限于其自身的数据库，而且即使是世界上功能最强大的搜索引擎数据库也只能涵盖世界上不到 1/3 的公用网页。

同时，由于不同的搜索引擎各自的信息收集方式和范围、检索算法和结果排序方法都各不相同，同一检索表达式得到的结果大不相同。若用户想要得到较全面的网上信息，则不得不使用多个搜索引擎，费时又费力。

而元搜索引擎允许同时搜索若干个数据库和搜索引擎，有的甚至可以向用户提交单一的、集成的、分级排列的搜索结果清单。实际上，它将用户的检索提问同时送到数个搜索引擎的不同数据库中进行检索，短短几秒就能从这些搜索引擎数据库中找到相关记录的集合并进行不同程度的处理。这比一次只能访问一个搜索引擎方便得多。并且同样进行一次搜索，元搜索引擎使用户能够比使用单一搜索引擎查找到更多的网址。

元搜索引擎可以有也可以没有自身的数据库。它就好像是有智能的中间代理，它发布用户的搜索请求，然后收集独立搜索引擎返回的结果，最后为用户提供一个统一界面的搜索结果报告。

元搜索引擎也有缺点。由于其出现的时间不长，一些搜索引擎的强大的检索功能还不能实现，并且由于它要借助于别的搜索引擎，而不同的搜索引擎解析查询表达式的方式不同：处理大小写字母的方式不同；有的允许自然语言查询，而有的不允许；有的可以采用 NEAR（邻接）操作符，而有的不可以。为了借用尽可能多的搜索引擎，元搜索通常只使用简单、直接的搜索策略，一般仅支持 AND、OR、NOT 等简单的比较低级的通用搜索操作。用户就很难甚至不能利用每个搜索引擎的特色功能。

最新、最全面的检索功能和一些专门化的信息还是只能在特定的搜索引擎中获得。假如用户的需求相对一般化，用元搜索引擎会有很好效果。但假如用户需要更精细的搜索结果，元搜索并不一定合适。另外，元搜索引擎的与需要信息无关的检索结果大量出现的问题仍然不能得到解决。

7.2　电子商务情感分析

网购已经成为人们生活的日常行为。大部分用户在网购的时候，除了关注商品本身，大多还会关注该商品的用户评论数据，来更客观了解商品。但是用户面临的一个主要问题是商品数据规模庞大，每个商品的评论数据也很多，这样用户就很难准确判断商品的好坏，从而影响用户的购买欲，进而影响商品的成交量。因此，商务智能对于评论数据的分析可以实现两个功能：一方面是帮助消费者快速掌握该商品的数据以便决定是否购买；另一方面是帮助生产者发现产品自身问题，以优化商品。

情感分析也被称为观点挖掘、意见挖掘，它通过对包含感情色彩的数据进行分析，得到数据中的主要情感（如积极、消极等），将情感分析应用到电子商务中，就是通过对商品所有的讨论数据进行分析，挖掘出已购买过商品的用户对该商品的情感倾向，为其他用户提供有价值的参考，同时这个结果也可以作为商家推荐商品的依据。

电子商务情感分析工作流程主要包括评论数据的收集及处理、情感词的扩充、词向量模型及情感分析模型的建模与训练、基于规则的数据分析。图 7-1 所示为其主要工作模块。

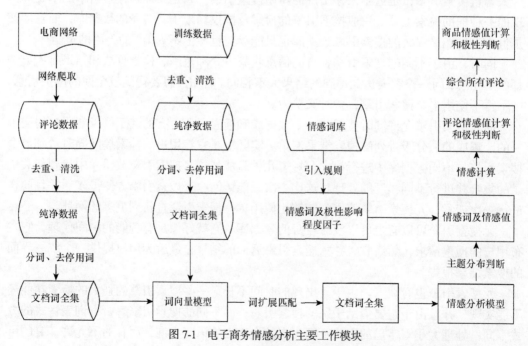

图 7-1　电子商务情感分析主要工作模块

7.2.1　评论数据收集及处理

评论数据主要来自天猫、京东和亚马逊等主流电商网店的商品评论，依据评分数对评论内容进行正负评论的划分，并将评论的主题及具体评论数据拼接在一起作为评论数据。

（1）数据去重及清洗。在评论数据中会存在大量重复数据，如"这个很好吃""这个非常好吃""这个味道不错"等，它们表达的都是同一个意思，但是这类重复数据会对分析结果造成影响。为了去除这些因素的影响，需要对数据进行去重处理。去重算法有很多，如 Simhash 算法、SpotSig 算法等，实际中可根据具体情况进行选择。除了重复数据，过多的垃圾数据也影响分析结果，如广告宣传、特定模板回复、网址等。数据清洗主要基于如下原则：评论过短、评论中有广告词、基本模板的评论、含有网址的评论。最后再利用去重和过滤算法进行循环处理，直到数据稳定，则认为数据处理完成。该数据可作为后面模型的训练数据。

（2）评论数据分词、去停用词。可以利用中文分词工具，如 NLPIR 汉语分词、Jieba 分词等，对评论数据进行分词处理。如"我去过北京天安门"的分词结果是"我 去过 北京 天安门"。分词后的结果可能还存在一些停用词，停用词是指一些信息量很低或没有信息量的词。我们也要将评论数据中的这些词过滤掉。可以采用正则"表达式+停用词表"的过滤方法筛选停用词。如分词后为"我 第一 次 购买 客服 和 售后 都 很 好"，停用词过滤结果为"第一 购买 客服 售后 都 很 好"。

7.2.2　扩展特征向量构造

词向量模型，即将词的 0、1 表示转换为分布表示，如"中国"可以表示为[0.23，–1.25，0.26，0.53，–0.3…]。这个方法通过实数向量词，每一个向量维度表示一个隐藏的特性。通过相似度可以判断两个词的相关程度，可使用余弦定理或欧氏距离来计算。如"苹果"和"梨"通过这个方法计算的相关度会比"苹果"和"咖啡"的相关度高。利用这种方式计算词的近义词，然后对讨论数据分词的结果进行扩展匹配，以解决评论数据离散、短小的问题。

可以使用 CBOW 算法训练出词的特性向量，然后通过余弦定理对待扩展词和训练词进行相似度的计算，并对结果进行排序，保留和该词相似度最大的前 N 个词作为结果，并将该结果保留到 HDFS 上，通过 getmerge 将其获取到本地，然后对本地评论数据进行扩展匹配，得到扩展数据。

7.2.3　情感词库构建

情感词库的构建及完善可以由两部分组成：一是固有的情感词典，二是通过情感词扩展得到的情感词。

情感词典包含 23419 个汉语情感词，并且每个情感词对应各自的情感极性值，其基本格式为"情感词\t 极性值"，如"勇敢 1.247"，"开心 1.174"等。但是固有的情感词比较少，还是需要扩充。

对于情感词的扩充，可以使用 CBOW 算法，计算出每个情感词的实数向量，再利用词扩展匹配算法得到相似度排名前 5 或前 10 的词语，作为情感词的扩充，以此完善情感词库。

7.2.4 情感分析模型

情感分析模型大体可以分为向量空间模型和概率模型两类。

（1）向量空间模型，如词频-逆文本频率指数（Term Frequency - Inverse Document Frequency，TF-IDF）模型。这种模型用于评估一个字词对于一个文件集或一个语料库中的其中一份文件的重要程度。其主要思想是：如果某个词或短语在一篇文章中出现的频率高，并且在其他文章中很少出现，则认为此词或者短语具有很好的类别区分能力，适合用来分类。但是这种方法没有考虑文字背后的语义关联，可能两个语句中共同出现的词语很少，但是两个语句的意思是相近的。

（2）概率模型，如隐含狄利克雷分布（Latent Dirichlet Allocation，LDA）模型，是一种文档主题生成模型，也称为三层贝叶斯概率模型，包含词、主题和文档三层结构。文档集到主题集服从概率分布，词集到主题集也服从概率分布。它是一种非监督机器学习技术，可以用来识别大规模文档集（Document Collection）或语料库（Corpus）中潜藏的主题信息。其生成过程包括如下三个步骤。

① 对每一篇文档，从主题分布中抽取一个主题。

② 从上述被抽到的主题所对应的单词分布中抽取一个单词。

③ 重复上述过程直至遍历文档中的每一个单词。

7.2.5 情感倾向值计算

对评论数据及商品的情感倾向值计算主要有两个步骤：一是情感主题类别确定，二是基于规则的情感倾向值计算。

情感主题确定是通过评论数据的特征向量，结合情感分析模型与情感词库中情感词的极性，将该评论划分到某个情感对应的主题中。对于商品的各条评论都包含一定的情感词，通过对评论数据进行处理，将其表示为基于词的集合，然后对其进行情感主题确定。其中，感情主题确定可以采用基于概率和余弦定理的方法处理。

情感倾向值计算，首先依据情感词库，通过散列算法逐条对评论数据进行情感词抽取。由于同一个情感词，在不同语境中可能出现极性增强、减弱甚至反转的情况，因此在抽取到情感词后，不能直接计算情感倾向值。例如，"这个味道特别好"，极性增强；"这个味道没有想象中的好"，极性减弱；"这个味道真是'好'，哎！"，由于单引号的出现，极性完全反转。因此，在计算情感倾向值时，需要引入一些规则来规避以上的情况。

（1）语句中出现否定词："没有、不、无、非、拒绝"等。首先确定这些否定词和情感词是否存在修饰关系。如果两者之间无其他情感词和否定词存在，说明否定词修饰了情感词，则情感词极性发生变化；如果两者之间存在否定词，则又需要分为两种情况。一种是否定词不重复，则认为是双重否定，情感词极性不变；如果否定词相邻，则表示程度加强。例如，"我不得不承认这个好吃"句中两个"不"表示肯定；但"我不不不喜欢这个味道"中的"不不不"则代表程度加强，表示非常不喜欢。

（2）语句中出现程度副词："很、非常、格外、更加、稍微"等。如果程度副词和情感词之间没有其他程度副词，则认为情感倾向值对应单倍增强；如果程度副词和情感词之间存在情感副词，则根据出现次数及强度，进行乘法运算得到计算情感倾向值加强倍数。

（3）语句中出现连词。连词分为并连词和转折连词。并连词有"和、不但……而且……、不仅……还……、二者都"等；转折连词有"虽然……但是……、仍然……然而……"等。对于并连词的出现，是对情感同一方向的增强或减弱；对于转折连词的出现，是对情感的一个变化，用户先表达一种情感，然后转折强调另外一种情感，相对转折前，要对转折后的情感给予增强或减弱。

（4）语句中出现影响情感极性的符号，主要关注引号和问号。对于引号，可认为是情感极性发生反转，即实际情感与当前含义相反；对于问号的情况，如果语句开头是反问词，如"难道"等，则表示情感极性可能发生变化，如果其中还有"为什么、是……什么……"等词语，则判断为一般疑问句，其情感当作正常处理。

通过以上情况的过滤筛选，最终可以计算出用户评论的情感值和情感倾向值。商品的情感值和情感倾向值可根据用户评论的情感值和情感倾向值来确定，最终可把用户评论和商品的情感倾向分析同时呈现出来，为用户购买商品和商家推送商品提供科学的参照。

7.3　智能推荐

当今时代，互联网已经融入人们日常生活的方方面面，如何针对用户搜索的内容，快速、准确地将搜索结果反馈至用户，以满足其需求，这就需要用到商务智能的智能推荐技术。

7.3.1　智能推荐产生背景及定义

互联网的普及和快速发展产生的大量信息，满足了用户对信息的需求，但同时也大大降低了用户对信息的使用效率，这就产生了另外一个问题——信息超载。随着电子商务规模的进一步扩大，为客户提供越来越多商品选择的同时，信息结构也变得更加复杂。一方面，客户面对大量的商品信息束手无策，经常会迷失在大量的商品信息空间中，无法顺利找到自己需要的商品；另一方面，商家数据库里保存着大量客户的信息，当商家有商品要促销时，无法从大量的客户中找到正确的促销对象。

智能商务针对信息超载问题有一个非常有效的办法，就是智能推荐。它是根据用户的信息需求、兴趣等，将用户感兴趣的信息、产品等推荐给用户的个性化信息推荐系统。与搜索引擎相比，智能推荐系统通过研究用户的兴趣偏好、日常行为等数据，进行个性化计算，由系统发现用户的兴趣点，从而引导用户发现自己的信息需求。一个好的智能推荐系统不仅能为用户提供个性化的服务，还能与用户建立密切关系，让用户对推荐产生依赖。这里的智能推荐系统是广义的概念，它的功能在于发现具有潜在市场价值的客户和商品，包括通常所说的推荐（Recommendation）功能和营销（Direct Marketing 或Targeted Marketing）功能。之所以强调个性化，是因为需要推荐系统能为每个用户推荐适合他们偏好和兴趣的产品，而不是千篇一律的推荐。

智能推荐是一种信息过滤技术。在信息过载的电子商务时代，智能推荐系统（Intelligent Recommendation System）可以通过预测客户的偏好和兴趣，来帮助客户找到需要的信息、商品等，同时也可以间接地提升商品的销售额。利用个性化商品推荐，还可以帮助商家有效提升客户的生命周期价值和转化率。因此，电子商务智能推荐系统具有良好的发展和应用前景。目前，几乎所有大型的电子商务平台（如淘宝、京东、亚马逊、当当等）都不同程度地使用了各种形式的智能推荐系统。各种提供个性化服务的Web站点也需要智能推荐系统的大力支持。

智能推荐系统在电子商务中发挥了什么作用呢？或者说，电子商务应用智能推荐系统后，有哪些好处呢？不论是客户还是商家，都能受益于智能推荐系统：首先，节省了客户购买商品的时间和精力。智能推荐系统通过分析客户的购买习惯，为客户提供个性化的服务，直接推荐客户感兴趣的商品。其次，促进了电子商务系统的交叉销售。智能推荐系统在客户购买过程中向客户提供其他有价值的商品推荐，客户能够从提供的推荐列表中购买自己确实需要但在购买过程中没有想到的商品，从而有效提高电子商务系统的交叉销售额。再次，保留客户。智能推荐系统分析客户的购买习惯，根据客户需求向客户提供有价值的商品推荐。如果智能推荐系统的推荐质量很高，那么客户会对该智能推荐系统产生依赖。因为智能推荐系统不仅能为客户提供个性化的推荐服务，而且能与客户建立长期稳定的关系，从而能有效保留客户，防止客户流失。最后，发现潜在的客户，智能推荐系统通过客户数据，分析客户的购买习性和趋向，预测客户对响应营销方式的响应率，发现有利于客户的特征，有目的性地开展广告和销售业务。通过对客户的忠诚度分析，相应地调整商品的价格和类型，改进销售服务，有利于保留现有客户，寻找潜在的客户。

电子商务系统自身的特点也有利于智能推荐系统的顺利布署，主要原因如下。

（1）丰富的数据：电子商务环境收集的各种数据比较丰富，如客户注册数据、客户交易数据、客户评分数据、客户购物篮信息、客户浏览数据等。丰富的数据为建立推荐模型和产生高质量的推荐提供了可能。

（2）方便的数据收集方式：为电子商务环境中的各种数据的收集提供了方便，减少了数据收集的时间，降低了数据收集的成本。

智能推荐系统能够在用户没有给出明确需求的情况下，帮助用户快速发现有用的信息。系统根据用户的注册、浏览、交易和评论等历史行为数据对其兴趣进行建模，然后把用户模型中的兴趣需求信息和推荐对象模型中的特征信息匹配。同时使用相应的推荐算法进行计算筛选，找到用户可能感兴趣的推荐对象，然后推荐给用户。其基本模型如图7-2所示。

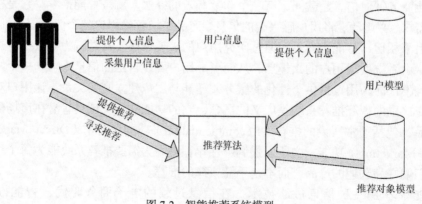

图7-2　智能推荐系统模型

智能推荐系统的研究内容和研究方向如下。

（1）推荐技术研究：目前主要的推荐技术主要包括基于内容的过滤和协同过滤推荐、基于效用和关联规则推荐、混合推荐等。

（2）数据挖掘技术在推荐系统中的应用：随着研究的深入，各种数据挖掘技术在推荐系统中得到了广泛的应用。基于 Web 挖掘的推荐系统得到了越来越多研究者的关注。

（3）实时性研究：在大型电子商务推荐系统中，推荐系统的伸缩能力和实时性要求越来越难以保证。如何有效地满足推荐系统的实时性要求得到了越来越多研究者的关注。

（4）推荐质量研究：在大型电子商务系统中，客户评分数据极端稀疏，导致推荐系统无法产生有效的推荐，推荐系统的推荐质量难以保证。

（5）多种数据多种技术的集成：当前大部分的电子商务推荐系统都只利用了一部分可用信息来产生推荐。随着研究的深入，新型电子商务推荐系统应该利用尽可能多的信息，收集多种类型的数据，有效集成多种推荐技术，从而提供更加有效的推荐服务。

（6）客户隐私保护研究：由于推荐系统需要分析客户的购买习惯和兴趣爱好，涉及客户隐私问题，如何在提供推荐服务的同时有效保护客户隐私，还需要进一步深入研究。

（7）推荐系统可视化研究：推荐系统的目的是为客户提供服务，因此必须为客户提供友好的可视化服务界面。主要包括推荐结果可视化研究和推荐结果解释研究等方面的内容。

7.3.2　智能推荐主要算法

目前常用的智能推荐算法有很多种，本节主要介绍基于内容的推荐、基于协同过滤的推荐、基于效用的推荐、基于关联规则的推荐以及混合推荐。

1. 基于内容的推荐

基于内容的推荐是用机器学习的方法从关于内容的特征描述的事例中得到用户偏好或兴趣的特征，然后基于这些特征，匹配内容相似的物品推荐给用户。

基于内容的推荐方法的优点如下。

（1）不需要其他用户的数据，没有冷启动问题和稀疏问题。

（2）能为具有特殊兴趣爱好的用户进行推荐。

（3）能推荐新的或不是很流行的项目，没有新项目问题。

（4）通过列出推荐项目的内容特征，可以解释为什么推荐那些项目。

（5）已有比较好的技术，如关于分类学习方面的技术已相当成熟。

基于内容的推荐方法的缺点是要求内容能容易抽取成有意义的特征，要求特征内容有良好的结构性，并且用户的口味必须能够用内容特征形式来表达，而且不能显式地得到其他用户的判断情况。

2. 基于协同过滤的推荐

基于协同过滤（Collaborative Filtering Recommendation）的推荐算法是利用用户的历史喜好信息计算用户之间的距离，然后利用目标用户的最近邻居用户对商品评价的加权评价值来预测目标用户对特定商品的喜好程度，系统根据这一喜好程度来对目标用户进行推荐。这种算法可分为两类：一类是基于物品的协同过滤算法（item-based CF），另一类是基于用户的协同过滤算法（user-based CF）。基于物品的协同推荐通过计算物品之间的相似性，为用户推荐已购买或浏览物品的相似物品。基于用户的协同过滤算法通过计算用户之间的相似度，找出与目标用户相似的用户集合，利用相似用户的偏好预测目标客户的偏好。基于协同过滤的推荐系统可以说是从用户的角度来进行相应推荐的，而且是自动的，即用户获得的推荐是系统从购买模式或浏览行为等隐式获得的，不需要用户努力地找到适合自己兴趣的推荐信息，如填写一些调查表格等。

与基于内容的过滤方法相比，协同过滤具有如下优点。

（1）能够过滤难以进行机器自动内容分析的信息，如艺术品、音乐等。

（2）共享其他人的经验，避免了内容分析的不完全和不精确，并且能够基于一些复杂的、难以表述的概念（如信息质量、个人品位）进行过滤。

（3）有推荐新信息的能力。可以发现内容上完全不相似的信息，用户对推荐信息的内容事先是预料不到的。这也是协同过滤和基于内容的过滤一个较大的差别，基于内容的过滤的推荐很多都是用户本来就熟悉的内容，而协同过滤可以发现用户潜在的但自己尚未发现的兴趣偏好。

（4）能够有效地使用其他相似用户的反馈信息，减少用户的反馈量，加快个性化学习的速度。

虽然协同过滤作为一种典型的推荐技术有相当广泛的应用，但协同过滤仍有许多问题需要解决。最典型的问题是稀疏问题（Sparsity）和可扩展问题（Scalability）。

3. 基于效用的推荐

基于效用的推荐（Utility-based Recommendation）是建立在对用户使用项目的效用情况上计算的，其核心问题是如何为每一个用户去创建一个效用函数。因此，用户资料模型很大程度上是由系统所采用的效用函数决定的。基于效用的推荐的好处是它能把非产品的属性，如提供商的可靠性（Vendor Reliability）和产品的可得性（Product Availability）等考虑到效用计算中。

也就是说，基于效用的推荐是为用户设计一个效用函数，度量用户使用项目（商品）的效用，在此基础上推荐效用最大的商品。这种推荐方法可以综合考虑产品属性以外的各种因素。

4. 基于关联规则的推荐

基于关联规则的推荐是以关联规则为基础，把已购商品作为规则头，规则体为推荐对象。关联规则挖掘可以发现不同商品在销售过程中的相关性，在零售业中已经得到了成功的应用。关联规则就是在一个交易数据库中统计购买了商品集 X 的交易中有多大比例的交易同时购买了商品集 Y，其直观的意义就是用户在购买某些商品的时候有多大倾向去购买另外一些商品，如购买牛奶的同时很多人会同时购买面包。

算法的第一步关联规则的发现最为关键且最耗时，也是算法的瓶颈，但可以离线进行。另外，商品名称的同义性问题也是关联规则的一个难点。

5. 混合推荐

在学习混合推荐之前，我们先来回顾并比较一下前面几种推荐的优缺点。

基于内容的推荐优点是：推荐结果直观，容易解释；不需要领域知识。其缺点是：稀疏问题；新用户问题；复杂属性不好处理；要有足够数据构造分类器。

基于协同过滤的推荐优点是：能发现新兴趣点、不需要领域知识；随着时间推移性能提高；推荐个性化、自动化程度高；能处理复杂的非结构化对象。其缺点是：有稀疏问题、可扩展性问题、新用户问题；质量取决于历史数据集；系统开始时推荐质量差。

基于效用的推荐优点是：无冷启动和稀疏问题；对用户偏好变化敏感；能考虑非产品特性。其缺点是：用户必须输入效用函数；推荐是静态的，灵活性差；有属性重叠问题。

最后是基于关联规则的推荐，优点是：能发现新兴趣点；不需要领域知识。其缺点是：规则抽取难、耗时；产品名同义性问题；个性化程度低。

以上算法都有各自的优缺点，因此在实际应用中经常采用混合推荐。混合推荐是以加权、串联、并联等方式组合上述推荐方法，能综合各种推荐算法的优点，从而获得更优的推荐效果。

在组合方式上，有研究人员提出了以下 7 种组合思路。

（1）加权（Weight）：加权多种推荐技术结果。

（2）变换（Switch）：根据问题背景和实际情况或要求决定变换采用不同的推荐技术。

（3）混合（Mixed）：同时采用多种推荐技术给出多种推荐结果为用户提供参考。

（4）特征组合（Feature Combination）：组合来自不同推荐数据源的特征被另一种推荐算法所采用。

（5）层叠（Cascade）：先用一种推荐技术产生一种粗糙的推荐结果，第二种推荐技术在此推荐结果的基础上进一步做出更精确的推荐。

（6）特征扩充（Feature Augmentation）：一种技术产生附加的特征信息嵌入到另一种推荐技术的特征输入中。

（7）元级别（Meta-level）：用一种推荐方法产生的模型作为另一种推荐方法的输入。

7.3.3　智能推荐在电子商务中的应用

1. 电子商务推荐系统的作用

电子商务推荐系统最大的优点在于它能收集用户感兴趣的资料，并根据用户兴趣偏好主动为用户做出个性化推荐，而且给出的推荐是实时更新的。当系统中的产品库和用户兴趣资料发生改变时，给出的推荐序列也会自动改变，大大方便了用户对商品信息的浏览，也提高了企业的服务水平。总之，电子商务推荐系统的作用主要表现在以下三个方面。

（1）将电子商务网站的浏览者转变为购买者。

（2）提高电子商务网站的交叉销售能力（Cross Selling）。

（3）提高客户对电子商务网站的忠诚度。

研究表明，电子商务的销售行业使用个性化推荐系统后，销售额能有很大提高，尤其在书籍、电影、音像、日用百货等产品价格相对较为低廉且商品种类繁多、用户使用个性化推荐系统程度高的行业，推荐系统能大大提高企业的销售额。

2. 电子商务推荐系统的分类

电子商务推荐系统以用户为中心，为用户提供服务，可以根据用户获得推荐的自动化程度和持久性程度对电子商务推荐系统进行分类。什么是自动化程度和持久性程度呢？自动化程度是指用户为了得到推荐是否需要显式地输入信息，可分为自动化方式和手动方式。持久性程度是指电子商务推荐系统产生推荐是基于当前用户的单个会话还是多个会话。

根据自动化程度和持久性程度，可以将电子商务推荐系统分为四类。

（1）非个性化电子商务推荐系统：向当前用户提供的推荐结果可能基于其他用户对

商品的平均评价，或者基于电子商务系统的销售排行，或者基于电子商务系统的编辑推荐。这种推荐技术独立于各个用户，每个用户得到的推荐都是相同的。它属于自动化方式推荐，产生的推荐基于用户的单个会话。

（2）基于属性的电子商务推荐系统：根据商品的属性特征向用户产生推荐列表，这种推荐系统类似于搜索引擎，用户需要手动输入所需商品的属性特征，属于手工方式推荐。产生的推荐可以基于用户的单个会话，也可以基于用户的多个会话。

（3）商品相关性推荐系统：根据商品之间的相关性向用户产生相应的推荐。它可以是全自动推荐系统，也可以是全手工方式推荐系统。这种推荐技术一般是基于用户的单个回话。

（4）协同过滤推荐系统：又称为用户相关性推荐系统，这种系统首先搜索当前用户的最近邻居，然后根据最近邻居的购买历史或评分信息向当前用户产生推荐。一般不需要用户显示输入信息，产生的推荐一般是基于用户的多个会话。

3. 电子商务推荐系统的组成

电子商务推荐系统的组成主要可以分为输入功能（Input Function）模块、推荐方法（Recommendation Method）模块、输出功能（Output Function）模块三个模块。

（1）输入功能模块主要负责对用户信息的收集和更新。输入可来自客户个人和社团群体两部分。客户个人输入（Targeted Customer Inputs）主要指目标用户，即要求获得推荐的人为得到推荐而必须对一些项目进行评价，以表达自己的偏好，包括隐式浏览输入、显示浏览输入、关键词和项目属性输入和用户购买历史等。社团群体输入（Comunity Inputs）主要指集体形式的评价数据，包括项目属性、社团购买历史、文本评价、等级评分。

（2）推荐方法模块是推荐系统的核心部分，负责由输入如何得到输出，决定着推荐系统的性能优劣。推荐方法模块以推荐技术和算法为技术支撑。

（3）输出功能模块主要负责在系统获得输入信息后，输出推荐给用户的内容。主要形式包括：①建议（Suggestion），又分为单个建议（Single Item）、未排序建议列表（Unordered List）、排序建议列表（Ordered List）；②预测（Prediction），系统对给定项目的总体评分；③个体评分（Individual Rating），输出其他客户对商品的个体评分；④评论（Review），输出其他客户对商品的文本评价。

4. 电子商务推荐系统的实例

智能推荐系统主要应用在电子商务网站、搜索引擎及社交网站中。在社交网站中，如豆瓣、FaceBook等都使用了智能推荐技术。电子商务企业可以根据不同客户群的兴趣，为客户提供更为恰当的个性化推荐的服务，从而使用户由单纯的网站浏览者转变为贡献企业利润的消费者。智能推荐也是一种很重要的营销手段。

（1）亚马逊书店是世界上销售量最大的书店之一。它可以提供超过310万种的图书目录，书店的员工人均销售额为37.5万美元。这一切的实现，电子商务推荐系统起了十分关键的作用。下面介绍最具有代表性的几种推荐方案。

① Your Recommendations（用户评价）：亚马逊鼓励客户对感兴趣的商品进行评价。评价分成五个等级，当客户评价过若干商品后，系统就会根据用户的喜好给出推荐，通常推荐几种商品。客户还可以通过刷新推荐，实时获取更多更新的推荐。

② Customer who bought this also bought（买此商品的客户同时买什么）：这是大多电

子商务网站都采用的一种推荐方式。以书籍为例,亚马逊通常把这种推荐方法以两个列表的形式输出:一个推荐列表是购买本书的客户还经常购买的其他书籍;另一个推荐列表是购买本书作者作品的客户还经常购买的其他作者的作品。

③ Customer who viewed this also viewed(浏览此商品的客户同时浏览什么),与上面所提到的推荐方法相似。只有一个推荐列表:浏览本地客户还经常浏览的其他任何类别的商品。比起上面的方法,此种方法推荐的广度更大,可以提高网站的交叉销售能力。

④ Better Together & Best Value(捆绑销售),将当前商品和其他相关商品捆绑销售。同时购买这些捆绑销售的产品,会比购买单件商品便宜。通过价格的下调,刺激浏览者转变为购买者。

(2)亿贝(eBay)网是世界上较大的网上拍卖平台,它拥有超过 1000 万的注册用户,每天进行 100 多万宗拍卖业务。亿贝网能比其他网络站点开展更多的经济活动,它的推荐系统起了重要作用。

亿贝网使用用户反馈模型机制来促进买卖双方的交易。反馈包括一个满意度的评分以及关于其他客户的相关评价,系统根据反馈信息向客户提供推荐。这里介绍三种推荐方案。

① Advanced Search(高级搜索),搜索的方法种类相当齐全。用户可以通过输入关键字或者商品编号搜索商品;通过输入卖家 ID 搜索卖家所售商品;通过输入店铺名或者店主 ID 搜索店铺。搜索关键字可以在在线商品的关键字或者商品描述中进行,也可以在已经结束的物品中进行。所有的搜索结果可以根据地区、登录时间、价格、出价商品、物品状态进行排序,还可以选择输出商品的显示方式(按橱窗或物品号显示)。

② Favorite Sellers(收藏卖家),当客户把喜欢的店铺收藏后,可定制直接从店主那里接收新闻快递,也可以选择不同时间接收卖方通知。

③ Personalized Picks(个性化选择),有助于客户在亿贝网找到感兴趣的商品。

实验 7　消费者评论数据情感分析

【实验名称】消费者评论数据情感分析

【实验目的】

　　1. 熟悉 EDU 平台提供的 Python 代码进行评论语句情感分析,并可根据需求进行代码修正;

　　2. 熟悉并学会机器学习的算法来辅助分析,对用户的评论数据进行提炼,得到所需信息。

【实验内容】

　　用户体验的工作可以说是对用户需求和用户认知的分析。而消费者的评论数据是其中很重要的一环,它包含了用户对产品的评论,不管是好的还是坏的,都将对产品的改进和迭代有帮助。另外,任何事情都要考虑金钱成本和人力成本,因此希望能通过机器学习的算法来辅助分析用户的评论数据。

【实验环境】

1. Ubuntu16.04 操作系统。

2. Jupyter Notebook（此前被称为 IPython Notebook）是一款开放源代码的 Web 应用程序，可让使用者创建并共享代码和文档。它提供了一个环境，使用者可以在其中记录代码、运行代码、查看结果、可视化数据并查看输出结果。也可用于数据清理、统计建模、构建和训练机器学习模型、可视化数据及其他许多用途。Jupyter Notebook 支持运行 40 多种编程语言。Jupyter Notebook 支持实时代码、数学方程、可视化和 Markdown。

【实验步骤】

1. 数据获取和清洗

网络爬虫在数据获取的应用上非常广泛，获取网络公开数据不再是难题。用户可以利用互联网的爬虫服务（如神箭手、八爪鱼等），也可以自己编写爬虫程序。本实验使用网络爬虫来获取京东商城的评论数据。相对其他网络平台而言，京东商城的数据获取比较难。一方面是京东的反爬虫技术不错，通过正常产品网址登录的评论列表几乎爬不出数据，大部分网络爬虫都止步于此；另一方面，如果一款商品的评论数超过 1 万条，那么该商品的页面上只会显示前 1000 条评论，除非开着网络爬虫定时增量更新数据，才能爬取剩余的评估。

本实验爬取了京东商城里小米 MIX 手机和小米 MIX2 手机的评论数据，其中小米 MIX 手机的评论共 1578 条，小米 MIX2 手机的评论共 3292 条。

```
In [1]: import pandas as pd
        import numpy as np
        import matplotlib.pyplot as plt
        %matplotlib inline
        from CustomerReviews import Reviews
        import warnings
        warnings.filterwarnings("ignore")
        from imp import reload
```

本实验通过分析用户评论数据，预期完成如下几个目标：

① 数据清洗后的好评率；

② 好/中/差评的概览；

③ 典型意见分析。

首先来看小米 MIX2 手机的评论数据情况。

从下图中可以看出一共有 3497 条评论，其中有些评论内容还是完全相同的。用户一般在购买 9 天后评论（可能与到货日期有关），平均打分为 4.87 分。

```
In [2]: data=pd.read_csv('小米MIX2.csv')
        # 显示的数据包含的字段
        print('包含字段:\n'+'||'.join(data.columns))
        # 将评论创建时间转化为时间格式
        data['creationTime']=pd.to_datetime(data['creationTime'])
        # days 是从购买到首次评论的天数，score 是用户的评分，1-5 分
        data[['days','score']].describe()

        包含字段:
        pid||guid||creationTime||days||content||nickname||productColor||referenceId||referenceName||referenceTime||score||userClient||userLevelId||userLevelName||userProvince||userRegisterTime||版本||购买方式
```

Out[2]:	days	score
count	3497.000000	3497.000000
mean	9.056048	4.877323
std	11.497972	0.581064
min	0.000000	1.000000
25%	1.000000	5.000000
50%	4.000000	5.000000
75%	10.000000	5.000000
max	42.000000	5.000000

```
In [3]: data[['content','productColor']].describe()
Out[3]:
                content  productColor
        count     3497        3497
        unique    3309           1
        top         好           星
        freq        24        3497
```

京东采用的是 5 分制，其中 4 分和 5 分为好评，2 分和 3 分为中评，1 分为差评。小米 MIX2 手机的好评率为 96.63%，与京东官网一致。

```
In [4]: comments=Reviews(texts=data['content'],scores=data['score'],\
                        creationTime=data['creationTime'])
        comments.describe()
        # 这里的 `Reviews` 是作者自己造的轮子，封装了很多NLP的算法。
Out[4]: 样本数        3292
        平均字符数     38.5
        好评      3181(96.63%)
        中评        61(1.85%)
        差评        50(1.52%)
```

粗略浏览用户的评论，可以发现如下的几种无效评论。

（1）评论全是标点符号或者只有一两个字，这种情况可以利用正则表达式来去除。

（2）评论纯属凑字数和"灌水"，不含任何产品的特征。这种评论处理起来比较麻烦，实际情况会非常复杂，比如"用的很不错""太差了"等。这种评论并没有主语，其他用户并不知道它评价的是什么。这里可以假设每一类无效评论都有类似的关键词，一个评论中的词语只要有一些垃圾关键词，就可以把它判定为无效评论。当然也并不需要给定所有的无效评论词，利用 tfidf 即可通过一个词语顺藤摸瓜找到其他类似的词语（还可以利用文本相似性算法寻找）。

```
In [5]: # 解决一词多义问题以及统一产品特征名词，比如触摸屏 -> 触屏, samsung -> 三星等
        comments.replace('synonyms.txt')
        # 分词，此处用的是结巴分词工具。
        # 添加了手机领域的专有词，以及产品特点词语，比如磨砂黑，玻璃金等
        comments.segment(product_dict='mobile_dict.txt',\
                         stopwords='stopwords/chinese.txt',\
                         add_words=['磨砂黑','玻璃金'])
        # 去除无效评论
        initial_words=['京东豆','散散','经济','亲交','今生今世','红红火火',\
                       '彰显','繁华富贵','仰慕','滔滔不绝','水不变心',\
                       '海枯石烂','天崩地裂']
        comments.drop_invalid(initial_words=initial_words,max_rate=0.6)
        comments.describe()
        Building prefix dict from the default dictionary ...
        Loading model from cache /tmp/jieba.cache
        Loading model cost 0.965 seconds.
        Prefix dict has been built succesfully.
Out[5]: 样本数        3174
        平均字符数     39.3
        好评      3064(96.53%)
        中评        60(1.89%)
        差评        50(1.58%)
        dtype: object
```

（3）另外，还有种情况虽然不属于无效评论，但是影响好评占比。例如，京东默认的好评，或者虽然内容是差评，但是标记的分值是 5 分，这种情况在追评中出现较多。在自然语言处理（Natural Language Processing，NLP）领域中，有一个方向叫情感分析（Sentiment Analysis），它可以判断一句话的情感方向是正面还是负面的（以概率大小表示，数值为 0~1）。如果一段评论的情感方向与对应的评分差异过大，则我们有理由相信它的评分是有误的。当然这里有一个条件，那就是这个情感分析算法是非常准确的。

有人用电商评论训练了一个开源的情感分析包 snownlp，下面用 snownlp 来进行分析。

```
In [6]: from sklearn import metrics
        # 情感分析，返回每一个评论的正向情感概率
        ss=comments.sentiments(method='snownlp')
        # 此处是典型的样本不平衡问题，所以预测概率需要 "再缩放"
        acc=metrics.accuracy_score(comments.scores,\
                                pd.cut(ss,[-0.1,0.0158,0.0347,1],\
                                labels=['差评','中评','好评']))
        scores_bin=comments.scores.replace({'好评':-1,'中评':1,'差评':1})
        fpr, tpr, thresholds = metrics.roc_curve(scores_bin, ss)
        auc=metrics.roc_auc_score(scores_bin,ss)
        print('acc = {:.2f}%, AUC = {:.3f}'.format(acc*100,auc))
        plt.plot(fpr,tpr)
```

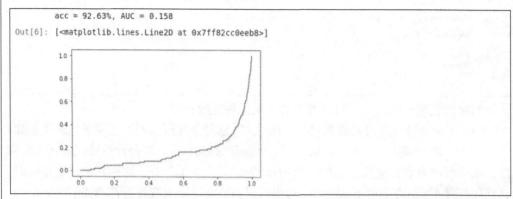

```
        acc = 92.63%, AUC = 0.158
Out[6]: [<matplotlib.lines.Line2D at 0x7ff82cc0eeb8>]
```

运行结果显示准确率为 92.63%，看上去很高，但并不符合实际应用的要求。再看上图中的 ROC 曲线。曲线与 x 轴之间的面积（记作 AUC）越大，说明模型的判别能力越好。一般曲线会在对角线之上（对角线相当于随机预测的结果），此时 AUC 为 0.157，与随机结果相比差距很大。

2. 好评、中评、差评的语义理解

语义理解是一个非常难的课题，本实验不追求绝对精准，仅希望能对产品的评论有一个快速的理解。本文将从三个方面来阐述同类型评论语料的语义。

（1）词云。它会统计一段文本中各个词语出现的次数（频数），次数越多，在词云中对应的字体也越大。

（2）TextRank。TextRank 算法是一种用于文本的基于图的排序算法，可以给出一段文本的关键词。其基本思想来源于谷歌的 PageRank 算法，通过把文本分割成若干组成单元（单词、句子）并建立图模型，利用投票机制对文本中的重要成分进行排序，仅利用单篇文档本身的信息即可实现关键词提取、文摘。与 LDA、HMM 等模型不同，TextRank 不需要事先对多篇文档进行学习训练，并且简洁、有效，因此得到了广泛地应用。

（3）主题分解。假设每一段文本都是有主题的，如新闻中的体育类、时事类等。通过对一系列的语料库进行主题分解（本实验采用 LDA 模型），可以了解语料库涉及了哪些主题。

```
好评 的关键词为: 手机 | 小米 | 京东 | 没有 | 屏幕 | 感觉 | 手感 | 速度 | 有点 | 系统 | 喜欢 | 支持 | 全面屏 | 满意 | 问题 | 使用 | 边框 | 抢到 | 拍照 | 摄像头
主题 0: 不错 | 满意 | 手机 | 用 | 感觉 | 小米 | 速度 | 东西 | 抢 | 京东
主题 1: 不错 | 手机 | 黑 | 宽 | 挺 | 屏幕 | 手感 | 好评 | 喜欢 | 买
主题 2: 不错 | 小米 | 手机 | 京东 | 速度 | 买 | 流畅 | 全面屏 | 高
主题 3: 用 | 不错 | 手机 | 感觉 | 手感 | 小米 | 屏幕 | 惊艳 | 喜欢 | 很快
主题 4: 手机 | 很好 | 京东 | 用 | 买 | 评价 | 小米 | 东西 | 产品 | 屏幕
wordcloud of 好评
```

```
=====================
中评 的关键词为: 手机 | 没有 | 小米 | 屏幕 | 还有 | 感觉 | 拍照 | 摄像头 | 问题 | 设计 | 还好 | 时候 | 拿到 | 全面屏 | 京东 | 电池 | 解决 | 机器 | 微信 | 使用
主题 0: 手机 | 差 | 不错 | 用 | 评 | 感觉 | 发货 | 玩 | 屏幕 | 太 | 屏幕
主题 1: 手机 | 太 | 小米 | 用 | 不错 | 机器 | 信号 | 屏幕 | 还好 | mix2
主题 2: 小米 | 说 | 手机 | 屏 | 感觉 | 星 | 还好 | 还行 | 用 | 客服
主题 3: 屏幕 | 设计 | 小米 | 全面屏 | 高 | 手机 | mix2 | nit | 外形 | 太
主题 4: 屏幕 | 小米 | 手机 | 不行 | 用 | 买 | 摄像头 | 拍照 | 拍 | 说
wordcloud of 中评
=====================
差评 的关键词为: 手机 | 京东 | 没有 | 小米 | 无法 | 屏幕 | 售后 | 问题 | 出来 | 客服 | 时间 | 不了 | 软件 | 模式 | 使用 | 电话 | 微信 | 失灵 | 耳机 | 充电
主题 0: 手机 | 买 | 京东 | 差 | 太 | 屏 | 时间 | 用 | 货 | 聊天
主题 1: 用 | 京东 | 说 | 售后 | 手机 | 买 | 充电 | 差 | 版本 | 坏
主题 2: 手机 | 用 | 小米 | 屏幕 | 客服 | 京东 | 说 | 第一次 | 一 | 感觉
主题 3: 失灵 | 256g | 京东 | 小米 | 买 | 64g | 屏 | 脸 | 搞 | 雷军
主题 4: 手机 | 买 | 小米 | 京东 | 屏幕 | 差 | 情况 | 第一 | 电话 | 9
wordcloud of 差评
=====================
```

```
In [8]:  %matplotlib inline
         warnings.filterwarnings("ignore")
         for k in ['好评','中评','差评']:
             # textrank 关键词
             keywords=comments.get_keywords(comments.scores==k)
             print('{} 的关键词为: '.format(k)+'|'.join(keywords))
             # 主题分解
             comments.find_topic(comments.scores==k,n_topics=5);
             # 生成词云
             filename='wordcloud of {}'.format(k)
             print(filename)
             comments.genwordcloud(comments.scores==k,filename=filename);
             print('='*20)
```

分析词云、关键词和主题,从中容易发现以下结论:

① 好评集中在"屏幕、惊讶、手感、全面屏、边框"等词,大致包括手机不错、手感很好、全面屏很惊艳之类的内容;

② 中评集中在"屏幕、还好、失望、边框"等词;

③ 差评集中在"客服、失灵、售后、失望、模式、微信"等词,大致包括手机失灵、使用微信进行语言通话时的屏幕有问题、因为版本有问题等导致的售后问题等。

3. 典型意见的抽取和挖掘

　　电商评论不同于一般的网络文本，它主要的特点在于语料都是在针对产品的某些特征做出评价。下面将通过算法找到这些特征。

　　语料主要在对特征做出评价，而特征一般是名词，评价一般是形容词。通常描述产品的形容词不会很多，如"不错""流畅""很好"等词，所以可以通过关联分析来发现初始的特征—形容词对，如"手机—不错""手机—流畅"等。

　　通过关联分析找到的特征—形容词对需要筛选，主要表现在以下两点：

① 里面不只是名词—形容词对，两个名词、形容词—动词等都有可能；

② 没有考虑两个词语在文本之间的距离，如名词在第一句中，形容词则是在最后一句话中。

　　筛选完成后其实还不够，关联分析只会挖掘支持度大于一定数值的特征，我们称这种特征为"常见特征"。那么，不常见特征该如何处理，怎样才能将其挖掘出来？

　　我们可以看到前面的步骤已经挖掘出很多形容词，这些就是产品的最常用评价词语，我们可以通过它们反向挖掘出"不常见特征"。

```
In [9]:  features=comments.get_product_features(min_support=0.005)
         np.array(features).T

Out[9]:  array(['质感', '效果', '购物', '小米mix2', '小米', '机壳', '机子', '产品', '摄像头', '边框',
                '体验', '方面', '玩游戏', '256g', '评价', '想象', '系统', '手感', '陶瓷', '开机',
                '全面屏', '感觉', '功能', '信号', '机系统', '价格', '手机', '总体', '外观设计', '运气',
                '速度', '外形', '软件', '质量', '物流', '机器', '续航', '有点', '指纹', '色彩', '性能',
                '性价比', '京东', '快递', '颜值', '东西', '外观', '屏幕', '整体', 'miui'],
               dtype='<U6')
```

　　从上图可以看到，与手机有关的大部分特征都已找到，另外有一些词是关于京东商城的服务的，如"速度""快递"。还有一些不是特征的，如"有点""想象"。在语料中搜索与"外观"有关的语句，可以看到用户对"外观"的评价。

```
In [10]:  texts_fw=comments.find_keywords('外观|质感')
          texts_fw.head(15)

Out[10]:  0               买这电话就是奔着外观
          4                    质感不错
          5                  手机在外观
          6        质感 ｜ 质感壳就原汁原味了
          17                    外观
          18            买这电话就是奔着外观
          20                mix2的外观
          21    外观 ｜ 没有一个人没有被外观
          27                    质感
          40        质感有点lumia的正面感觉
          76           还没有小米note外观
          79      用了5天了手机不管是外观
          80                    外观
          90          机身边角更圆润在外观
          149                 内心和外观
          Name: content, dtype: object
```

　　从上图可以看到，小米 MIX2 手机的外观是得到肯定的，有很多用户都是因喜欢其外观购买的。接下来通过量化各个特征来确定好评占比和差评占比。

```
In [11]:  comments.scores[texts_fw.index].value_counts()

Out[11]:  好评    130
          差评      2
          中评      2
          Name: score, dtype: int64
```

考虑到 snownlp 情感分析包准确度不高，本实验在此处还是用原始的评分来量化。以前面提到的关键词"外观|质感"为例，利用原始评分方法，扩大到上述所有的特征，分析结果如下。

```
In [12]: features_new=list(set(features)-set(['有点','物流','想象','速度快'])\
                          |set(['拍照','照相','内存','续航','全面屏']))
         features_opinion,feature_corpus=\
         comments.features_sentiments(features_new,method='score')
         print(features_opinion.sort_values('mention_count',ascending=False))
```

	total	mention_count	p_positive	p_negative
手机	3174	896	0.957589	0.0200893
小米	3174	604	0.956954	0.0165563
手感	3174	355	0.991549	0.0028169
京东	3174	340	0.952941	0.0352941
屏幕	3174	333	0.936937	0.018018
感觉	3174	298	0.963087	0.0134228
速度	3174	263	0.984791	0.00380228
全面屏	3174	187	0.973262	0.0106952
系统	3174	184	0.972826	0.0108696
东西	3174	141	0.950355	0.0283688
边框	3174	132	0.931818	0.0227273
摄像头	3174	122	0.942623	0.0245902
拍照	3174	114	0.921053	0.0175439
外观	3174	108	0.962963	0.0185185
性价比	3174	93	1	0
评价	3174	89	1	0
效果	3174	79	0.987342	0
体验	3174	78	0.961538	0.0128205
质量	3174	77	0.961039	0.012987
快递	3174	77	0.974026	0.012987
miui	3174	77	0.961039	0.025974
陶瓷	3174	74	0.986486	0
总体	3174	72	0.958333	0.0138889
256g	3174	72	0.916667	0.0694444
颜值	3174	71	0.985915	0.0140845
产品	3174	69	0.927536	0.0289855
机器	3174	59	0.898305	0.0508475
指纹	3174	56	0.982143	0
整体	3174	56	0.892857	0.0357143
购物	3174	53	0.981132	0.0188679
小米mix2	3174	51	1	0
性能	3174	51	0.941176	0.0196078
价格	3174	48	0.958333	0.0208333
方面	3174	45	0.977778	0.0222222
软件	3174	44	0.840909	0.0909091
功能	3174	43	0.906977	0.0697674
内存	3174	40	0.975	0.025
机子	3174	39	0.974359	0.025641
玩游戏	3174	36	0.916667	0.0277778
机壳	3174	35	0.942857	0
照相	3174	32	0.96875	0.03125
质感	3174	29	1	0
续航	3174	29	0.862069	0.0689655
开机	3174	27	0.851852	0.111111

```
In [13]: print(features_opinion[features_opinion['mention_count']>=30]\
                 .sort_values('p_positive'))
         print('\n好评占比大于所有样本(好评率96.54%)的特征：')
         print(features_opinion[(features_opinion['mention_count']>=30)\
                            &(features_opinion['p_positive']>=0.9654)].index)
         print('\n好评占比小于所有样本(好评率96.54%)的特征：')
         print(features_opinion[(features_opinion['mention_count']>=30)\
                            &(features_opinion['p_positive']<0.9654)].index)
```

	total	mention_count	p_positive	p_negative
软件	3174	44	0.840909	0.0909091
整体	3174	56	0.892857	0.0357143
机器	3174	59	0.898305	0.0508475
功能	3174	43	0.906977	0.0697674
256g	3174	72	0.916667	0.0694444
玩游戏	3174	36	0.916667	0.0277778
拍照	3174	114	0.921053	0.0175439
产品	3174	69	0.927536	0.0289855
边框	3174	132	0.931818	0.0227273
屏幕	3174	333	0.936937	0.018018
性能	3174	51	0.941176	0.0196078
摄像头	3174	122	0.942623	0.0245902
机壳	3174	35	0.942857	0
东西	3174	141	0.950355	0.0283688
京东	3174	340	0.952941	0.0352941
小米	3174	604	0.956954	0.0165563
手机	3174	896	0.957589	0.0200893
总体	3174	72	0.958333	0.0138889
价格	3174	48	0.958333	0.0208333
质量	3174	77	0.961039	0.012987
miui	3174	77	0.961039	0.025974
体验	3174	78	0.961538	0.0128205
外观	3174	108	0.962963	0.0185185
感觉	3174	298	0.963087	0.0134228
照相	3174	32	0.96875	0.03125
系统	3174	184	0.972826	0.0108696
全面屏	3174	187	0.973262	0.0106952
快递	3174	77	0.974026	0.012987
机子	3174	39	0.974359	0.025641
内存	3174	40	0.975	0.025
方面	3174	45	0.977778	0.0222222
购物	3174	53	0.981132	0.0188679
指纹	3174	56	0.982143	0
速度	3174	263	0.984791	0.00380228
颜值	3174	71	0.985915	0.0140845
陶瓷	3174	74	0.986486	0
效果	3174	79	0.987342	0
手感	3174	355	0.991549	0.0028169
评价	3174	89	1	0
小米mix2	3174	51	1	0
性价比	3174	93	1	0

可以看到提及最多的特征依次为：感觉、屏幕、速度、手感、系统、边框、摄像头、全面屏、拍照、体验、256G、外观、质量、性价比。

其中比较好的特征依次为：性价比、质量、手感、速度、外观、感觉。

其中稍差些的特征依次为：256G、屏幕、边框、拍照、摄像头、系统、体验、全面屏。

最后来看这些特征对应的语料。

```
In [14]:  print('='*20+'256g'+'='*20)
          print('//'.join(comments.find_keywords('256g').head(15)))
          print('='*20+'屏幕'+'='*20)
          print('//'.join(comments.find_keywords('屏幕').head(15)))
          print('='*20+'边框'+'='*20)
          print('//'.join(comments.find_keywords('边框').head(15)))
          print('='*20+'拍照'+'='*20)
          print('//'.join(comments.find_keywords('拍照').head(15)))
          print('='*20+'摄像头'+'='*20)
          print('//'.join(comments.find_keywords('摄像头').head(15)))
          print('='*20+'系统'+'='*20)
          print('//'.join(comments.find_keywords('系统').head(15)))
          print('='*20+'体验'+'='*20)
          print('//'.join(comments.find_keywords('体验').head(15)))
          print('='*20+'全面屏'+'='*20)
          print('//'.join(comments.find_keywords('全面屏').head(15)))
```

我购买的是最高配256g产品//256g可以拍摄存储大量照片和文件//256g轻松在手//256g内存随意用//256g不用抢//256g的不怎存储空间不够用//不过256g这个价格的手机也就这款了//运气好看到256g版的突然有货了//只有京东有256g//256gb机身存储空间//256g的很好//256g的//256g的//是256g的没错//内存有256g版本的

=========================屏幕=========================
屏幕清晰//打开手机给我的感觉是屏幕边框比较小//缺点就是屏幕太脆弱//但是荣耀8屏幕有点小//应该是屏幕的问题//所以从屏幕正面看过去 | 屏幕边缘和边框的边缘还是有不少距离的//屏幕四周触控不灵敏//屏幕有5 | 屏幕显示效果也还不错//圆角的屏幕从视觉上还需要适应一下 | 9的屏幕有些app在使用时会出问题//屏幕也变好了//屏幕偏暗//可以说mix2的屏幕跟小米6机身差不多大//屏幕和手感都还行//但解决了一代用屏幕共振传音小的问题//屏幕惊艳 | 屏幕和边框之间有些许残缺

=========================边框=========================
边框是宽了点 | 上边框的圈角有时看着像不对称样//打开手机给我的感觉是屏幕边框比较小//边框 | 希望mix3在边框//边框比你想象的厚一点 | 屏幕边缘和边框的边缘还是有不少距离的//一开始收到的时候看见确实边框大点//网上说的黑边边框看起来还是可以接受 | 毕竟边框在摔落时能抵抗不少冲击//屏幕和边框之间有些许残缺//三边框宽 | mix2宣传图的边框你能p更细吗//边框太宽了//这外边框比宣传图大不止一点//比如0金属边框//的机身边框也采用弧度设计//其实连超窄边框都没有做到 | 其实只是做到了缩减上边框 | 屏幕外的玻璃离边框是挺近的//我觉得无边框不适合我 | 这个边框大一点反而不容易误触//就是屏幕大了边框窄了

=========================拍照=========================
手机拍照效果比较上一代有大步的提升//拍照方面特别是夜晚拍照//拍照后置摄像头也靠//的摄像头在下面拍照不方便//如果是讲究拍照的话 | 如果对拍照不是很在意的话 | 现在只能原机拍照//没有oppor拍照好//白光下拍照一般般//拍照效果个人觉得还挺好的//唯一最大败笔就是居然3000多的手机拍照居然还比不上1000多的//但是夜景拍照效果欠缺//拍照尚可 | 拍照打不过小米5//拍照也能接受//用了十天感觉拍照不能忍于是就挂 | 因为我发

根据以上结果总结，差评主要表现在以下方面：

① 256G 版本发货问题；

② 窄边框问题；

③ 拍照问题，MIX2 手机的拍照效果有待提升；

④ 前置摄像头在下面，使用不方便；

⑤ 系统问题，暂不明确是好是坏。

再来看好评，评价如下。

```
In [15]: print('='*20+'性价比'+'='*20)
         print('//'.join(comments.find_keywords('性价比').head(15)))
         print('='*20+'质量'+'='*20)
         print('//'.join(comments.find_keywords('质量').head(15)))
         print('='*20+'手感'+'='*20)
         print('//'.join(comments.find_keywords('手感').head(15)))
         print('='*20+'速度'+'='*20)
         print('//'.join(comments.find_keywords('速度').head(15)))
         print('='*20+'外观'+'='*20)
         print('//'.join(comments.find_keywords('外观').head(15)))
```

=========================性价比=========================
小米性价比还是很高的 | 华为做大之后慢慢没了性价比//确实性价比还是高的//感觉性价比比较高//mix2性价比绝对不如米6/小米性价比还是高//性价比超级高//性价比性价超高//的确性价比超高//性价比高//小米手机性价比贼高哦//超高性价比//性价比高//性价比高//性价比很高//而且跟水果机相比还是性价比不错的

=========================质量=========================
通话质量也没问题//8的拍照质量//手机质量绝对没问题//很好下次还会购买物流很快质量很好//商品质量好//货还没有试不知道质量如何到时再评论吧//质量问题杠杠的//比一代通话质量好了很多//所以大家就当作是产品质量合格的意思来看就行了//而商家也会因此改进商品质量//而商家也会因此改进商品质量//质量不错//质量不错//质量有待提高//通话质量相比比1确实好了不少

=========================手感=========================
手感超棒 | 向手感妥协了//手感的确很好//陶瓷手感就是不一样//陶瓷后盖不论手感还是视觉都非常好//手感非常棒//手感一流//屏幕和手感都还行//手感杠杠的//的的手机后盖手感很好//手感超棒//手感很好//到手把玩手感不错//背面的手感真心好//手感很好//拿在手里的手感很好

=========================速度=========================
晚上开自速度太慢//运营速度很快//速度就是快//运行速度快//超快的反应速度//用户体验上速度不比6s差//晚上开自速度太慢//手机运行速度也很流畅 | 打开软件速度也很快//但是速度快//速度也是可以的//速度很快//速度超快值得够买//处理器835同821处理任务及反应速度误差很小//三是运行速度比预期的慢//速度没老病

=========================外观=========================
买这电话就是奔着外观去买的//手机在外观看不算算惊奇//陶瓷后盖还是奔着外观去买的//mix2的外观和做工在国产手机里算不错的//的外观和颜值绝对牛b | 没有一个人没有被外观所折服//还没有小米note外观颜值好看//用了5天了手机不管是外观还是配置//外观和配置顶级//机身边角更圆润在外观设计上//内心和外观一样完美//和子外观手感都挺不错的//外观霸气//外观也很好看//这款手机外观很漂亮

根据以上结果总结，好评主要表现在以下方面：

① 性价比高；

② 质量不错，通话质量提升很多；

③ 陶瓷手感很好，外观很漂亮；

④ 运行速度还可以。

参考文献

[1] Kimball R, Ross M. The Data Warehouse Toolkit [M]. 3rd ed. Hoboken: WILEY, 2013.

[2] 陈国青, 卫强, 张瑾. 商务智能原理与方法[M]. 北京:电子工业出版社, 2014.

[3] 孙岩, 董毅明, 邓峰. 商业智能在客户关系管理中的应用研究[J]. 计算机与自动化, 2005(01).

[4] 王茁, 顾洁. 三位一体的商务智能——管理、技术与应用[M]. 北京:电子工业出版社, 2003.

[5] Varshney U, Vetter R. Mobile commerce:framework, applications and networking support[J]. Mobile networks and Applications,2002,7(3):185-198.

[6] 刘元海, 宋如顺. 商业智能 BI 在银行信贷决策中的应用[J]. 计算机时代, 2009(5).

[7] 郑岩. 中国电信领域商业智能的研究与展望[J]. 北京. 北京邮电大学学报, 2009(6).

[8] 林杰斌, 刘明德, 陈湘. 数据挖掘与 OLAP:理论与实务[M]. 北京:清华大学出版社, 2003.

[9] Mannila H, Toivonen H. Discovering generalised episodes using minimal occurences.[C]//Proc. Second Int'l Conf. Knowledeg Discovery and Data Mining (KDD's96)[C]. Portland, Orgen:AAAI Press, 1996:130-160.

[10] Lan Y, Chen G. Davy Ianssens and Geert Wets. Dilated Chi-Square:A Novel Interestingness Measure to Build Accurate and Compact Decision List[J]. Intelligent Information Processing, 2004:220-235.

[11] Zhang X, Chen G, Wei Q. Building a Highly-Compact and Accurate Associative Classfier[J]. Submitted to Applied Intelligent, 2009.

[12] Chen K, Fu W. Efficient Time Series Matching by Wavelets[R]. ICDE, 1999:130-143.

[13] 马保君. 互联网信息搜索服务的多样性评估测度及提取方法研究[D]. 北京: 清华大学, 2013.

[14] Liu B. Web data mining:Exploring hyperlinks, Contents, and usage data[M]. Berlin: Springer, 2007.

[15] 钟晓鸣. 运用商业智能, 提高零售业企业竞争力[J]. 商场现代化, 2005(24).

[16] 李文琼. 电子商务企业数据分析与智能系统[J]. 信息系统工程, 2015(1).

[17] 郭崇. 商务智能在电信企业的应用研究[D]. 大连: 东北财经大学, 2004.

[18] 赵华, 张立厚, 宋静. 用商务智能完善客户关系管理的信息流程[J]. 情报杂志, 2005.

[19] 钟敏. 基于商务智能的客户关系管理研究[D]. 大连: 东北财经大学, 2010.

[20] 夏文轩. 商务智能在客户关系管理中的应用[D]. 大连: 东北财经大学, 2004.

[21] 王学颖. 智能代理在电子商务客户关系管理中的应用[J]. 商场现代化, 2006(3).

[22] 李玉先. 基于商务智能的虚拟企业客户关系管理研究[D]. 北京: 华北电力大学, 2009.

[23] 覃洁. 商务智能在某零售企业客户关系管理中的应用分析[D]. 长春: 吉林大学, 2009.

[24] Page L, Brin S, Motwani R, et al. The PageRank citation ranking: Bringing Order to the Web[J]. Stanford Digital Libraries Working Paper, 1999.

[25] Koren Y. Collaborative fitering with temporal dynamics[J]. Communications of the ACM, 2010, 53(4):89-97.

[26] Burke R. Hybird recommender system:Survey and experiment[J]. User modeling and user-adapted interaction, 2002,12(3):331-370.

[27] Kantor P B, Rokach L, Ricci F, et al. Recommer system handbook[M]. Berlin: Springer, 2011.